BIBLIOTHÈQUE SCIENTIFIQUE INTERNATIONALE

PUBLIÉE SOUS LA DIRECTION

DE M. ÉM. ALGLAVE

XXXVI

BIBLIOTHÈQUE
SCIENTIFIQUE INTERNATIONALE

Volumes in-8, reliés en toile anglaise, 6 fr. — En demi-reliure d'amateur, 10

La *Bibliothèque scientifique internationale* n'est pas une entreprise ‹ librairie ordinaire. C'est une œuvre dirigée par les auteurs mêmes, en vı des intérêts de la science, pour la populariser sous toutes ses formes, faire connaître immédiatement dans le monde entier les idées originale les directions nouvelles, les découvertes importantes qui se font chaq jour dans tous les pays. Chaque savant expose les idées qu'il a introduit dans la science et condense pour ainsi dire ses doctrines les plus orig nales. On peut ainsi, sans quitter la France, assister et participer au mouv ment des esprits en Angleterre, en Allemagne, en Amérique, en Italie, etc tout aussi bien que les savants mêmes de chacun de ces pays.

La *Bibliothèque scientifique internationale* ne comprend pas seulemer des ouvrages consacrés aux sciences physiques et naturelles, elle abord aussi les sciences morales, comme la philosophie, l'histoire, la politiqu et l'économie sociale, la haute législation, etc.; mais les livres traitant de sujets de ce genre se rattachent encore aux sciences naturelles, en leu empruntant les méthodes d'observation et d'expérience qui les ont ren dues si fécondes depuis deux siècles.

---

81 VOLUMES PUBLIÉS

J. Tyndall. Les glaciers et les transformations de l'eau, suivis d'un étude de M. *Helmholtz* sur le même sujet, avec 8 planches tirée à part et nombreuses figures dans le texte. 6e édition. . . 6 fr

Bagehot. Lois scientifiques du développement des nations. 5e édit. 6 fr

J. Marey. La machine animale, locomotion terrestre et aérienne, ave 117 figures dans le texte. 5e édition augmentée. . . . . 6 fr

A. Bain. L'esprit et le corps considérés au point de vue de leur relations, avec figures. 5e édition . . . . 6 fr

Pettigrew. La locomotion chez les animaux, avec 130 fig. 2e édit. 6 fr

Herbert Spencer. Introduction a la science sociale. 11e édit. 6 fr

O. Schmidt. Descendance et darwinisme, avec fig. 6e édit. . . 6 fr

H. Maudsley. Le crime et la folie. 6e édition. . . . . 6 fr

P.-J. Van Beneden. Les commensaux et les parasites dans le règn animal, avec 83 figures dans le texte. 3e édition. . . . . 6 fr

Balfour Stewart. La conservation de l'énergie, suivie d'une étud sur La nature de la force, par *P. de Saint-Robert.* 5e édition. 6 fr

Draper. Les conflits de la science et de la religion. 8e édition. 6 fr

Léon Dumont. Théorie scientifique de la sensibilité. 4e édit. 6 fr

Schützenberger. Les fermentations, avec 28 figures. 5e édition. 6 fr

Whitney. La vie du langage. 3e édition. . . . . 6 fr

Cooke et Berkeley. Les champignons, avec 110 figures. 4e édit. 6 fr

Bernstein. Les sens, avec 91 figures dans le texte. 4e édition. . 6 fr

Berthelot. La synthèse chimique. 6e édition . . . . 6 fr

Luys. Le cerveau et ses fonctions, avec figures. 6e édition. . . 6 fr

W. Stanley Jevons. La monnaie et le mécanisme de l'échange. 5e édition. . . . . 6 fr

Fuchs. Les volcans et les tremblements de terre, avec 36 figures dans le texte et une carte en couleurs. 4e édition. . . . . 6 fr.

Général Brialmont. La défense des Etats et les camps retranchés, avec nombreuses figures et deux planches hors texte. 3e édit. 6 fr.

A. de Quatrefages. L'espèce humaine. 11e édition . . . . 6 fr.

Blaserna et Helmholtz. Le son et la musique, avec 50 figures dans le texte. 4e édition . . . . 6 fr.

Rosenthal. Les muscles et les nerfs, avec 75 fig. 3e édit. . . . 6 fr.

Brucke et Helmholtz. Principes scientifiques des beaux-arts, suivis de L'optique et la peinture, avec 39 figures. 3e édition. . . . 6 fr.

Wurtz. La théorie atomique, avec une planche. 7e édit. . . . 6 fr.

Secchi. Les étoiles. 2 vol., avec 60 figures dans le texte et 17 planches en noir et en couleurs, tirées hors texte. 2e édition. . . . . 12 fr.

N. Joly. L'homme avant les métaux. Avec 150 figures. 4e édition. 6 fr.

A. Bain. La science de l'éducation. 7e édition. . . . . 6 fr.

Thurston. Histoire de la machine a vapeur, revue, annotée et augmentée d'une Introduction par *J. Hirsch*, avec 140 figures dans le texte, 16 planches tirées à part et nombreux culs-de-lampe. 3e édition. 2 vol.. . . . . 12 fr.

R. Hartmann. Les peuples de l'Afrique, avec 91 figures et une carte des races africaines. 2e édition . . . . 6 fr.

Herbert Spencer. Les bases de la morale évolutionniste. 5e édition. . . . . 6 fr.

Th.-H. Huxley. L'écrevisse, introduction à l'étude de la zoologie, avec 82 figures. 2e édition. . . . . 6 fr.

De Roberty. La sociologie. 1 vol in-8. 3e édition. . . . . . . 6 fr.

O.-N. Rood. Théorie scientifique des couleurs et leurs applications à l'art et à l'industrie, avec 130 figures dans le texte et une planche en couleurs . . . . 6 fr.

G. de Saporta et Marion. L'évolution du règne végétal. *Les cryptogames*, avec 85 figures dans le texte . . . . 6 fr.

Charlton Bastian. Le cerveau, organe de la pensée chez l'homme et chez les animaux, 2 vol., avec 184 fig. dans le texte. 2e édition. 12 fr.

James Sully. Les illusions des sens et de l'esprit. 2e édition. 6 fr.

Alph. de Candolle. L'origine des plantes cultivées. 3e édition. 6 fr.

Young. Le soleil, avec 86 figures. . . . . 6 fr.

J. Lubbock. Les fourmis, les abeilles et les guêpes, 2 vol., avec 65 fig. dans le texte et 13 planches hors texte, dont 5 en couleurs . 12 fr.

Ed. Perrier. La philosophie zoologique avant Darwin. 2e éd. . . . 6 fr.

Stallo. La matière et la physique moderne. 2e édition. . . . . 6 fr.

Mantegazza. La physionomie et l'expression des sentiments, avec 8 planches hors texte. 2e édition. . . . . 6 fr.

De Meyer. Les organes de la parole, avec 51 figures. . . . 6 fr.

De Lanessan. Introduction a la botanique. Le sapin, avec fig. 2e éd. 6 fr.

G. de Saporta et Marion. L'évolution du règne végétal. *Les phanérogames*. 2 vol., avec 136 figures. . . . . 12 fr.

E. Trouessart. Les microbes, les ferments et les moisissures, avec 107 fig. dans le texte. 2e édition. . . . . 6 fr.

R. Hartmann. Les singes anthropoïdes, et leur organisation comparée à celle de l'homme, avec 63 fig. dans le texte. . . . . 6 fr.

O. Schmidt. Les mammifères dans leurs rapports avec leurs ancêtres géologiques, avec 51 fig. dans le texte. . . . . 6 fr.

Binet et Féré. Le magnétisme animal, avec figures dans le texte. 4e édition. . . . . 6 fr.

Romanes. L'intelligence des animaux. 2 vol. 2e édition. . . 12 fr.

C. Dreyfus. L'évolution des mondes et des sociétés. 2e édition. 6 fr.

F. Lagrange. Physiologie des exercices du corps. 6e édition. 6 fr.

Daubrée. Les régions invisibles du globe et des espaces célestes, avec 78 figures dans le texte. 2e édition. . . . . 6 fr.

Sir J. Lubbock. L'homme préhistorique. 2 vol., avec 228 fig., dans le texte, 3e édition . . . . 12 fr.

Ch. Richet. La chaleur animale, avec graphiques dans le texte. 6 fr.

Falsan. La période glaciaire, étudiée principalement en France et en Suisse, avec 105 fig. dans le texte et 2 cartes. . . . . 6 fr.

H. Beaunis. Les sensations internes. . . . . 6 fr.

Cartailhac. La France préhistorique, d'après les sépultures et les monuments, avec 162 figures. . . . . 6 fr.

Berthelot. La révolution chimique, Lavoisier . . . . 6 fr.

Sir J. Lubbock. Les sens, l'instinct et l'intelligence des animaux, principalement chez les inecstes, avec fig. dans le texte. . . 6 fr.

Starcke. La famille primitive. . . . . 6 fr.

Arloing. Les virus, avec fig. dans le texte . . . . 6 fr.

Topinard. L'homme dans la nature, avec figures. . . . . . 6 fr.

De Quatrefages. Darwin et ses précurseurs français. 2e édition. 6 fr.

A. Binet. Les altérations de la personnalité, avec figures. . . 6 fr.

A. Lefèvre. Les races et les langues. . . . . 6 fr.

De Quatrefages. Les émules de Darwin, avec préfaces de MM. *E. Perrier* et *Hamy*. 2 vol. . . . . 12 fr.

Brunache. Le centre de l'Afrique autour du Tchad, avec 41 fig. et 1 carte. . . . . 6 fr.

A. Angot. Les aurores polaires, avec figures. . . . . 6 fr.

Jaccard. Le pétrole, l'asphalte et le bitume, avec figures. . 6 fr.

Stanislas Meunier. La géologie comparée, avec figures. . . 6 fr.

VOLUMES SUR LE POINT DE PARAITRE :

Dumesnil. L'hygiène de la maison, avec figures.

Niewenglowski. La photographie, avec figures.

Cornil et Vidal. La microbiologie, avec figures.

Roché. La culture des mers, avec figures.

Kunckel d'Herculais. Les sauterelles, avec figures.

Cartailhac. Les Gaulois, avec figures.

Guignet. Poteries et émaux.

Ch. André. Le système solaire.

De Mortillet. L'origine de l'homme, avec figures.

Ed. Perrier. L'embryogénie générale, avec figures.

Bertillon. La démographie.

Coulommiers. — Imp. Paul BRODARD. — 346-95.

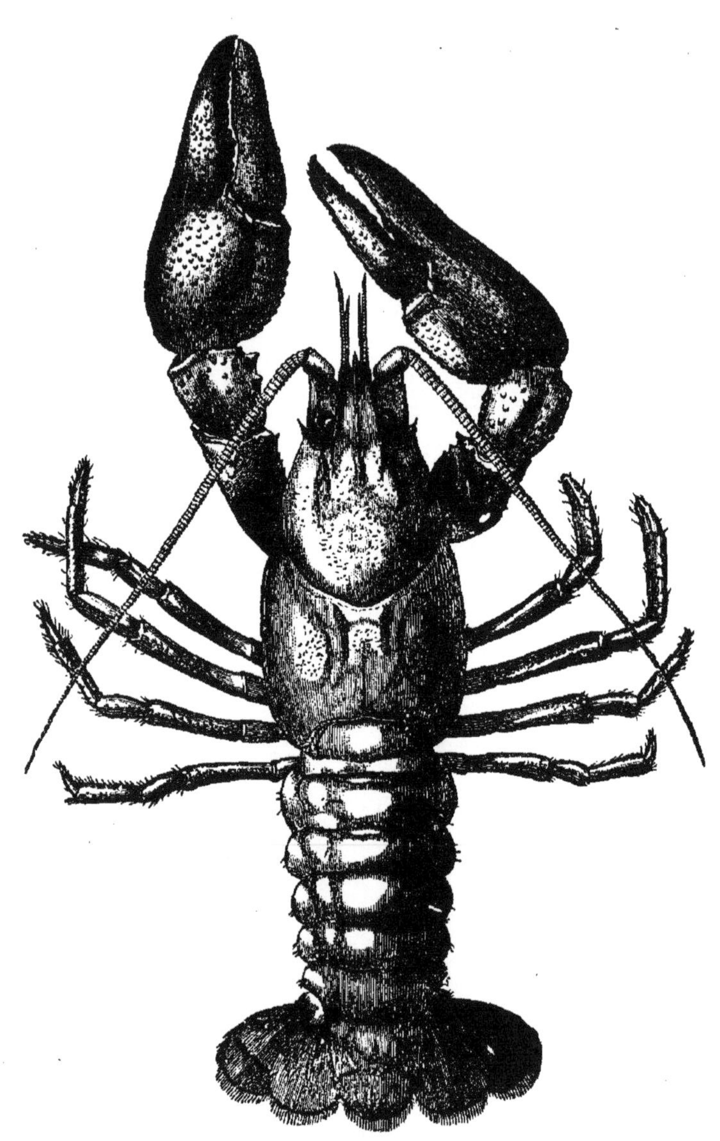

ÉCREVISSE COMMUNE

Astacus fluviatilis (mâle).

FRONTISPICE.

L'ÉCREVISSE

INTRODUCTION A L'ÉTUDE DE LA ZOOLOGIE

PAR

TH.-H. HUXLEY

MEMBRE DE LA SOCIÉTÉ ROYALE DE LONDRES

DEUXIÈME ÉDITION

Avec 82 figures dans le texte

PARIS

ANCIENNE LIBRAIRIE GERMER BAILLIÈRE ET Cie

FÉLIX ALCAN, ÉDITEUR

108, BOULEVARD SAINT-GERMAIN 108

1896

PRÉFACE

Je n'ai point eu l'intention, en écrivant ce livre sur les écrevisses, de composer une monographie zoologique de ce groupe d'animaux. Un tel travail, pour être digne de son nom, demanderait que l'on consacrât des années à étudier patiemment une masse de matériaux recueillis en un grand nombre de points du globe. Je n'ai pas eu non plus l'ambition d'écrire sur l'écrevisse anglaise un traité qui pût aucunement provoquer la comparaison avec les travaux mémorables de Lyonet, de Bojanus ou de Strauss Durckheim sur la chenille du saule, la tortue et le hanneton. Mon but a été beaucoup plus humble, quoique peut-être non moins utile dans l'état actuel de la science. J'ai voulu en effet montrer comment l'étude attentive de l'un des animaux les plus communs et les plus insignifiants nous conduit pas à pas des notions les plus vulgaires aux généralisations les plus larges, aux problèmes les plus difficiles de la zoologie et même de la science biologique en général.

C'est pour cette raison que j'ai appelé ce livre

Introduction à l'étude de la zoologie, car celui qui suivra ses pages, l'écrevisse à la main, et essayera de vérifier par lui-même les exposés qu'il renferme, se trouvera amené à envisager face à face toutes les grandes questions zoologiques qui excitent aujourd'hui un si vif intérêt; il comprendra la méthode par laquelle seule nous pouvons espérer obtenir des réponses satisfaisantes à ces questions ; et il appréciera enfin la justesse de cette remarque de Diderot : « Il faut être profond dans l'art ou dans la science pour en bien posséder les éléments. »

Ces avantages seront acquis à l'étudiant malgré toutes les omissions et les erreurs que la critique pourra faire découvrir dans le livre lui-même. « Si commune et si humble que la plupart des gens trouvent l'écrevisse, dit Rœsel von Rosenhof, elle est cependant si remplie de merveilles, que le plus grand naturaliste pourrait être embarrassé de les expliquer clairement. » Mais les grands faits seuls présentent une importance fondamentale, et, pour ce qui concerne ceux-ci, j'ose espérer qu'aucune erreur ne s'est glissée dans l'exposé que j'en ai fait. Quant aux détails, il faut se souvenir non seulement qu'il est presque impossible d'éviter toute omission et toute erreur, mais aussi que de nouvelles lumières surgissent de nouvelles méthodes d'investigation, et que le progrès introduit dans nos vues générales par l'élargissement graduel de nos connaissances amène de meilleures méthodes d'exposition.

J'espère sincèrement qu'un tel agrandissement

de notre savoir se produira, que les rectifiations abonderont bientôt et que cette esquisse pourra être un moyen de diriger sur les écrevisses l'attention des observateurs de tous les points du monde. Des efforts combinés fourniront bientôt la réponse à un grand nombre de questions qu'un seul travailleur ne peut que poser, et, en complétant l'histoire d'un groupe d'animaux, assureront les fondements de la science biologique toute entière.

J'ai ajouté, au bas des pages, quelques notes sur des points de détail dont il était inutile d'encombrer le texte, et, sous le titre de *Bibliographie*, j'ai donné sur la littérature du sujet quelques indications qui pourront servir à ceux qui désirent l'approfondir davantage.

Je suis redevable à M. Parker, démonstrateur de mon cours de biologie, de plusieurs dessins anatomiques, et de l'utile assistance qu'il m'a prêtée en surveillant l'exécution des gravures et l'impression de l'ouvrage.

M. Cooper a été chargé des gravures, et c'est à lui que je dois, ainsi qu'à M. Coombs, l'exact et habile dessinateur auquel étaient confiés les sujets les plus difficiles, les excellents spécimens de l'art xylographique représentant le Crabe, le Homard, la Langouste et le Homard de Norwège.

TH.-H. H.

Διὸ δεῖ μὴ δυσχεραίνειν παιδικῶς τὴν περὶ τῶν ἀτιμοτέρων ζῴων ἐπίσκεψιν· ἐν πᾶσι γὰρ τοῖς φυσικοῖς ἔνεστί τι θαυμαστόν. — ARISTOTE, *De partibus*, L. V.

Qui enim auctorum verba legentes, rerum ipsarum imagines (eorum verbis comprehensa) sensibus propriis non abstrahunt, hi non veras ideas, sed falsa Idola et phantasmata inania mente concipiunt.

Insusurro itaque in aurem tibi (amice lector) ut quæcunque a nobis in hisce... exercitationibus tractabuntur, ad exactam experientiæ trutinam pensites; fidemque iis non aliter adhibeas, nisi quatenus eadem indubitato sensuum testimonio firmissime stabiliri deprehenderis. — HARVEY, *Exercitationes de generatione. Præfatio.*

La seule et vraie science est la connaissance des faits : l'esprit ne peut pas y suppléer, et les faits sont dans les sciences ce que l'expérience est dans la vie civile.

Le seul et le vrai moyen d'avancer la science est de travailler à la description et à l'histoire des différentes choses qui en font l'objet. — BUFFON, *Discours de la manière d'étudier et de traiter l'histoire naturelle.*

Ebenso hat mich auch die genäuere Untersuchung unsers Krebses gelehret dass, so gemein und geringschätzig solcher auch den meisten zu zeyn scheinet, sich an selbigem doch so viel Vunderbares findet, dass es auch den grosst Naturforscher schwer fallen sollte solches alles deutlich zu beschreiben. — RŒSEL von ROSENHOF, *Insecten Belustigungen « Der Flusskrebs hiesiges Landes mit seinen merkwürdigen Eigenschaften ».*

L'ÉCREVISSE

INTRODUCTION A L'ÉTUDE DE LA ZOOLOGIE

CHAPITRE PREMIER

HISTOIRE NATURELLE DE L'ÉCREVISSE COMMUNE

(Astacus fluviatilis)

Beaucoup de personnes semblent croire que le terme *science* désigne une chose bien différente du *savoir* ordinaire. Pour elles, les méthodes qui permettent de s'assurer des vérités scientifiques nécessitent des opérations mentales d'une nature cachée et mystérieuse, compréhensibles seulement pour les initiés, et aussi distinctes dans leur caractère que dans leur objet des procédés qui nous permettent de distinguer dans la vie ordinaire entre la fiction et la réalité.

Mais celui qui envisage sérieusement la question s'aperçoit bien vite qu'il n'y a aucune raison solide pour séparer ainsi le domaine de la science de celui du sens commun; il constate bientôt que la méthode d'investigation qui amène le savant à des résultats si merveilleux ne diffère point de celle que nous employons dans les circonstances les plus ordinaires de la vie. Tant que la science voit les faits sans préjugés, c'est-à-dire tels qu'ils sont en réalité; tant qu'elle est, en un mot, rigoureusement exacte dans l'observation, et tant que les déductions qu'elle tire des faits sont d'accord avec les préceptes d'une inflexible logique, la science n'est autre chose que la plus haute expression du sens commun.

Qui veut mettre en doute la validité des conclusions de cette science positive doit être préparé à pousser loin le scepticisme, car on peut bien dire qu'il est à peine une de ces décisions du bon sens sur lesquelles est appuyée notre vie pratique tout entière, qui se puisse justifier par les principes du sens commun aussi complètement que les grandes vérités scientifiques.

Cette conclusion, à laquelle nous conduit l'examen approfondi de la question, est également vérifiée par l'enquête historique, et l'historien de chaque science peut suivre ses racines jusqu'à ces connaissances primitives qui forment le fonds commun de l'humanité tout entière.

Au premier degré de son développement, le savoir se sème de lui-même. Par les sens, les impressions se gravent dans l'esprit des hommes, que ceux-ci le veuillent ou non, et souvent contre leur volonté. Le degré d'intérêt qu'éveillent ces impressions est déterminé par l'importance relative des plaisirs ou des peines qu'elles amènent avec elles, ou même par la simple curiosité, et la raison n'emploie les matériaux ainsi fournis qu'autant que dure cet intérêt. Un tel savoir est donc apporté plutôt que cherché, et les opérations intellectuelles qu'il détermine ne sont guère que le travail d'un aveugle instinct.

C'est seulement quand l'esprit dépasse cette condition que la science commence. Lorsque la simple curiosité passe à l'amour du savoir pour lui-même, et que la satisfaction du sens esthétique de la beauté qui réside dans la perfection et l'exactitude semble plus désirable que la facile indolence de l'ignorant; lorsque la découverte des causes devient une source de joie, et que l'on estime heureux celui qui réussit dans ses recherches; alors la vulgaire connaissance de la nature devient ce que nos ancêtres ont appelé *histoire naturelle*. Il n'y a plus, de là, qu'un pas à ce que l'on avait coutume d'appeler *philosophie naturelle*, et que l'on nomme aujourd'hui *science physique*.

Dans ce dernier degré du savoir, les phénomènes de la nature sont regardés comme une série continue de causes et d'effets; et le but final de la science est de retrouver cette série, depuis le terme qui est le plus près de nous, jusqu'à celui qui est situé à la limite extrême que peuvent atteindre nos moyens d'investigation.

La marche de la nature, comme elle est, comme elle a été,

comme elle sera, tel est l'objet des recherches scientifiques. Ce qui est au delà, au-dessus ou en dessous, est en dehors de la science. Mais que le philosophe ne se désespère point de voir borner le champ de ses travaux : dans ses rapports avec l'esprit humain, la nature est sans limites, et, bien qu'elle ne soit nulle part inaccessible, elle est partout insondable.

Les sciences biologiques comprennent le grand nombre de vérités dont on s'est assuré relativement aux êtres vivants; et, de même qu'il y a deux sortes principales d'êtres vivants, les animaux et les plantes, de même la *biologie* est divisée en deux branches principales, la *zoologie* et la *botanique*.

Chacune de ces branches de la biologie a passé par les trois états de développement qui sont communs à toutes les sciences; et chacune, à présent encore, est à ces divers degrés dans des esprits différents. Il n'est pas d'enfant de la campagne qui ne possède plus ou moins de renseignements sur les plantes et les animaux qu'il a pu remarquer. C'est là le stade de savoir vulgaire. Beaucoup de personnes ont acquis plus ou moins de ce avoir plus précis, mais nécessairement incomplet et sans méthode, que l'on entend par *histoire naturelle*. Bien peu ont atteint le stade purement scientifique, et, comme zoologistes ou botanistes, s'efforcent d'amener à la perfection la biologie, considérée comme branche de la science physique.

Historiquement, le savoir vulgaire est représenté par les allusions, que nous trouvons dans la littérature ancienne, aux anis maux et aux plantes; tandis que l'histoire naturelle, s'élevant plus ou moins vers la biologie, se montre à nous dans les œuvres d'Aristote et de ses continuateurs au moyen âge : Rondolet, Aldrovande, leurs contemporains et leurs successeurs. Mais la tentative raisonnée de construire une science complète de la biologie date à peine de plus loin que Treviranus et Lamarck, au commencement de ce siècle, et n'a reçu sa plus forte impulsion que de nos jours, par les travaux de Darwin.

Mon objet, dans le présent ouvrage, est de donner un exemple de vérités générales qui concernent le développement de la science zoologique, et qui ont été précisément établies par l'étude d'un cas spécial, et, dans ce but, j'ai choisi un animal, l'écrevisse commune, qui, tout bien considéré, répond mieux que tout autre à mon intention.

Cet animal est facile à se procurer[1], et tous les points les plus importants de son organisation sont aisément déchiffrés; mes lecteurs n'auront donc aucune difficulté à s'assurer si cet exposé correspond ou non aux faits; et, s'ils ne sont pas disposés à prendre cette peine, autant vaut fermer le livre, car rien n'est plus vrai que ces mots de Harvey : « Ceux qui lisent, sans acquérir, à l'aide de leurs propres sens, une vue distincte des choses, n'arrivent pas au savoir réel et ne conçoivent que des fantômes. »

C'est une notion vulgaire, qu'un certain nombre de nos ruisseaux et de nos torrents sont habités par de petits animaux qui dépassent rarement 8 à 10 centimètres de longueur, et ressemblent beaucoup à de petits homards, sauf toutefois que leur couleur est terne, verdâtre ou brunâtre, généralement variée de jaune pâle sur la face inférieure du corps et parfois de rouge sur les membres. Dans des cas rares, la teinte générale peut être rouge ou bleue. Ce sont là les écrevisses, qu'il n'est pas possible de confondre avec d'autres habitants de nos eaux douces.

On peut voir, dans les eaux peu profondes qu'ils préfèrent, ces animaux marcher sur le fond au moyen de quatre paires de pattes articulées; mais, à la moindre alarme, ils nagent en arrière par de brusques saccades, produites par les coups d'une large nageoire en éventail qui termine l'extrémité postérieure du corps (fig. 1, *t. 20*). En avant des quatre paires de pattes qui servent à la locomotion, existe une paire de membres d'un caractère beaucoup plus massif, et dont chacun se termine par deux griffes disposées de manière à constituer une pince puissante (fig. 1, *10*). Ces pinces sont la principale arme offensive et défensive des écrevisses, et ceux qui les saisissent sans précaution s'aperçoivent que leur étreinte n'est point à dédaigner, et qu'elle indique une assez forte dose d'énergie. Une sorte de bouclier couvre la partie antérieure du corps et se termine en une épine aiguë se projetant sur la ligne médiane (*r*). De chaque côté d'elle se trouve un œil monté sur un pédoncule mobile (*1*)

1. Si l'on ne peut avoir d'écrevisse, un homard répondra presque en tous points à la description de celle-ci; mais les branchies et les appendices abdominaux présentent des différences, et le dernier article du thorax est uni au reste, chez le homard. (Voyez ch. v.)

qui peut tourner dans toutes les directions. En arrière des yeux viennent deux paires d'antennes : celles de la première paire finissent par deux filaments articulés courts (2), tandis que celles de la seconde se terminent par un filament simple, multi-articulé, semblable à une mèche de fouet, et qui a plus de la moitié de la longueur du corps (3). Parfois tournés en arrière,

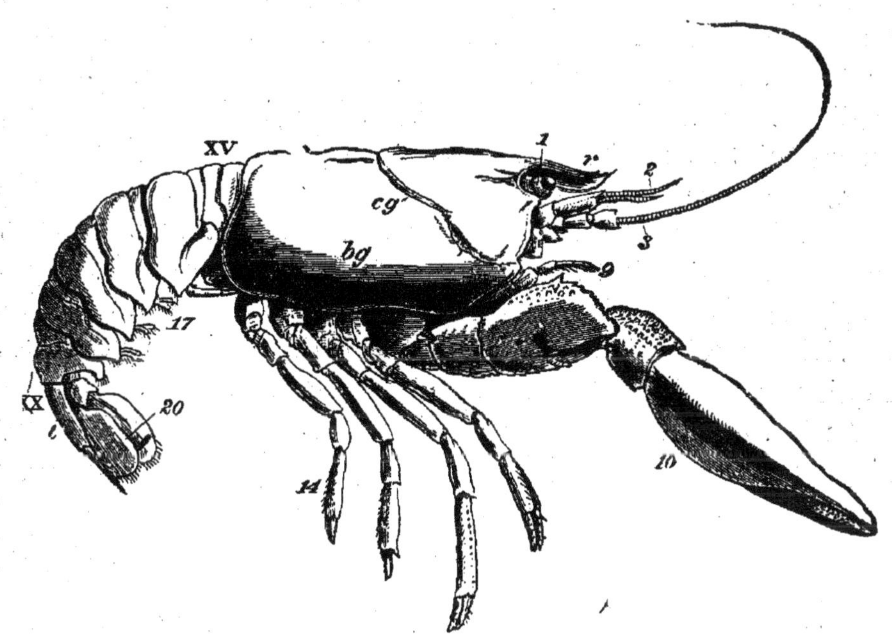

Fig. 1. — *Astacus fluviatilis*. — Vue latérale d'un spécimen mâle (gr. nat.); *bg*, branchiostégite; *cg*, sillon cervical; *r*, rostre; *t*, telson; *1*, pédoncule de l'œil; *2*, antennule; *3*, antenne; *9*, maxillipède externe; *10*, pince; *14*, dernière patte ambulatoire; *17*, troisième appendice abdominal; *20*, lobe latéral de la nageoire caudale ou sixième appendice abdominal; xv, le premier, et xx, le dernier article de l'abdomen. Dans cette figure comme dans les suivantes, les numéros des somites[1] sont donnés en chiffres romains, et ceux des appendices en chiffres ordinaires.

parfois flottant en avant, ces longs filaments explorent continuellement une aire considérable autour du corps de l'animal.

Si l'on compare un certain nombre d'écrevisses à peu près de la même dimension, on verra facilement qu'elles se rangent en deux séries, et que dans les unes la queue articulée est beaucoup plus large, spécialement au milieu (fig. 2). Les écrevisses à large queue sont les femelles, les autres sont les mâles. On

1. Les articles du corps sont appelés *somites* ou *zoonites*. C'est du premier terme, employé ordinairement par M. Huxley, que je me servirai le plus souvent. — *Trad.*

reconnaît encore plus facilement ces derniers à ce qu'ils possèdent quatre stylets recourbés, attachés à la face inférieure des deux premiers anneaux de la queue et tournés en avant, entre les pattes postérieures, à la face inférieure du corps (fig. 3, A ; *15*, *16*). Dans la femelle il y a seulement des filaments mous à la place de la première paire de stylets (fig. 3, B ; *15*).

Les écrevisses n'habitent pas toutes les rivières d'Angleterre, et, même dans les endroits où l'on sait qu'elles abondent, il n'est pas facile de les trouver à toutes les époques de l'année. Dans les districts granitiques et autres, où le sol n'abandonne que peu ou point de matière calcaire aux eaux courantes, l'écrevisse ne se rencontre pas. Comme elle craint le soleil et la grande chaleur, le moment de sa plus grande activité est vers le soir, tandis qu'elle s'abrite, pendant le jour, à l'ombre des pierres ou des rives ; et l'on a observé qu'elle fréquente plutôt les parties des rivières orientées est-ouest, que celles dirigées nord-sud, et qui, par conséquent, offrent moins d'ombre à midi.

Au fort de l'hiver, il est rare de voir des écrevisses dans les ruisseaux ; mais on peut les trouver en abondance dans les crevasses naturelles que présentent les rives, ou dans des terriers qu'elles se creusent elles-mêmes. Ces terriers peuvent avoir de quelques pouces à plus d'un mètre de long, et l'on a remarqué qu'ils sont plus profonds et plus éloignés de la surface si les eaux sont sujettes à geler. Quand un ruisseau peuplé d'écrevisses traverse un sol mou et tourbeux, ces animaux se creusent des passages dans toutes les directions ; et l'on peut en déterrer des milliers, de toutes tailles, à une très grande distance des rives.

Il ne semble pas que l'écrevisse tombe, en hiver, dans un état de torpeur, et *hiverne* ainsi dans le sens strict du mot. En tout cas, aussi longtemps que le temps est beau, elle se tient à l'orifice de son terrier, barrant l'entrée avec ses grandes pinces, et inspectant soigneusement les passants avec ses antennes déployées. Larves d'insectes, mollusques aquatiques, têtards ou grenouilles, tout ce qui s'approche un peu trop est aussitôt pris et dévoré. Il est même prouvé que le rat d'eau peut subir le même sort. S'il passe trop près de l'antre fatal, peut-être à la recherche lui-même de quelque écrevisse égarée, car il apprécie beaucoup leur saveur, le brigand est à son tour saisi, maintenu sous l'eau jusqu'à ce que mort s'ensuive, et le gibier qu'il convoitait intervertit alors aisément les rôles.

En fait de nourriture, il est peu de chose que dédaigne l'écrevisse; animaux ou végétaux, vivants ou morts, frais ou pourris, c'est tout un. Les plantes calcaires comme les *Chara*, les racines succulentes comme les carottes, sont parfaitement acceptables; et l'on dit même que l'écrevisse fait de petites excursions sur terre pour chercher des aliments végétaux. Les escargots sont dévorés, coquilles et tout; les dépouilles qu'ont rejetées les autres écrevisses sont mises à contribution pour la matière calcaire qu'elles renferment; les membres les plus faibles de la famille ne sont point même épargnés. En fait, l'écrevisse est coupable de cannibalisme dans sa pire forme; un observateur français fait pathétiquement remarquer que, dans certaines circonstances, les mâles *méconnaissent les plus saints devoirs*, et, non contents de mutiler ou de tuer leurs épouses, à la façon d'animaux qui ont de plus hautes prétentions morales, descendent au plus profond de la turpitude utilitaire, et finissent par les manger. Au fort de l'hiver, toutefois, même les plus alertes ne peuvent guère trouver de nourriture; aussi, lorsqu'elles sortent de leurs retraites aux premiers jours chauds du printemps, ordinairement en mars, les écrevisses sont-elles en assez triste condition.

A cette époque, on trouve les femelles chargées d'œufs attachés sous la queue au nombre de 100 à 200, et semblables à une masse de petites baies (fig. 3). En mai ou juin, ces œufs éclosent et donnent naissance à des animaux fort petits que l'on trouve parfois attachés sous la queue de leur mère, car ils passent sous cet abri les premiers jours de leur existence.

En Angleterre, les écrevisses ne jouent pas un grand rôle dans l'alimentation; mais sur le continent, et particulièrement en France, elles sont très recherchées.

Paris seul, avec ses deux millions d'habitants, consomme annuellement 5 ou 6 millions d'écrevisses, et paye pour cela 400,000 francs. La production naturelle des rivières de France a depuis longtemps cessé de pouvoir fournir à la demande; aussi, non seulement de grandes quantités sont-elles importées d'Allemagne et d'ailleurs, mais encore la culture artificielle des écrevisses a-t-elle été tentée, avec succès, sur une très grande échelle.

On prend les animaux de différentes manières; parfois le pêcheur entre tout simplement dans le ruisseau et les tire de leur cachette; plus souvent, des carrelets, amorcés avec des grenouilles, sont plongés dans l'eau et rapidement relevés lorsqu'on suppose que les écrevisses ont été attirées par l'appât; ou bien, encore, on allume des feux sur les rives pendant la nuit, et les écrevisses, attirées comme les phalènes par cette illumination inaccoutumée, sont pêchées à la main ou au filet.

Ce que nous savons jusqu'ici n'est que ce qu'apprendrait forcément toute personne faisant le commerce des écrevisses, ou vivant dans un pays où elles sont ordinairement employées comme nourriture. C'est du savoir vulgaire. Essayons maintenant d'avancer un peu plus loin dans notre connaissance de l'animal, afin de pouvoir raconter son Histoire naturelle, comme l'eût fait Buffon, s'il se fût occupé du sujet.

Il est d'abord une question qui n'est pas positivement du domaine de la science physique, mais qui pourtant se pose naturellement au commencement d'une histoire naturelle.

L'animal que nous considérons a deux noms : un commun, *Écrevisse*; l'autre technique, *Astacus fluviatilis*. Pourquoi deux noms? Pourquoi les naturalistes ont-ils été chercher une appellation dérivée d'une autre langue, quand il existait déjà un nom dans la langue vulgaire[1]?...

Quant à l'origine du nom technique : ἀσταχός, *astakos* était le nom sous lequel les Grecs connaissaient le homard; ce nom nous a été transmis par les œuvres d'Aristote, qui ne paraît pas avoir remarqué particulièrement l'écrevisse. Au réveil des sciences, les premiers naturalistes constatèrent une grande ressemblance entre le homard et l'écrevisse; mais, comme celle-ci vit dans l'eau douce et l'autre dans la mer, ils appelèrent, dans leur latin, l'écrevisse *Astacus fluviatilis*, ou *homard de rivière*, pour la distinguer du vrai homard. Cette nomenclature fut conservée jusqu'à ce que, il y a quarante-cinq ans environ, un éminent naturaliste français, M. Milne-Edwards, fit remarquer qu'il

1. Nous omettons ici un passage, de peu d'intérêt pour le lecteur français, où l'auteur cherche l'origine du mot anglais *Crayfish*. Il admet comme possible deux étymologies : le français *écrevisse*, et le bas hollandais *crevik*. Littré ne donne pas l'étymologie du mot *écrevisse*. — *Trad.*

y avait entre le homard et l'écrevisse des différences beaucoup plus considérables qu'on ne le supposait, et qu'il serait utile de marquer la distinction qui existait entre les choses par une différence correspondante dans les noms. Laissant à l'écrevisse le nom d'*Astacus*, il proposa pour le homard le nom technique *Homarus*, latinisant ainsi le vieux nom français de cet animal : *Omar* ou *Homar*.

Le nom technique de l'écrevisse est donc aujourd'hui *Astacus fluviatilis*, tandis que celui du homard est *Homarus vulgaris*. Comme cette nomenclature est généralement admise, il est à souhaiter qu'on la conserve ; bien qu'elle présente l'inconvénient de désigner par le terme *Astacus* quelque chose de bien différent de ce que les Grecs, anciens et modernes, désignent par le terme original *astakos*.

Voyons maintenant pourquoi il est nécessaire d'avoir deux noms pour la même chose, un vulgaire et un technique. Il est beaucoup de gens qui s'imaginent que la terminologie scientifique est un inutile fardeau imposé aux commençants, et qui nous demandent pourquoi nous ne pouvons nous contenter du bon français[1]. A ceux qui me feront cette question, je conseillerai de causer un peu de leurs différents métiers avec un charpentier ou un ingénieur, ou mieux encore avec un marin, et d'essayer jusqu'où ira le bon français. L'entrevue n'aura pas duré longtemps qu'ils seront perdus dans un dédale de termes techniques absolument inintelligibles. Chaque profession a sa terminologie particulière, et chaque artisan emploie les termes de son état, véritable baragouin pour ceux qui ne connaissent rien du métier, excessivement commodes pour ceux qui l'exercent.

En effet, tout art est plein de conceptions qui lui sont spéciales ; et comme le but du langage est de nous communiquer nos conceptions, il faut bien trouver des termes pour cela. Deux moyens s'offrent à nous : combiner en longues périphrases gênantes des mots déjà existants, ou créer des expressions nouvelles d'une signification nette et bien comprise. La pratique des gens de bon sens prouve l'avantage du dernier moyen. Ici, comme ailleurs, la science a simplement suivi et perfectionné le sens commun.

1. L'auteur rapporte naturellement sa démonstration à l'*anglais*. — *Trad.*

Il y a plus ; tandis que les artisans anglais, français, allemands, italiens, n'ont point absolument besoin de discuter les progrès et les résultats de leurs travaux respetifs, la science est cosmopolite ; et les difficultés que présente l'étude de la zoologie seraient prodigieusement accrues, si les zoologistes de nationalités diverses employaient des termes techniques différents pour désigner la même chose.

Ils ont besoin d'un langage universel : et l'on a trouvé commode que ce langage fût latin dans sa forme, latin ou grec dans son origine. Ce que le Français appelle *Écrevisse*, l'Anglais le nomme *Crayfish*; l'Allemand, *Flusskrebs*; l'Italien, *Cammaro*, *Gambaro* ou *Gambarello*; mais les zoologistes de chaque pays savent que, dans les ouvrages scientifiques de tous les autres peuples, ils trouveront ce qu'ils cherchent sous le nom d'*Astacus fluviatilis*.

Mais, dira-t-on, s'il est utile d'avoir pour l'écrevisse un nom technique, pourquoi faut-il que ce nom soit double ? C'est encore une question de commodité. S'il y a dix enfants dans une même famille, nous ne les appelons pas tous Smith, car il serait difficile ainsi de les distinguer les uns des autres ; nous ne les appelons pas non plus simplement Jean, Jacques, Pierre, Guillaume, etc., car alors rien ne rappellerait qu'ils sont de la même famille. Nous leur donnons donc deux noms, un qui indique leur proche parenté, l'autre leur individualité particulière : Jean Smith, Jacques Smith, Pierre Smith, Guillaume Smith, etc. Nous faisons de même en zoologie. Seulement, conformément au génie de la langue latine, nous plaçons le nom de baptême, si l'on peut ainsi dire, après le nom de famille.

Il y a plusieurs sortes d'écrevisses, si semblables les unes aux autres qu'elles portent le surnom commun d'*Astacus*; mais, pour les distinguer, on appelle l'une *fluviatile*, l'autre à *pinces faibles*, une autre *daurique*, du pays où elle vit, et nous avons ainsi les noms doubles : *Astacus fluviatilis*, *Astacus leptodactylus* et *Astacus dauricus*. Cette nomenclature, si simple en principe, évite toute confusion dans la pratique. On peut ajouter que, moins on fait attention à la signification originelle des termes de cette nomenclature binaire, et plus tôt on s'accoutume à les considérer comme des noms propres, mieux cela vaut. Un terme, au moment où on l'invente, peut être justifié par de très bonnes raisons, qui perdent toutefois leur valeur par les progrès de la science. Ainsi le nom *Astacus fluviatilis* signifiait quelque chose tant que nous ne connaissions qu'une sorte d'écrevisse; maintenant que nous en connaissons plusieurs, qui toutes habitent les rivières, le nom ne signifie plus rien. Cependant, comme le changer amènerait à une confusion sans fin, et que l'unique but de la nomenclature est d'avoir un nom défini pour une chose définie, personne ne songe à le modifier.

Maintenant que nous voilà renseignés sur l'origine des noms de l'écrevisse, nous allons considérer d'abord ce qu'un naturaliste observateur, mais qui ne se soucierait pas d'aller au delà de la surface des choses, trouverait à dire de l'animal lui-même.

La particularité la plus remarquable de l'écrevisse, pour qui n'est accoutumé qu'aux animaux supérieurs, est probablement le fait que les parties dures sont en dehors et les parties molles en dedans; tandis que chez nous et chez les animaux domestiques ordinaires, les parties dures ou *os*, qui constituent le squelette, sont à l'intérieur du corps et revêtues par les parties molles. De là vient que, tandis que notre charpente solide est appelée *endosquelette* ou squelette interne, celle de l'écrevisse est nommée *exosquelette* ou squelette externe. C'est parce que le corps des écrevisses est enveloppé dans cette croûte dure que le nom de *Crustacés* leur est appliqué, ainsi qu'aux crabes, aux crevettes et aux autres animaux semblables. Les insectes, les araignées et les millepieds ont aussi un exosquelette; mais il n'est ordinairement ni aussi dur ni aussi épais que chez les *Crustacés*.

Si l'on met dans du vinaigre fort un fragment de squelette d'une écrevisse, il se dégage de nombreuses bulles d'acide carbonique, et l'on n'a bientôt plus qu'une membrane molle, lamineuse, tandis que l'on trouve de la chaux dans la solution. L'exosquelette est, en effet, composé d'une substance animale molle, mais tellement imprégnée de carbonate et de phosphate de chaux qu'elle devient dense et dure[1].

1. Les parties dures de l'exosquelette de l'écrevisse contiennent un peu plus de la moitié de leur poids de sels calcaires. Près des 7/8 de ceux-ci sont formés par le carbonate de chaux, le reste est du phosphate de chaux.

La matière animale consiste, pour la plus grande partie, en une substance

On observera que le corps de l'écrevisse est naturellement divisé en deux régions distinctes : la partie antérieure, ferme et solide, couverte d'un large bouclier continu que l'on nomme la *carapace*; et la partie postérieure, articulée, que l'on appelle communément la queue (fig. 2). D'après des analogies, en partie réelles, en partie imaginaires, avec les diverses régions du corps des animaux supérieurs, on a appelé la partie antérieure *céphalothorax*, ou tête *(cephalon)* et poitrine *(thorax)* combinées, tandis que la partie postérieure a reçu le nom d'*abdomen*.

L'exosquelette n'est pas constitué de même dans toutes ces régions. L'abdomen, par exemple, est composé de six anneaux complets, résistants (fig. 2, xv-xx), et d'un battant terminal, à la face inférieure duquel est situé l'anus (fig. 3, *a*), et qu'on appelle le *telson* (fig. 2, *t*, *t*). Toutes ces pièces peuvent se mouvoir librement les unes sur les autres; car l'exosquelette qui les relie n'est point calcifié, mais demeure flexible et mou, comme le squelette dur dont les sels calcaires ont été enlevés par un acide. Nous aurons à considérer attentivement, plus tard, le mécanisme des articulations; il suffit, à présent, de remarquer que, partout où il en existe une, elle est produite de même : c'est-à-dire par le non-endurcissement du squelette dans certaines régions des parties articulées.

La carapace n'est point articulée; mais l'on observe, vers son milieu, un sillon transversal dont les extrémités descendent sur les côtés, et tournent alors en avant (fig. 1 et 2, *cg*). On l'appelle le sillon *cervical;* il sépare la région de la tête, située en avant de lui, de celle du thorax, qui est placée en arrière.

Le thorax semble tout d'abord être d'une seule pièce; mais, si l'on examine avec soin sa surface inférieure, ou, pour mieux

particulière nommée *chitine*, qui entre dans la composition des parties dures non seulement des *arthropodes* en général, mais de beaucoup d'autres invertébrés. La chitine n'est point dissoute, même à chaud, par les alcalis caustiques, d'où l'usage de solutions de potasse et de soude caustique pour nettoyer les squelettes d'écrevisse. Elle est soluble sans altération dans l'acide chlorhydrique concentré froid, et peut être précipitée de cette solution par une addition d'eau.

La chitine contient de l'azote, et d'après les dernières recherches (Ledderhose, *Ueber Chitin und seine Spaltungs-produkte.* — *Zeitschrift für physiologische Chemie*, II, 1879) sa composition est représentée par la formule $C^{15}H^{26}N^{2}O^{10}$.

dire, *sternale*, on la trouvera divisée en autant de bandes transversales, ou segments, qu'il y a de paires de pattes (fig. 3) ; en outre, celui de ces segments qui est situé le plus en arrière

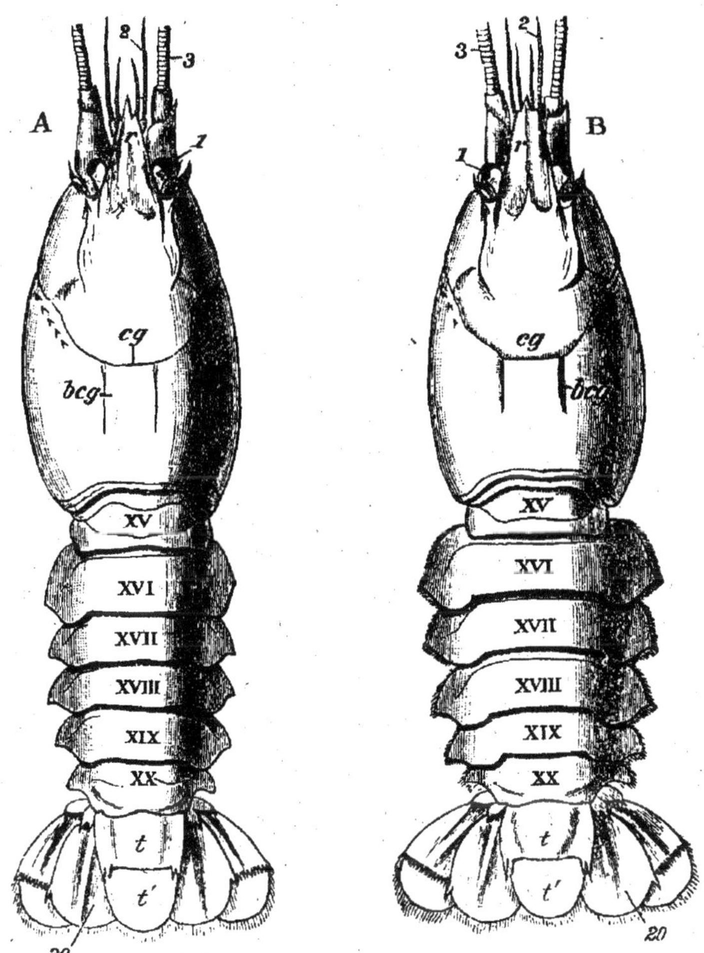

FIG. 2. — *Astacus fluviatilis.* — Vues tergales ou dorsales (gr. nat.). A, mâle ; B, femelle ; *bcg*, sillon branchio-cardiaque, qui marque la limite entre les cavités péricardiaque et branchiale ; *cg*, sillon cervical ; ces lettres sont placées sur la carapace ; *r*, rostre ; *t*, *t'*, les deux divisions du telson. *1*, pédoncules oculaires ; *2*, antennules ; *3*, antennes ; *20*, lobes latéraux de la nageoire caudale ; XV-XX, somites de l'abdomen.

n'est point uni fermement au reste, et peut exécuter de petits mouvements en avant et en arrière (fig. 3, B ; XIV).

A la face sternale de chacun des anneaux de l'abdomen se trouve une paire de membres appelés *pattes natatoires*. Celles des cinq anneaux antérieurs sont petites et grêles (fig. 3, B ; *15*, *19*), mais celles du sixième sont fort grandes et chacune d'elles se termine en deux larges plaques (*20*). Ces deux plaques de chaque côté, avec le telson au milieu, constituent le battant

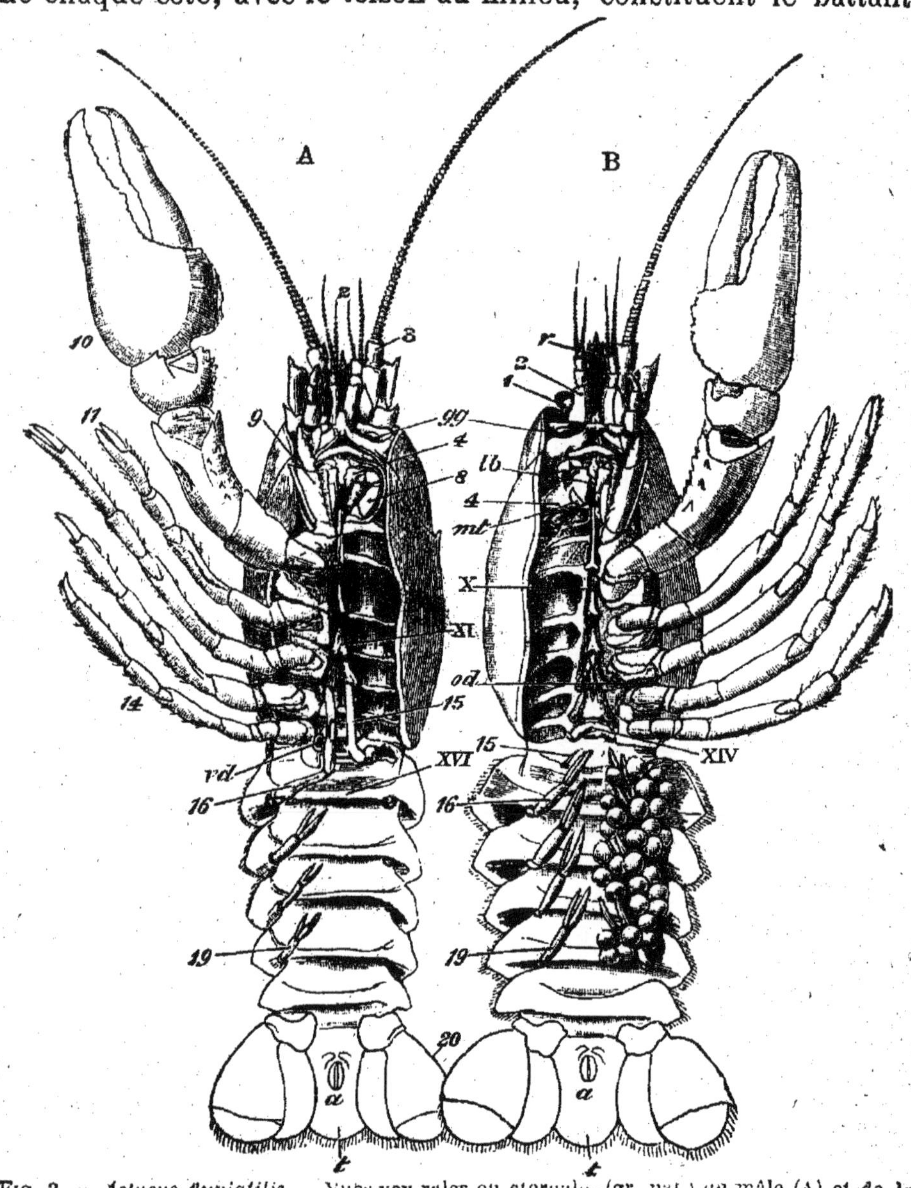

Fig. 3. — *Astacus fluviatilis.* — Vues ventrales ou sternales (gr. nat.) du mâle (A) et de la femelle (B). *a*, anus; *gg*, orifice de la glande verte; *lb*, labre; *mt*, métastome ou lèvre inférieure; *od*, orifice de l'oviducte; *vd*, orifice du canal déférent; *1*, pédoncule oculaire; *2*, antennule; *3*, antenne; *4*, mandibule; *8*, second maxillipède; *9*, troisième maxillipède, ou maxillipède externe; *10*, pince; *11*, première patte; *14*, quatrième patte; *15*, *16*, *19*, *20*, premier, second, cinquième et sixième appendice abdominaux: X, XI, XIV, sternum des quatrième, cinquième et huitième somites du thorax; XVI, sternum du deuxième somite abdominal. Chez le mâle, on a enlevé les appendices 9-4 et 16-19 du côté gauche de l'animal; chez la femelle, l'antenne (sauf son article basilaire) et les appendices 5-14 du côté droit. On voit aussi les œufs attachés aux pattes natatoires du côté gauche.

à l'aide duquel l'écrevisse produit ses mouvements de natation rétrograde. Les petites pattes natatoires exécutent toutes ensemble des oscillations régulières, comme des rames, et concourent sans doute à porter l'animal en avant. C'est à ces appendices que s'attachent les œufs chez la femelle (B) et, chez le mâle, ceux des deux paires antérieures (A, *15*, *16*) sont convertis en stylets particuliers qui caractérisent le sexe.

Les quatre paires de pattes qui sont employées à la marche sont divisées en un certain nombre d'articles, et les deux paires antérieures sont terminées par deux griffes disposées de manière à constituer une pince, ce qui les a fait appeler *chélates*. Les pattes des deux paires postérieures se terminent par des griffes simples.

En avant de ces pattes ambulatoires viennent les grands membres préhensiles qui sont armés de pinces comme ceux qui les suivent immédiatement, mais de dimensions beaucoup plus considérables. Ils reçoivent souvent le nom spécial de *chelæ*, et les grands articles terminaux sont appelés les *mains*. Nous éviterons la confusion en appelant ces membres les *pattes ravisseuses* et en réservant le nom de *pinces* aux deux articles terminaux.

Tous les membres que nous avons mentionnés jusqu'ici servent à des degrés divers à la locomotion et à la préhension. L'écrevisse nage à l'aide de son abdomen et des paires postérieures de membres abdominaux ; elle marche au moyen des quatre paires postérieures de membres thoraciques. Les deux paires antérieures, *chélates*, de ces membres servent à déchirer la nourriture saisie par les pinces et à la porter à la bouche, et peuvent également saisir les corps pour fixer l'animal ou l'aider à grimper ; tandis qu'il se sert de ses pinces pour saisir sa proie ou pour se défendre. Le rôle que joue chacun de ces membres est ce qu'on appelle sa *fonction ;* et l'on dit qu'il est l'*organe* de cette fonction. Tous ces membres sont donc des organes des fonctions de locomotion, d'attaque ou de défense.

En avant des pinces est une paire de membres d'un autre caractère que tous ceux que nous avons vus jusqu'ici, et qui affectent une direction différente. Ils sont, en effet, tournés directement en avant, parallèles entre eux et à la ligne médiane du corps. Ils sont divisés en un certain nombre d'articles dont le plus près de la base est plus long que les autres, et fortement denté le long de son bord interne, c'est-à-dire de celui qui est tourné vers son homologue. Il est évident que ces membres sont bien disposés pour broyer et déchirer tout ce qui arrive entre eux, et qu'ils sont, en fait, des *mâchoires*, ou organes de mastication. En même temps on remarquera qu'ils conservent une ressemblance générale, singulièrement intime, avec les pattes thoraciques postérieures ; c'est pour cela qu'on les a distingués sous le nom de pieds-mâchoires ou *maxillipèdes* externes.

Si l'on passe entre ces maxillipèdes la tête d'une forte épingle, on la voit pénétrer sans difficulté dans l'intérieur du corps, par la bouche. La bouche est, en effet, une ouverture relativement assez grande ; mais on ne peut la voir sans écarter de force, non seulement ces pieds-mâchoires externes, mais encore un certain nombre d'autres membres qui concourent à la même fonction de mastication. Nous pouvons laisser de côté, pour le moment, les organes de mastication ; en remarquant seulement qu'ils comprennent en tout trois paires de maxillipèdes, suivies de deux paires un peu différentes de *mâchoires*, et d'une autre paire d'organes forts et résistants que l'on appelle les *mandibules*. Toutes ces mâchoires se meuvent latéralement, et contrastent ainsi avec celles des vertébrés qui se meuvent de haut en bas. En avant et au-dessus de la bouche et des mâchoires qui la couvrent, se voient les longs filaments que l'on appelle les *antennes* (3) ; au-dessus et en avant de celles-ci viennent les petites antennes ou *antennules* (2) ; au-dessus d'elles enfin se trouvent les pédoncules oculaires. Les antennes sont les organes du toucher, les antennules contiennent, en outre, les organes de l'ouïe, tandis que les organes de la vision se trouvent au sommet des pédoncules.

Nous voyons donc que l'écrevisse a un corps articulé et segmenté ; et que les anneaux qui le composent, très évidents à la partie abdominale, sont plus obscurément marqués sur le reste du corps. Nous voyons aussi qu'il n'y a pas moins de vingt paires de ce que l'on peut appeler du nom général d'*appendices* ; et que ces appendices sont employés à différents usages, ou, si l'on veut, sont les organes de différentes fonctions dans les diverses parties du corps. L'écrevisse est évidemment une machine vivante très compliquée ; mais nous ne sommes pas encore au bout de tous les organes que l'on peut découvrir, même par une rapide inspection. Toute personne qui a mangé une écre-

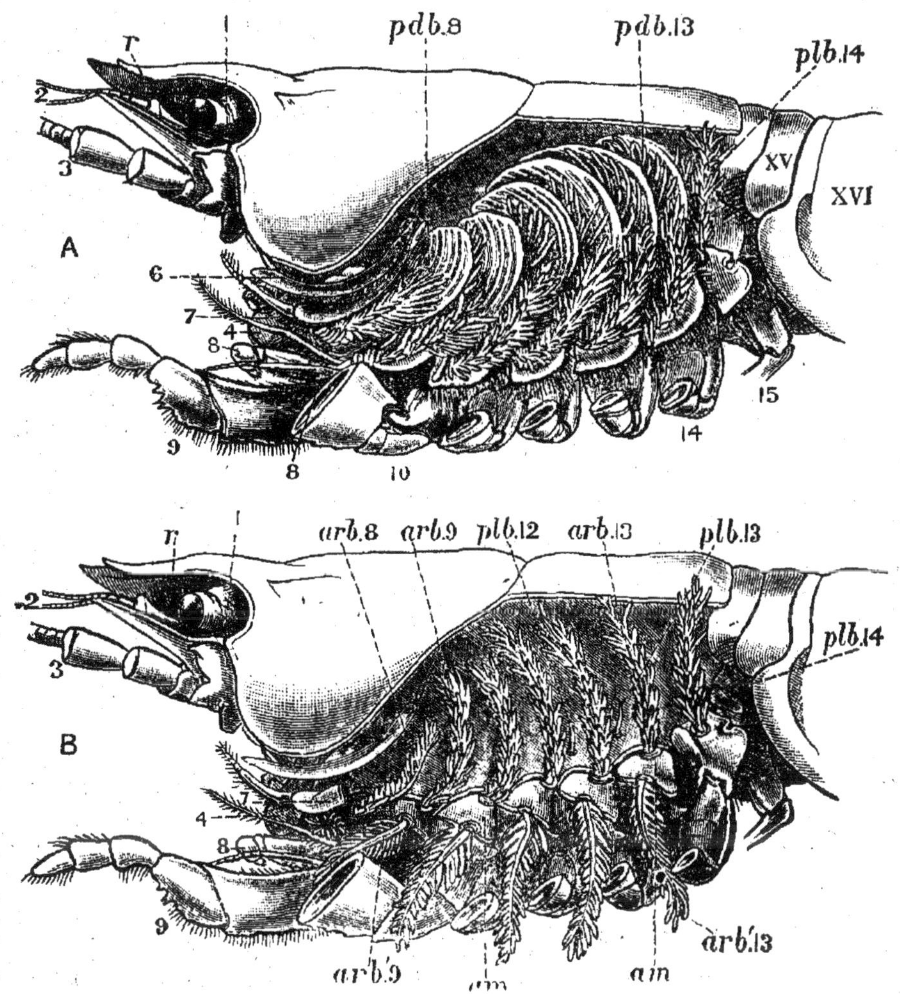

Fig. 4. — *Astacus fluviatilis.* — En A, les branchies, que l'on a découvertes en enlevant le branchiostégite, sont vues dans leur position naturelle ; en B, les podobranchies sont enlevées, et la rangée externe des arthrobranchies est renversée (×2) : *1*, pédoncule oculaire ; *2*, antennule ; *3*, antenne ; *4*, mandibule ; *6*, scaphognatite ; *7*, premier maxillipède ; en B, l'épipodite sur lequel porte la ligne est en partie enlevé ; *8*, second maxillipède ; *9*, troisième maxillipède ; *10*, pince ; *14*, quatrième patte ambulatoire ; *15*, premier appendice abdominal ; XV, premier, et XVI, second somites abdominaux ; *arb 8*, *arb 9*, *arb 13*, arthrobranchies postérieures du deuxième et troisième maxillipède et de la troisième patte ambulatoire ; *arb' 9*, *arb' 13*, arthrobranchies antérieures du troisième maxillipède et de la troisième patte ambulatoire ; *pbd 8*, podobranchie du deuxième maxillipède ; *pbd 13*, celle de la troisième patte ambulatoire ; *plb 12*, *plb 13*, les deux pleurobranchies rudimentaires ; *plb 14*, pleurobranchie fonctionnelle ; *r*, rostre.

visse ou un homard bouilli sait que le grand bouclier ou carapace se sépare très facilement du thorax et de l'abdomen, en entraînant avec lui la tête et les membres qui appartiennent à cette région. Il n'y a pas à chercher loin pour en trouver la raison. Les bords inférieurs de cette partie de la carapace qui appartient au thorax, approchent très près de la base des pattes; mais ils en sont séparés par une fente qui s'étend en avant sur les côtés de la région buccale, et se prolonge en arrière et en haut, entre le bord postérieur de la carapace et les côtés du premier anneau abdominal qui recouvrent en partie ce bord et sont en partie recouverts par lui. Si l'on passe avec précaution, par cette fente, la lame d'une paire de ciseaux, en l'entrant en arrière, et remontant aussi haut que possible sans rien déchirer; si l'on coupe alors parallèlement à la ligne médiane jusqu'au sillon cervical, puis, en suivant ce sillon, jusqu'à la base des pieds-mâchoires externes, on détachera un large volet de la carapace; c'est cette partie que l'on nomme *branchiostégite* (fig. 1; *bg*) parce qu'elle recouvre les branchies (fig. 4) que l'on a ainsi découvertes. Celles-ci paraissent comme des plumes délicates, dirigées de la base des pattes, en haut et en arrière pour les antérieures, en haut et en avant pour les postérieures, convergeant ainsi vers l'extrémité supérieure de la cavité où elles sont placées, et que l'on appelle la *chambre branchiale*. Ces branchies sont les organes respiratoires; elles remplissent les mêmes fonctions que celles des poissons, avec lesquelles elles présentent quelque ressemblance.

Si l'on enlève les branchies, on voit que la cavité branchiale est limitée à son côté interne par une paroi oblique, formée par une couche délicate, mais plus ou moins calcifiée, de l'exosquelette, qui constitue la paroi propre externe du thorax. A la limite supérieure de la cavité branchiale, la couche de l'exosquelette est très mince et, tournant au dehors, se continue avec la paroi interne ou le revêtement du branchiostégite qui est également très mince.

La chambre branchiale est donc aussi complètement en dehors du corps, que l'espace qui existerait entre le gilet et l'habit d'un homme, en supposant que les côtés du gilet se continuassent d'une seule pièce avec la doublure de l'habit. On peut comparer plus exactement encore cette disposition avec ce qu'on aurait chez un homme dont la peau du dos serait assez lâche pour retomber en deux larges plis sur les flancs.

On observera que la chambre branchiale est ouverte en arrière, en avant et en dessous; l'eau dans laquelle vit habituellement l'écrevisse peut donc entrer et sortir librement. L'air

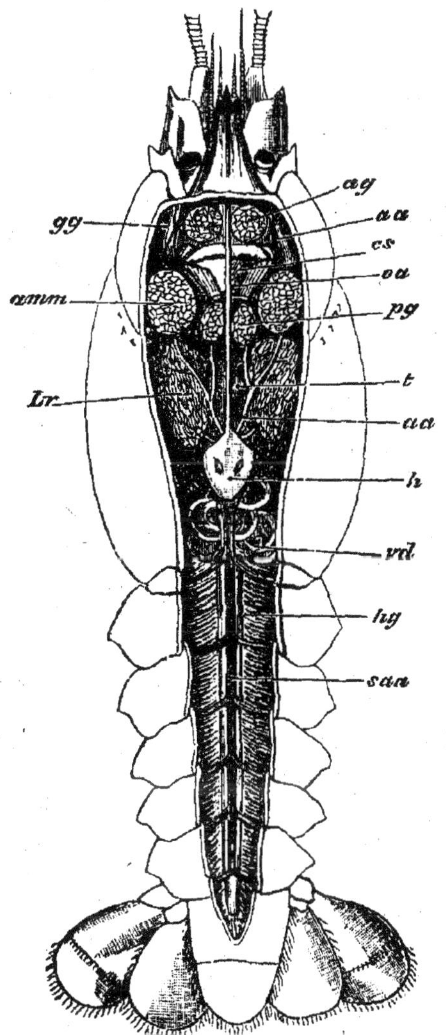

Fig. 5. — *Astacus fluviatilis.* — Spécimen mâle, sur lequel le toit de la carapace et la partie dorsale des segments abdominaux sont enlevés pour montrer les viscères (gr. nat.); *aa*, artère antennaire; *ag*, muscles gastriques antérieurs; *amm*, muscles abducteurs des mandibules; *cs*, portion cardiaque de l'estomac; *gg*, glandes vertes; *h*, cœur; *hg*, intestin postérieur, ou gros intestin; *Lr*, foie; *oa*, artère ophthalmique; *pg*, muscles gastriques postérieurs; *saa*, artère abdominale superieure; *t*, testicule; *vd*, canal déférent.

dissous dans l'eau permet la respiration comme chez les poissons. Comme on le voit pour beaucoup de poissons, l'écrevisse respire fort bien hors de l'eau, si on la maintient suffisamment au frais et à l'humidité pour que les branchies ne se dessèchent pas. Il n'y a donc pas de raison pour que, par des temps froids et humides, l'écrevisse ne puisse fort bien vivre sur terre ou du moins au milieu des herbes mouillées, bien qu'il soit peut-être douteux que notre écrevisse commune fasse ainsi des excursions terrestres. Nous verrons plus tard qu'il existe des espèces d'écrevisses qui vivent d'habitude à terre, et périssent si on les maintient dans l'eau.

Quant à la structure interne de l'animal, il y a quelques points qui ne sauraient échapper même à l'examen le plus superficiel.

Ainsi, lorsqu'on enlève la carapace d'une écrevisse qui vient d'être tuée à l'instant, on voit encore battre le cœur. C'est un organe d'un volume relativement considérable (fig. 5, *h*) qui est situé immédiatement au-dessous de la région moyenne de cette partie de la carapace qui est en arrière du sillon cervical ; en d'autres termes, dans la région dorsale du thorax.

En avant du cœur, et par conséquent dans la tête, est un gros sac arrondi. C'est l'estomac (fig. 5, *cs;* fig. 6, *cs*, *ps*), d'où

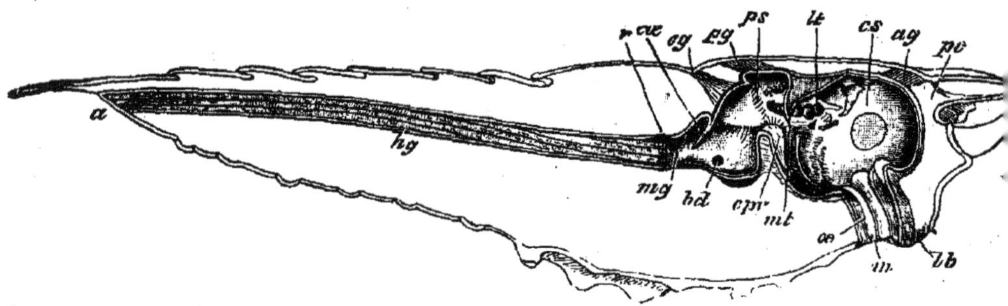

FIG. 6. — *Astacus fluviatilis.* — Section longitudinale verticale du canal alimentaire, avec le profil du corps (gr. nat.). *a*, anus ; *ag*, muscles gastriques antérieurs ; *bd*, orifice du conduit biliaire gauche ; *cg*, sillon cervical ; *cœ*, cœcum ; *cpv*, valve cardiopylorique ; *cs*, portion cardiaque de l'estomac ; l'aire circulaire immédiatement au-dessous de l'extrémité de la ligne indicatrice qui part de *cs* marque la position du gastrolithe du côté gauche ; *hg*, intestin postérieur ; *lb*, labre ; *lt*, dent latérale de l'estomac ; *m*, bouche ; *mg*, intestin moyen ; *mt*, dent médiane ; *œ*, œsophage ; *pc*, apophyse procéphalique ; *pg*, muscles gastriques postérieurs ; *ps*, portion pylorique de l'estomac ; *r*, saillie annulaire qui marque le commencement de l'intestin postérieur.

part un intestin très délicat (fig. 5 et 6, *hg*), qui se dirige droit en arrière, à travers le thorax et l'abdomen, jusqu'à l'anus (fig. 6, *a*).

Pendant l'été, on trouve ordinairement sur les côtés de l'estomac deux masses calcaires, de forme lenticulaire, qui sont connues sous le nom d'*yeux d'écrevisses*[1], et que l'on considérait autrefois en médecine comme un souverain remède à tous les maux. Ces corps sont polis, et aplatis ou concaves du côté qui est tourné vers la cavité stomacale, tandis que le côté opposé, convexe et couvert de rugosités irrégulières, ressemble un peu à une *méandrine*[2].

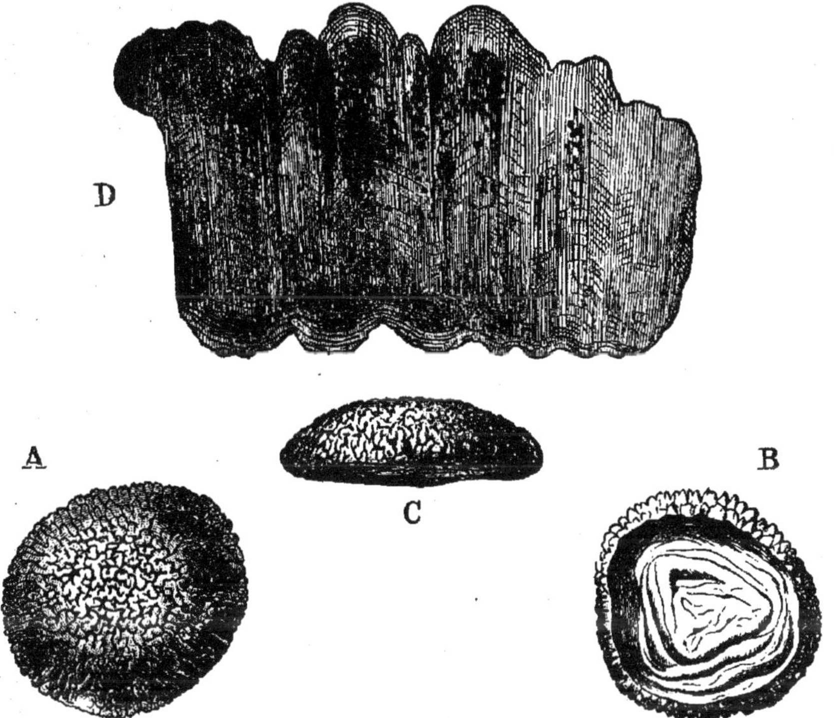

Fig. 7. — *Astacus fluviatilis*. — Œil d'écrevisse : A, vu en dessus ; B, vu en dessous ; C, vu de côté (tous × 5) ; D, section verticale (× 20).

En outre, lorsqu'on ouvre l'estomac, on voit trois grosses dents rougeâtres qui se projettent à son intérieur (fig. 6, *lt*, *ml*) ;

1. Le mot anglais est *œil de crabe* (*crab's eye*). — *Trad.*

2. Les gastrolithes, ainsi qu'on peut appeler les yeux d'écrevisse, ne sont complètement développées que dans la dernière partie de l'été, immédiatement avant l'ecdysis. Ils forment alors des saillies arrondies de chaque côté de la partie antérieure de la division cardiaque de l'estomac. La paroi propre de l'estomac se continue sur la surface externe de la proéminence et forme en réalité la paroi externe de la chambre où est renfermé le gastrolithe, et dont la paroi interne est formée par la cuticule qui revêt l'estomac. Lorsqu'on divise la paroi externe, elle se sépare aisément de la surface externe convexe

de sorte qu'outre ses six paires de mâchoires, l'écrevisse a encore un appareil masticateur supplémentaire dans son estomac.

du gastrolithe avec laquelle elle est en contact immédiat. La surface interne du gastrolithe est ordinairement plate ou légèrement concave. Parfois elle adhère fortement à la cuticule chitineuse; mais lorsque le gastrolithe est entièrement formé, elle s'en détache aisément. Ainsi la paroi propre de l'estomac ne revêt que la face externe du gastrolithe dont la face interne adhère ou du moins est juxtaposée à la cuticule. Le gastrolithe n'est point du tout une simple concrétion, mais une production cuticulaire ayant une structure définie. Sa surface interne est lisse; mais la surface externe est rugueuse par suite de la saillie de crêtes irrégulières formant une sorte de réseau. Une section verticale montre qu'il est composé de couches minces superposées, dont les plus internes sont parallèles à la surface interne plate, tandis que les dernières deviennent graduellement concentriques avec la surface externe. En outre, les couches internes sont moins calcifiées que les autres, et les projections de la surface externe sont particulièrement denses et dures. En réalité, les gastrolithes sont fort semblables, par leur structure, aux autres parties dures de l'exosquelette, sauf que les couches les plus denses sont les plus rapprochées du substratum épithélial au lieu que ce soit l'inverse.

Lorsqu'arrive la mue, les gastrolithes sont rejetés en même temps que l'armature gastrique en général, dans la cavité de l'estomac; ils se dissolvent alors pendant qu'une nouvelle cuticule se forme en dehors d'eux sur la paroi propre de l'estòmac. La matière calcaire dissoute est sans doute employée à la formation de l'exosquelette nouveau.

D'après les observations de M. Chautran (*Comptes rendus*, LXXVIII, 1874), les gastrolithes commencent à se former environ quarante jours avant la mue, chez l'écrevisse âgée de quatre ans; mais l'intervalle est beaucoup moindre chez les animaux plus jeunes et n'est que de dix jours la première année après la naissance. Lorsqu'ils sont rejetés dans l'estomac pendant la mue, ils sont broyés et non simplement dissous. Le processus de destruction et d'absorption prend de vingt-quatre à trente heures chez la très jeune écrevisse, et dure de soixante-dix à quatre-vingts heures chez l'adulte. Si les gastrolithes ne sont point normalement développés et réabsorbés, la mue se fait mal, et l'écrevisse meurt dans le cours de l'absorption.

D'après Dulk (*Chemische Untersunchung der Krebsteine. — Muller's Archiv,* 1835), les gastrolithes ont la composition suivante :

Matière animale soluble dans l'eau.	11.43
Matière animale insoluble dans l'eau (probablement chitine).	4.33
Phosphate de chaux.	18.60
Carbonate de chaux.	63.16
Soude, estimée comme carbonate.	1.41
	98.93

La proportion de la matière minérale à la matière animale et du phosphate au carbonate de chaux est donc beaucoup plus forte dans les gastrolithes que dans l'exosquelette en général.

De chaque côté de celui-ci est une masse molle, jaune ou brune, que l'on reconnaît communément comme le foie (fig. 5, *Lr*) et, vers l'époque de la ponte, les ovaires des femelles, c'est-à-dire les organes dans lesquels se forment les œufs, sont très apparents, grâce à la couleur sombre des œufs qu'ils contiennent et qui, comme l'exosquelette, se colorent en rouge par l'ébullition. Dans un homard cuit, on nomme cette partie du nom de *corail.*

Les plus remarquables parmi les autres détails de la structure interne sont les grosses masses de chair, ou muscles, que l'on trouve dans le thorax, l'abdomen et les pinces, et qui sont blanches au lieu d'être rouges comme dans la plupart des animaux supérieurs. On remarquera plus loin que le sang, qui coule abondamment lorsqu'on blesse une écrevisse, est un fluide clair, presque incolore, ou à peine teinté de rouge ou de gris. C'est ce qui avait fait croire aux anciens naturalistes que l'écrevisse n'avait pas de sang, mais seulement une sorte d'ichor. Le fluide en question est toutefois du sang véritable, et si on le reçoit dans un vase, il forme bientôt un caillot gélatineux, de consistance assez ferme.

L'écrevisse croît rapidement pendant la jeunesse, mais grossit ensuite de plus en plus lentement à mesure qu'elle avance en âge. Le jeune animal, en sortant de l'œuf, est d'une teinte grisâtre, et d'environ 8 millimètres de long. A la fin de l'année, il peut avoir atteint près de 4 centimètres de longueur [1]. Les écrevisses d'un an ont, en moyenne, 5 centimètres et demi de long; à deux ans, elles ont 7 centimètres et demi; à trois ans, 9 centimètres et demi; à quatre ans, près de 12 centimètres, et à cinq ans, 13 centimètres et demi. Elles continuent à croître jusqu'à ce que, dans des cas exceptionnels, elles aient atteint de

1. Les chiffres donnés dans le texte après les mots « à la fin de l'année » et se rapportant aux dimensions de l'écrevisse aux différents âges sont donnés sur l'autorité de M. Carbonnier (*l'Écrevisse,* Paris, 1869); mais ils ne s'appliquent évidemment qu'à la grosse « Écrevisse à pieds rouges » de France et non à l'écrevisse anglaise qui paraît identique avec l' « Écrevisse à pieds blancs », et qui est de dimensions beaucoup moindres. D'après M. Carbonnier (*l. c.,* p. 51), la jeune écrevisse qui vient de naître a « un centimètre et demi environ ». Les jeunes de l'écrevisse anglaise, que j'ai vues encore attachées à leur mère, dépassent rarement la moitié de cette longueur.

M. Soubeiran (*Sur l'Histoire naturelle et l'éducation des écrevisses, Comptes rendus,* LX, 1865) donne dans le tableau suivant le résultat de ses études

19 à 21 centimètres de long; mais on ne sait guère à quel âge elles peuvent arriver à ces dimensions insolites.

La vie de ces animaux semble pouvoir se prolonger jusqu'à quinze ou vingt ans. Ils paraissent arriver à l'état adulte, du moins quant au pouvoir de reproduction, dans la cinquième, ou plus ordinairement dans la sixième année. J'ai vu cependant une femelle, avec des œufs attachés sous l'abdomen, qui n'avait guère que 2 pouces de long, et ne devait être par conséquent que dans sa seconde année. Les mâles sont ordinairement plus gros que les femelles du même âge.

Une fois formé, le squelette dur d'une écrevisse est incapable de s'étendre; il ne saurait non plus s'accroître par addition interstitielle, comme les os des animaux supérieurs. L'accroissement du corps exige donc le rejet et la reproduction de son enveloppe. Cela pourrait être effectué par degrés insensibles et à des moments différents pour les diverses parties du corps; mais en réalité se produit périodiquement et d'un seul coup, un peu comme la mue des oiseaux. La totalité de l'ancien revêtement du corps est rejetée à la fois, et brusquement; et le nouveau revêtement, qui s'était déjà formé au-dessous de l'ancien, demeure pendant un certain temps dans un état de mollesse qui permet le rapide accroissement du corps. On appelle techniquement cette sorte de mue *ecdysis* ou *exuviation*.

On dit vulgairement que l'écrevisse *change de peau*; il n'y a pas d'inconvénients à se servir de cette phrase, si l'on se rappelle que l'enveloppe rejetée n'est point la peau, dans le sens

sur la croissance des écrevisses élevées à Clairefontaine, près de Rambouillet :

	Longueur moyenne (en mètres).	Poids moyen (en grammes).
Écrevisses de l'année.	0,025	0,50
— d'un an.	0,050	1,50
— de 2 ans	0,070	3,50
— de 3 ans	0,090	6,50
— de 4 ans	0,110	17,50
— de 5 ans	0,125	18,50
— indéterminées. . . .	0,160	30,00
— très âgées.	0,190	125,00

Ces observations doivent s'appliquer aussi à l'« Écrevisse à pieds rouges ».

propre du mot, mais seulement ce qu'on nomme une *couche cuticulaire*, sécrétée par la surface externe du véritable tégument. Le squelette cuticulaire de l'écrevisse est en réalité beaucoup moins une partie de la peau que l'enveloppe rejetée par un serpent, ou que nos propres ongles. Ceux-ci sont en effet composés de parties cohérentes produites par l'épiderme, tandis que le revêtement solide d'une écrevisse ne contient pas de parties ainsi formées, et se développe en dehors des tissus qui correspondent à l'épiderme des animaux supérieurs. L'écrevisse s'accroît donc pour ainsi dire par saccades; ses dimensions demeurent stationnaires dans les intervalles des mues, et augmentent rapidement pendant quelques jours, tandis que l'exosquelette nouveau est en voie de formation.

L'ecdysis de l'écrevisse fut complètement observé pour la première fois il y a un siècle et demi, par un des observateurs les plus exacts qui aient jamais existé, le fameux Réaumur. La description suivante de cette curieuse opération est donnée presque dans ses propres termes[1] :

Quelques heures avant que l'exuviation commence, l'écrevisse frotte ses membres les uns contre les autres, et, sans changer de place, les remue chacun à leur tour; elle se jette sur le dos, replie sa queue, l'étend brusquement, et pendant ce temps ses antennes sont animées d'un mouvement de vibration. Ces mouvements donnent aux diverses parties du corps un peu de jeu dans leurs fourreaux devenus trop larges. Après ce travail préparatoire, l'écrevisse paraît distendue, probablement par suite du commencement de rétraction qu'éprouvent les membres à l'intérieur de l'exosquelette. « On a remarqué en effet que, si l'on brise à ce moment l'extrémité d'une des grandes pinces, on la trouve vide, les parties molles qu'elle renfermait s'étant rétractées jusqu'à la seconde articulation.

La partie membraneuse molle de l'exosquelette, qui réunit l'extrémité postérieure de la carapace avec le premier anneau de l'abdomen, cède alors, et le corps fait saillie, couvert du nou-

1. Voyez les deux mémoires de Réaumur : *Sur les diverses reproductions qui se font dans les écrevisses, les omars, les crabes, etc.* (Histoire de l'Académie royale des sciences, 1712); et : *Additions aux observations sur la mue des écrevisses données dans les mémoires de* 1712 (*ibid.*, 1718).

veau revêtement mou dont la couleur brun sombre le rend facile à distinguer du brun verdâtre de l'ancien tégument.

Arrivée à ce point, l'écrevisse se repose un certain temps, puis l'agitation des membres et du corps recommence. La carapace est forcée en haut et en avant, par la sortie du corps, et ne demeure plus attachée que dans la région buccale. La tête est ensuite tirée en arrière, et les yeux et les autres appendices sont extraits de leur ancien revêtement. Les pattes sont ensuite retirées, soit une à une, soit toutes celles d'un côté, ou même des deux côtés à la fois. Une fente qui se produit dans l'ancien tégument, le long du membre, facilite l'opération ; mais parfois un membre cède et demeure dans le fourreau.

Lorsque les pattes sont dégagées, l'animal retire complètement sa tête et ses membres de leur revêtement primitif, puis, faisant un brusque saut en avant pendant qu'il étend son abdomen, il dégage ce dernier et abandonne ainsi son ancien squelette. La carapace retombe dans sa position ordinaire, et les fissures longitudinales des fourreaux des membres se rapprochent si exactement, que le tégument rejeté a tout à fait l'aspect que possédait l'animal au commencement de l'exuviation, et que, si l'écrevisse demeure en repos à côté de sa dépouille, on ne saurait la distinguer de celle-ci qu'à sa couleur plus vive.

Fatigué par les violents efforts qui lui sont assez souvent funestes, l'animal demeure abattu après l'exuviation. Au lieu d'être recouverts d'une coque dure, ses téguments sont mous et flasques comme du papier mouillé, bien que Réaumur ait remarqué qu'une écrevisse saisie aussitôt après l'exuviation semble dure, sans doute, remarque-t-il, par l'état de crampe dans lequel une violente contraction laisse les muscles. Toutefois, en l'absence de squelette dur, rien ne vient ramener à leur position primitive les muscles contractés, et il doit falloir un certain temps pour que la pression des fluides internes les vienne étendre de nouveau.

Lorsque l'exuviation est arrivée jusqu'à soulever la carapace rien ne peut plus empêcher l'écrevisse de continuer ses efforts Si on la sort de l'eau, elle continue à muer dans la main, et la pression même du corps ne saurait l'arrêter.

La longueur du temps employé, depuis que les téguments

commencent à céder jusqu'à la sortie définitive de l'animal, varie, avec la vigueur de ce dernier et les circonstances où il se trouve, de dix minutes à plusieurs heures. Le revêtement chitineux de l'estomac avec ses dents, et les yeux d'écrevisse, sont rejetés avec le reste du squelette cuticulaire, mais ils sont brisés et dissous dans l'estomac.

Les nouveaux téguments de l'écrevisse demeurent mous pendant une période qui varie de un à trois jours ; il est curieux que l'animal semble tout à fait avoir conscience de sa faiblesse et agit en conséquence.

Un naturaliste observateur, mort depuis peu, raconte : « J'eus, à une époque, une écrevisse domestiquée *(astacus fluviatilis)*, que je conservais dans un bassin de verre qui ne contenait guère que 6 à 7 centimètres d'eau, l'expérience m'ayant montré que l'animal ne pouvait vivre longtemps dans une eau plus profonde, sans doute par manque d'aération du liquide. Mon prisonnier devint graduellement très audacieux, et lorsque je laissais mes doigts sur le bord du bassin, il venait les attaquer avec promptitude et énergie. Je l'avais depuis environ un an et demi, lorsque j'aperçus avec lui ce que je pris d'abord pour une seconde écrevisse. En l'examinant, je m'aperçus que ce n'était que son ancien tégument qu'il avait laissé dans un état d'intégrité parfaite. Mon ami avait maintenant perdu son héroïsme et montrait la plus grande agitation ; il était complètement mou, et chaque fois que j'entrais dans la chambre, pendant les deux jours suivants, il donnait des marques de la plus vive terreur. Le troisième jour il parut un peu reprendre confiance et s'aventura à se servir de ses pinces, bien qu'avec une certaine timidité. Il n'était point encore aussi dur qu'auparavant. Au bout d'environ une semaine il était plus audacieux que jamais, ses armes étaient plus tranchantes, il semblait plus robuste, et ce n'était plus un jeu de se laisser pincer par lui. Il vécut en tout environ deux ans, pendant lesquels il n'eut guère à manger que quelques vers, et à des époques très irrégulières; peut-être n'en eut-il pas cinquante en tout [1]. »

Il semblerait, d'après les meilleures observations que l'on ait jusqu'ici, que les jeunes écrevisses muent deux ou trois fois

1. Feu M. Robert Ball, de Dublin, in Bell's *British Crustacea*, p. 239.

dans le cours de la première année, et que, plus tard, le phénomène devient annuel et se produit au milieu de l'été. Il y a des raisons de supposer que les écrevisses très vieilles ne muent pas tous les ans [1].

Nous avons dit que l'écrevisse peut perdre quelqu'un de ses membres pendant les violents efforts qu'elle fait pour les retirer de l'ancien squelette, et que le membre ainsi arraché demeure en grande partie ou même en entier dans la dépouille rejetée. Mais ce n'est pas seulement ainsi que les écrevisses peuvent se séparer de leurs membres. Quelle que soit l'époque, si l'on prend l'animal par une de ses pinces de façon qu'il ne puisse échapper, il peut résoudre la difficulté et prendre la fuite en abandonnant sa patte aux mains de son ravisseur. Cette amputation volontaire a toujours lieu au même endroit, c'est-à-dire au point où le membre est le plus grêle, juste au delà de l'articulation qui unit la pièce basilaire à la suivante. Les autres membres peuvent aussi se séparer très aisément aux articulations, et rien n'est plus commun que de trouver des écrevisses qui ont subi une mutilation de cette nature. Le dégât ainsi produit n'est point permanent, car ces

1. Il y a beaucoup de divergences entre les différents observateurs quant à la fréquence de la mue chez les écrevisses. J'ai suivi dans le texte M. Carbonnier; mais M. Chautran (*Observations sur l'histoire naturelle des Écrevisses, Comptes rendus*, LXXI, 1870, et LXXIII, 1871), qui paraît avoir étudié la question avec beaucoup de soin (apparemment sur les écrevisses à pieds rouges), déclare que la jeune écrevisse ne mue pas moins de huit fois pendant le cours des douze premiers mois. La première mue a lieu dix jours après l'éclosion; les seconde, troisième, quatrième et cinquième à intervalles de vingt à vingt-cinq jours; de sorte que le jeune animal mue cinq fois pendant les quatre-vingt-dix ou cent jours de juillet, août et septembre. De ce dernier mois à la fin d'avril de l'année suivante, il n'y a pas de mue; la sixième a lieu en mai; la septième en juin, et la huitième en juillet. Pendant la seconde année de sa vie, l'écrevisse mue cinq fois, c'est-à-dire en août et septembre et en mai, juin et juillet suivants. La troisième année, elle ne mue ordinairement que deux fois en juin et en septembre. A un âge plus avancé, la femelle ne mue qu'une fois par an, d'août à septembre, tandis que le mâle mue deux fois, la première en juin et juillet, la seconde en août et septembre.

Les détails du processus de l'ecdysis sont discutés par Braun (*Ueber die histologischen Vorgänge bei der Häutung von* Astacus fluviatilis-Würzburg Arbeiten, Bd II).

animaux possèdent à un degré merveilleux le pouvoir de reproduire les diverses parties qui ont pu être perdues, soit par accident, soit par amputation volontaire.

Les écrevisses, comme tous les *crustacés*, saignent très abondamment lorsqu'elles sont blessées. Si l'on coupe un des gros articles d'une patte, ou si l'on blesse le corps même de l'animal il peut mourir très promptement de l'hémorrhagie consécutive. Toutefois une écrevisse ainsi blessée se sépare ordinairement de son membre à l'articulation la plus voisine, où la surface de section est moins grande, et la réunion plus facile; et nous avons vu que les pinces se séparent ordinairement à l'endroit le plus grêle. Après une semblable amputation, une croûte composée sans doute de sang coagulé se forme rapidement sur la surface de section, et se recouvre bientôt d'une cuticule. Au bout d'un certain temps, il se forme au-dessous de celle-ci, et au centre du moignon, une sorte de bourgeon qui prend graduellement la forme de la partie enlevée. A la mue suivante, la cuticule de recouvrement est rejetée avec le reste de l'exosquelette, le membre rudimentaire se fortifie, et, bien que très petit encore, acquiert toute l'organisation qu'il aura dans la suite. Il continue à croître à chaque mue; mais ce n'est que longtemps après qu'il finit par acquérir à peu près la taille des membres demeurés intacts. Aussi n'est-il pas rare de trouver des écrevisses dont les pinces ou les autres membres, bien qu'également utiles et anatomiquement aussi complets, présentent une très grande différence de volume.

Les blessures qu'éprouvent les écrevisses, lorsqu'elles sont dans l'état de mollesse qui suit la mue, peuvent déterminer la croissance anormale des parties affectées; on peut conserver ces difformités et faire naître ainsi des monstruosités diverses dans les pinces ou les autres parties du corps.

Dans la reproduction de l'espèce au moyen d'œufs, la coopération des mâles et des femelles est nécessaire. Sur la pièce basilaire de la dernière paire de pattes se voit chez le mâle une petite ouverture (fig. 3, A, *vd*). C'est là que se terminent les conduits de l'appareil où se forme la substance fécondante. Cette substance est un fluide épais qui se solidifie en une matière blanche après sa sortie. Le mâle le dépose sur le thorax de la femelle, entre les bases des dernières pattes thoraciques[1].

Les œufs, formés dans l'ovaire, sont conduits à des ouvertures situées sur les pièces basilaires de la troisième avant-dernière patte ambulatoire, c'est-à-dire de la dernière paire de pattes chélates (fig. 3, B; *od*).

Après que la femelle a reçu le dépôt de la matière spermatique du mâle, elle se retire dans un terrier, comme nous l'avons déjà dit, et commence à pondre ses œufs. En sortant des oviductes, ceux-ci sont revêtus d'une matière visqueuse qui s'étire en un filament court. L'extrémité de ce fil s'attache à

1. On dit que, pour les écrevisses françaises, les mâles se rapprochent des femelles en novembre, décembre et janvier. En Angleterre, ils commencent certainement dès les premiers jours d'octobre, sinon plus tôt. D'après M. Chautran (*Comptes rendus*, 1870) et M. Gerbe (*Comptes rendus*, 1858), le mâle saisit la femelle avec ses pinces, la retourne sur le dos, et dépose la matière spermatique d'abord sur les plaques externes de la nageoire caudale, puis sur les sternums thoraciques autour des orifices externes des oviductes. Pendant cette opération, les appendices des deux premiers somites abdominaux sont reportés en arrière; les extrémités de la paire postérieure sont renfermées dans le sillon de la paire antérieure et l'extrémité du canal déférent se renversant et faisant saillie, la matière séminale est répandue et coule lentement le long du sillon de l'appendice antérieur jusqu'à sa destination, où elle se solidifie et prend un aspect vermiculaire. Les filaments dont elle se compose sont en réalité des spermatophores tubulaires, et consistent en une enveloppe ou étui résistant rempli de matière séminale. L'extrémité en cuiller du second appendice abdominal, jouant en avant et en arrière dans le sillon de l'appendice antérieur, chasse la matière séminale et empêche le sillon de s'obstruer.

La ponte a lieu après un intervalle qui varie de dix à quarante-cinq jours. La femelle, couchée sur le dos, replie en avant l'extrémité de son abdomen sur les derniers sternums thoraciques, de manière à former une chambre où s'ouvrent les oviductes. Les œufs passent dans cette chambre en une seule opération, qui a lieu d'ordinaire pendant la nuit, et sont plongés dans un mucus visqueux grisâtre dont la chambre est remplie. Les spermatozoïdes sortent des spermatophores vermiculaires et se mêlent avec ce fluide, où leur forme particulière les fait aisément reconnaître. Les spermatozoïdes sont ainsi mis en relation immédiate avec les œufs, mais on ne sait pas ce qu'ils deviennent ensuite.

L'origine de la matière visqueuse qui remplit la chambre abdominale lorsque les œufs y sont déposés, et la manière dont ceux-ci se fixent aux membres abdominaux, sont discutés par Lereboullet (*Recherches sur le mode de fixation des œufs aux fausses pattes abdominales dans les écrevisses* (*Annales des sciences naturelles*, 4ᵉ série, t. XIV, 1860) et par Braun (*Arbeiten aus dem Zoologisch Zootomischen Institut in Würzburg II*).

l'un des longs poils qui garnissent les pattes natatoires, et comme la matière visqueuse durcit rapidement, l'œuf demeure attaché au membre par une sorte de pédoncule.

L'opération se répète jusqu'à ce qu'il y ait parfois jusqu'à deux cents œufs ainsi collés aux pattes natatoires. Comme ils partagent les mouvements de ces appendices, ils sont continuellement agités dans l'eau, et maintenus ainsi aérés et propres, pendant que les jeunes écrevisses se forment à leur intérieur à peu près de la même manière qu'un poussin dans un œuf de poule.

La marche du développement est toutefois très lente et demande tout un hiver. A la fin du printemps, ou au commencement de l'été, les jeunes brisent la mince coquille de l'œuf, et, dès qu'ils sont éclos, présentent avec leurs parents une ressemblance générale. Cela diffère beaucoup de ce qui se passe chez les homards et les crabes, où les petits quittent l'œuf sous une forme très différente de celle des adultes et doivent subir une remarquable métamorphose avant d'arriver à leur état définitif.

Pendant quelque temps après l'éclosion, les jeunes écrevisses se cramponnent aux pattes natatoires de leur mère et sont transportées à l'abri de son abdomen comme dans une sorte de chambre d'incubation.

Rœsel von Rosenhof, ce naturaliste si soigneux, dit des jeunes à peine éclos :

« A ce moment, ils sont tout à fait transparents, et lorsqu'une écrevisse en cet état (une femelle chargée de ses petits) est apportée sur la table, elle semble tout à fait dégoûtante à ceux qui ne savent point ce que sont les jeunes ; mais en les examinant avec plus de soin et surtout à l'aide d'une loupe, on voit avec plaisir que la petite écrevisse est déjà parfaite et ressemble à la grosse sous tous les rapports. Lorsque ces petits animaux ont commencé à se mouvoir avec une certaine activité, si leur mère vient à rester tranquille un moment, ils l'abandonnent pour se traîner çà et là à une petite distance ; mais au moindre danger qu'ils soupçonnent, au moindre mouvement inusité qui agite l'eau, il semble que la mère les rappelle par un signal, car tous reviennent promptement sous sa queue et se réunissent en grappe, et la mère se retire en lieu de sûreté aussi vite qu'elle le peut. Quelques jours plus tard cependant les jeunes l'abandonnent peu à peu[1]. »

Les pêcheurs déclarent que les homards femelles[2] protègent leurs petits de la même façon[3]. Jonston[4], qui écrivait vers le milieu du XVIIe siècle, dit que l'on voit souvent les petites écrevisses attachées à la queue de leur mère. Les observations de Rœsel impliquent la même chose, mais il ne décrit point le mode exact d'adhérence, et je ne puis trouver d'observations sur le sujet, dans les œuvres des écrivains les plus récents[5].

On a vu que les œufs étaient attachés aux rames par une substance visqueuse qui se colle à ces appendices et aux poils dont ils sont garnis, et qui se continue par un pédicule filiforme plus ou moins long avec la couche de même nature dont est revêtu chacun des œufs. Cette substance se durcit très vite, et devient alors aussi élastique que résistante.

Lorsque les jeunes écrevisses sont sur le point d'éclore, la loge de l'œuf s'ouvre en deux valves, qui demeurent attachées comme des verres de montre à l'extrémité libre du pédicule de

1. *Der Monatlich-herausgegeben Insecten Belustigung*, dritter Theil, p. 336, 1755.

2. L'expression anglaise est *Hen Lobster* (poule homard). — *Trad.*

3. Bell's *British Crustacea*, p. 249.

4. *Joannis Jonstoni Historiæ naturalis de Piscibus et Cetis libri quinque. De Cammaro seu Astaco fluviatili.*

5. Je m'aperçois que je n'ai point remarqué un passage du rapport dans le prix Montyon pour 1872, *Comptes rendus*, LXXV, p. 1341, dans lequel il est dit que M. Chautran s'est assuré que les jeunes écrevisses se fixent « en saisissant avec une de leurs pinces le filament qui suspend l'œuf à une fausse patte de la mère ».

Dans la note, déjà citée, des *Comptes rendus* pour 1870, M. Chautran établit que le jeune demeure attaché à la mère pendant dix jours après l'éclosion, c'est-à-dire jusqu'à la première mue. Détachés avant cette époque, ils succombent. Mais, après la première mue, ils quittent quelquefois leur mère et reviennent vers elle pendant vingt-huit jours, après quoi ils deviennent indépendants.

Dans une note ajoutée au mémoire de M. Chautran, M. Robin dit que « les jeunes sont suspendus à l'abdomen de la mère par l'intermédiaire d'un filament chitineux hyalin qui s'étend d'un point de la surface interne de la coque de l'œuf jusqu'aux quatre filaments les plus internes de chacun des lobes de la plaque membraneuse médiane de l'appendice caudal. Ces filaments existent lorsque les embryons n'ont pas encore atteint les trois quarts de leur développement. » Est-ce là une enveloppe fœtale? Ratke ne la mentionne pas, et je n'ai rien vu de pareil chez les jeunes récemment éclos que j'ai eu l'occasion d'examiner.

l'œuf (fig. 8, A; *ec*). Le jeune animal, bien que très semblable à la mère, ne lui ressemble pas *sous tous les rapports*, comme le dit Rœsel. Non seulement la première et la dernière paire de membres abdominaux manquent encore et le telson est très différent de ce qu'on le voit chez l'adulte, mais les extrémités des grandes pinces sont fort aiguës et brusquement repliées

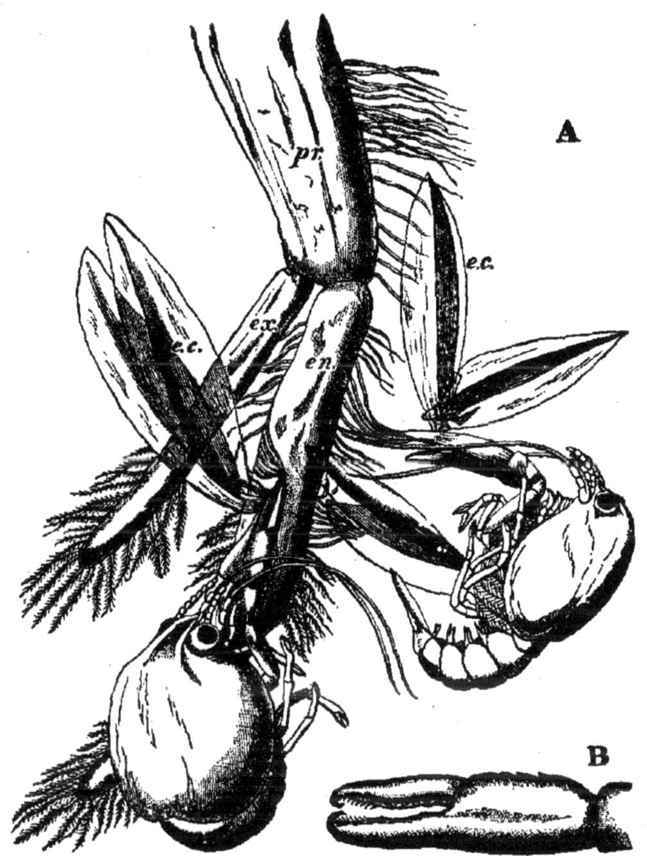

Fig. 8. — *Astacus fluviatilis*. — A, deux écrevisses récemment écloses attachées à une des rames de la mère (× 4) ; *prp*, protopodite ; *enp*, endopodite ; et *exp*, exopodite de la patte natatoire ; *ec*, coque d'œuf rompue ; B, pince d'une écrevisse récemment éclose (× 10).

en bas de manière à former des hameçons recourbés, qui chevauchent quand la pince est fermée (fig. 8, B). Il suit de là que lorsque les pinces se sont refermées sur quelque chose d'assez mou pour permettre à ces hameçons de s'y enfoncer, il est fort difficile, sinon absolument impossible de les ouvrir de nouveau.

Aussitôt que les jeunes sont mis en liberté, ils doivent enfoncer instinctivement les extrémités de leurs pinces dans la matière visqueuse solidifiée qui englue les rames, car on les trouve tous fixés de cette manière. Ils paraissent se mouvoir à peine, et supportent sans être détachés le maniement, et même des chocs assez rudes, par suite, je suppose, du croisement des crochets qui arment le bout des pinces et sont enfermés dans la glu.

Même après qu'on a plongé la mère dans l'alcool, les jeunes restent attachés. J'ai pu observer pendant cinq jours une femelle dont les petits étaient ainsi fixés, sans qu'aucun d'eux fît mine de se détacher. J'incline à croire qu'ils ne sont mis en liberté qu'à la première mue. Il semblerait qu'ensuite leur adhérence à la mère ne fût plus que temporaire.

Les pattes ambulatoires sont aussi recourbées en hameçons à leur extrémité, mais elles jouent un rôle moins important dans la fixation du jeune, et semblent toujours capables de lâcher prise.

Je trouve que les petits de l'écrevisse mexicaine (*Cambarus*) s'attachent de la même manière que ceux de la nôtre, mais d'après les observations récentes de M. Wood Mason, ceux des écrevisses de la Nouvelle-Zélande se fixent aux rames de leur mère au moyen des crochets qui garnissent leurs pattes ambulatoires postérieures.

On rencontre des écrevisses en tout semblables à ceux des rivières anglaises, c'est-à-dire de l'espèce *Astacus fluviatilis*, en Irlande, et sur le continent jusqu'en Italie et dans le nord de la Grèce, au sud; jusque dans la Russie occidentale à l'est; et, au nord, jusque sur les bords de la Baltique. On n'en connaît pas en Écosse; en Espagne, excepté autour de Barcelone, elles sont également rares, ou n'ont pas été remarquées.

Il n'y a jusqu'à présent aucune preuve que l'*Astacus fluviatilis* se rencontre à l'état fossile.

Comme bien d'autres animaux les écrevisses ont donné lieu à de curieuses fables. A une certaine époque, les *yeux d'écrevisses* étaient recueillis en grande quantité, et vendus comme remède principalement contre la pierre Leur valeur réelle, puisqu'ils consistent presque exclusivement en carbonate de chaux avec un peu de phosphate de chaux et de matière animale, est à peu près la même que celle de la craie ou du carbonate de magnésie. C'était autrefois une croyance vulgaire que les écrevisses sont en mauvais état à la nouvelle lune et deviennent grasses à la pleine lune; peut-être cette idée n'est-elle pas sans fondement si l'on réfléchit aux habitudes nocturnes de l'animal. Van Helmont, grand amateur de merveilles, est responsable du conte qu'en Brandebourg, où les écrevisses sont en très grande quantité, les marchands étaient obligés de les transporter au marché pendant la nuit, de peur qu'un cochon ne vînt à passer sous la voiture. Si pareil malheur fût arrivé, on aurait trouvé le matin toutes les écrevisses mortes : *Tam exitialis est porcus cancro*. Un autre auteur embellit l'histoire en déclarant que les émanations d'une étable à porcs ou d'un troupeau de cochons sont instantanément funestes à l'écrevisse. D'autre part, l'odeur de l'écrevisse en putréfaction, odeur sans contredit des plus fortes, avait la réputation de chasser même les taupes de leurs terriers.

CHAPITRE II

PHYSIOLOGIE DE L'ÉCREVISSE
MÉCANISME QUI FOURNIT AUX DIVERSES PARTIES DE LA MACHINE VIVANTE
LES MATÉRIAUX NÉCESSAIRES A LEUR ENTRETIEN ET A LEUR CROISSANCE

En analysant l'*Histoire naturelle de l'écrevisse*, telle que nous l'avons esquissée dans le chapitre précédent, on voit qu'elle fournit des réponses courtes et générales à trois questions. D'abord quelles sont la forme et la structure de l'animal, non seulement adulte, mais aux diverses époques de sa croissance? Ensuite, quelles sont les différentes actions dont il est capable? Enfin, où le trouve-t-on? Si nous poussons plus loin nos investigations, de façon à donner à ces questions les réponses les plus complètes qu'il soit possible d'obtenir, le savoir acquis de la sorte porte, pour la première, le nom de *morphologie* de l'écrevisse; pour le second, c'est la *physiologie* de l'animal; pour le troisième, c'est ce que nous pouvons connaître de sa *distribution* ou *chorologie*. Il reste un quatrième problème que l'on saurait à peine regarder comme sérieusement en discussion, tant qu'on demeure à ce degré du savoir que l'on nomme *Histoire naturelle*; cette question, c'est comment tous les faits que comprennent la morphologie, la physiologie et la chorologie sont arrivés à être ce qu'ils sont. En essayant de résoudre ce problème, nous sommes conduits au but suprême des recherches biologiques : l'*étiologie*. Lorsqu'elle pourra répondre à toutes les questions qui se rangent sous ces quatre chefs, la zoologie de l'écrevisse aura dit son dernier mot.

Comme il importe peu que nous prenions les trois premières questions dans un ordre ou dans un autre, en étendant nos connaissances de l'histoire naturelle à la zoologie, il vaut autant suivre celui qui s accorde avec l'histoire de la science. Après que les hommes eurent acquis une connaissance grossière et générale des animaux qui les entouraient, ils s'intéressèrent tout d'abord à découvrir dans ces animaux quelles dispositions pouvaient produire des résultats analogues à ceux que leur adresse obtenait par des moyens mécaniques.

Ils observèrent que les animaux accomplissent des actes variés, et l'examen de la puissance et de la disposition des parties qui permettent l'accomplissement de ces actes leur montra qu'elles présentaient les caractères d'un appareil, ou d'un mécanisme, dont l'action pouvait être déduite des propriétés et des connexions de ses éléments; de même que l'on peut déduire la marche d'une horloge des propriétés et des connexions de ses poids et de ses roues.

Considéré d'une certaine façon, le résultat de l'examen raisonné de la structure animale est la *téléologie*, ou doctrine de l'adaptation au but. Envisagé d'une autre manière, c'est la *physiologie*, autant du moins que la physiologie consiste dans l'élucidation des phénomènes vitaux complexes, au moyen de ce que nous pouvons déduire des vérités établies par la physique et la chimie, ou des propriétés élémentaires de la matière vivante.

Nous avons vu que l'écrevisse est vorace et ne choisit guère sa nourriture; nous pourrons donc supposer qu'une écrevisse adulte, bien pourvue d'aliments, en absorberait en un an une quantité équivalente à plusieurs fois son propre poids. Toutefois l'augmentation du poids de l'animal, au bout de ce temps, n'est qu'une petite fraction du poids total; il est donc bien évident qu'une très grande proportion de la nourriture consommée doit abandonner le corps de l'animal sous une forme ou sous une autre. Dans le cours de cette même période, l'écrevisse absorbe une quantité très considérable d'oxygène, qui est fournie par l'air à l'eau dans laquelle elle vit; et pendant ce temps elle abandonne à cette eau une grande quantité d'acide carbonique et une proportion plus ou moins grande de substances azotées et autres matières excrémentielles. A ce point de vue, l'écrevisse peut être regardée comme une sorte de fabrique de produits chimiques, alimentée de certains matériaux bruts qu'elle travaille, transforme, et rend sous d'autres aspects ; et les premiers problèmes physiologiques qui s'offrent à nous sont le mode d'opération de l'appareil contenu dans cette fabrique, et la question de savoir jusqu'à quel point nous pouvons raisonner d'après les principes connus de la physique et de la chimie, pour expliquer les produits de son activité.

Nous avons vu que la nourriture de l'écrevisse est composée de substances animales et végétales de nature très diverse ; mais, pour être capables de nourrir l'animal d'une manière permanente, ces matières doivent toutes contenir une substance azotée particulière, la *protéine*, sous une de ses nombreuses formes : albumine, fibrine et autres analogues. Des substances grasses peuvent y être associées ainsi que des matières amylacées et sucrées et divers sels terreux. Tous ces éléments, qui constituent essentiellement la nourriture, peuvent être, et sont ordinairement grandement mélangés d'autres substances, comme le bois, s'il s'agit d'une matière végétale, le squelette et les parties fibreuses, quand il s'agit d'animaux, toutes choses qui ne sont à l'écrevisse que de peu ou de point d'utilité.

Le premier acte de la nutrition est donc d'amener l'aliment à un état qui facilite la séparation des parties nutritives qui doivent être mises à profit, d'avec celles qui ne sont point alibiles, et qui ne sont, par conséquent, d'aucun usage. Cette opération préliminaire est la division de la nourriture en morceaux dont la dimension soit assez faible pour qu'ils puissent entrer dans cette partie de la machine où se fait l'extraction des produits utiles.

La nourriture peut être saisie par les grandes pinces ou par les pattes ambulatoires antérieures, qui sont également armées de pinces. Dans le premier cas, elle est ordinairement, sinon toujours, transférée à la première ou à la seconde paire de pattes ambulatoires, ou encore à toutes les deux. Celles-ci saisissent l'aliment, et, après l'avoir déchiré en morceaux de dimensions convenables, elles le poussent entre les maxillipèdes externes, qui sont en même temps mis rapidement en action dans le sens latéral, de façon que leurs bords dentés portent sur le morceau. Les cinq autres paires de mâchoires ne sont pas moins actives, et elles broient ainsi et divisent l'aliment tandis qu'il passe entre leurs bords dentés pour arriver à l'ouverture de la bouche.

Comme le canal alimentaire s'étend de la bouche, à une extrémité du corps, jusqu'à l'anus, qui est à l'autre extrémité, et comme il se continue là avec la paroi du corps, nous pouvons concevoir l'écrevisse entière comme un cylindre creux dont la cavité est partout fermée, bien qu'il soit traversé par un tube ouvert à ses deux bouts (fig. 6). La cavité close qui existe entre le tube et les parois du cylindre peut être appelée la *cavité périviscérale;* elle est tellement remplie d'organes divers, interposés entre le canal alimentaire et la paroi du corps, que tout ce qui reste d'elle est représenté par un système de canaux irréguliers qui sont remplis de sang, et que l'on nomme les *sinus sanguins.* La paroi du cylindre est la paroi externe du corps lui-même : on peut lui donner le nom de *tégument,* et la couche externe de celui-ci est la *cuticule,* qui donne naissance à l'exosquelette tout entier. Cette cuticule est connue ; nous l'avons vue fortement imprégnée de sels calcaires, et, comme elle contient aussi de la *chitine,* on l'appelle souvent la *cuticule chitineuse.*

Maintenant que nous sommes arrivés à cette conception générale de la disposition des parties de la fabrique, nous pouvons considérer la machine d'alimentation qu'elle renferme, et qui est représentée par les diverses divisions du canal alimentaire avec ses appendices, par l'appareil qui distribue la nourriture, et par deux appareils destinés à évacuer les produits qui sont le résultat final du fonctionnement de l'organisme tout entier.

Il nous faut ici empiéter un peu sur le domaine de la *morphologie,* à cause de la complication de certaines pièces de ces appareils et de la difficulté qu'il y aurait à comprendre leur action, si l'on n'avait une certaine connaissance de leur anatomie.

La bouche de l'écrevisse est une ouverture allongée, à côtés parallèles et dirigés longitudinalement, pratiquée dans le tégument de la face ventrale ou sternale de la tête. Immédiatement en dehors de ses limites latérales, se projettent les fortes mandibules, une de chaque côté (fig. 3, B ; 4) ; leurs larges surfaces broyantes qui sont tournées l'une vers l'autre sont donc complètement en dehors de la cavité orale. La bouche est recouverte en avant par une large plaque en forme de bouclier que l'on nomme la lèvre supérieure ou *labre* (fig. 3 et 6, *lb*), tandis qu'immédiatement en arrière des mandibules se trouve, de chaque côté, un lobe charnu allongé. Ces lobes, réunis par le bord postérieur de la bouche, constituent ensemble le *métastome* (fig. 3, B; *mt*) que l'on appelle quelquefois la lèvre inférieure. Un conduit court et large, nommé l'œsophage (fig. 6, *œ*), conduit directement en haut dans un sac spacieux, l'*estomac*, qui occupe presque entièrement la cavité de la tête. Cet estomac est divisé par un étranglement en une grande chambre antérieure (*cs*) dans la paroi inférieure de laquelle s'ouvre l'œsophage, et une petite chambre postérieure (*ps*) de laquelle part l'intestin (*hg*).

Chez l'homme, on appelle *cardia* l'ouverture de l'œsophage dans l'estomac, tandis qu'on nomme *pylore* l'orifice qui fait communiquer cette cavité avec l'intestin. Comme ces termes ont été transportés de l'anatomie humaine à celle des animaux inférieurs, la partie la plus large de l'estomac de l'écrevisse est appelée la *portion cardiaque*, et la plus petite la *portion pylorique* de cet organe. Il faut toutefois se rappeler que, dans l'écrevisse, la portion dite cardiaque est en réalité celle qui est la plus éloignée du cœur, et non, comme chez l'homme, celle qui en est le plus rapprochée.

L'œsophage est doublé d'un revêtement résistant qui ressemble à un mince parchemin. On peut voir facilement sur les bords de la bouche ce revêtement se continuer avec l'exosquelette cuticulaire, tandis qu'à l'orifice cardiaque, il s'étend pour former la paroi interne ou cuticulaire de toute la cavité gastrique jusqu'au niveau du pylore où il se termine brusquement. La cuticule chitineuse qui forme la couche la plus externe des téguments paraît donc s'être invaginée pour constituer la couche la plus interne des parois de l'estomac; et la consistance qu'elle leur donne est telle que l'organe conserve sa forme lorsqu'on le retire du corps. En outre, de même que la cuticule des téguments s'est chargée de calcaire pour former les parties dures de l'exosquelette, de même aussi la cuticule de l'estomac s'est calcifiée, ou endurcie d'une autre manière, pour produire d'abord l'appareil compliqué, si remarquable, dont on a déjà parlé comme d'une sorte de *moulin gastrique*, ou de *broyeur de nourriture*, puis le *filtre* ou *passoire* que traversent, pour se rendre dans l'intestin, les sucs nutritifs qui sont ainsi séparés des parties dures impropres à la nutrition.

Le moulin gastrique commence dans la partie postérieure de la portion cardiaque. Là, sur la paroi supérieure de l'estomac, nous voyons une large barre transversale, calcifiée (fig. 9-11, *c*), et du milieu de la partie postérieure de celle-ci part une seconde pièce unie à la première par une portion flexible et qui s'étend en arrière sur la ligne médiane. Le tout a donc un

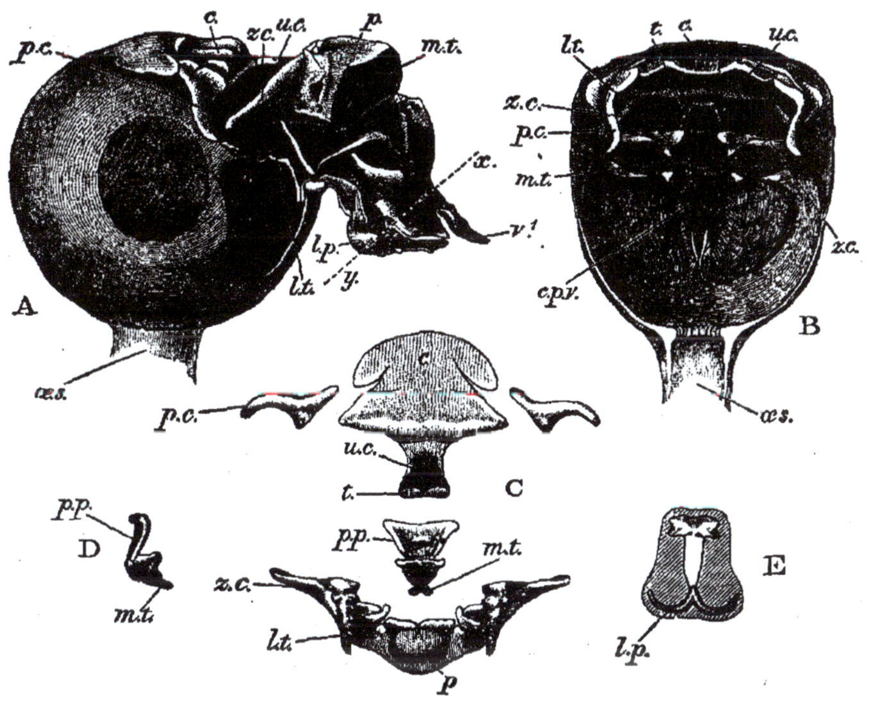

FIG. 9. — *Astacus fluviatilis.* — A, l'estomac dont on a enlevé la tunique externe vu du côté gauche; B, le même, vu de face, après enlèvement de la paroi intérieure; C, ossicules du moulin gastrique, séparés les uns des autres; D, ossicule prépylorique et dent médiane, vus du côté droit; E, section transversale de la région pylorique, le long de la ligne *xy* en A (le tout × 2); *c*, ossicule cardiaque; *cpv*, valve cardio-pylorique; *lp*, poche latérale; *lt*, dent latérale, vue en A à travers le paroi de l'estomac; *mg*, intestin moyen; *mt*, dent médiane, vue en A à travers la paroi de l'estomac; *œ*, œsophage; *p*, ossicule pylorique; *pc*, ossicule ptérocardiaque; *pp*, ossicule prépylorique; *uc*, apophyse urocardiaque; *t*, convexités sur la surface libre de son extrémité postérieure; *v*¹, valve pylorique médiane; *zc*, ossicule zygocardiaque.

peu la forme d'une arbalète. Derrière la pièce transversale, la paroi dorsale de l'estomac se replie de façon à former une sorte de poche, et la seconde pièce, ou si l'on veut le manche de l'arbalète est situé dans la paroi antérieure de cette poche. L'extrémité de la pièce est dense et dure, et la surface libre qui apparaît au sommet de la chambre cardiaque est renflée en deux saillies ovales légèrement convexes (*at*). Une barre solide, reliée par une articulation transversale avec l'extrémité du manche de l'arbalète, monte obliquement en avant dans la paroi postérieure de la poche (*pp*). L'extrémité qui est articulée avec le manche de l'arbalète se prolonge en une forte dent conique rougeâtre (*mt*), courbée en avant et bifurquée au sommet; en conséquence, lorsqu'on examine la cavité stomacale de la partie antérieure de la poche cardiaque, on voit la dent recourbée à deux pointes se projeter derrière les surfaces convexes (*at*) sur la ligne médiane, dans l'intérieur de cette cavité. L'articulation qui réunit le manche de l'arbalète avec la pièce médiane postérieure est élastique, et si l'on essaye de redresser l'angle qu'elles forment ensemble, elles reprennent leur position première aussitôt qu'elles sont abandonnées à elles-mêmes. L'extrémité supérieure de la pièce médiane postérieure (*pp*) est reliée avec une seconde pièce transversale, plate, située dans la paroi dorsale de la chambre pylorique (*p*). L'ensemble peut donc être jusqu'ici comparé à deux arbalètes, une grande et une petite, dont les manches seraient reliés entre eux par leurs extrémités, au moyen d'une articulation élastique, de façon à faire entre eux un angle aigu, tandis que l'un des arcs est relié au milieu de l'autre par le bras courbe que forment les deux manches. Mais les extrémités externes des deux arcs sont en outre reliées entre elles. Une petite barre courbe et calcifiée (*pc*) passe de l'extrémité externe de la pièce transversale antérieure, en bas et en dehors, dans la paroi stomacale, et son extrémité inféro-postérieure est articulée avec une autre barre plus grosse (*zc*) qui court en haut et en arrière jusqu'à la pièce transversale postérieure ou pylorique, avec laquelle elle s'articule. A son côté interne cette pièce projette dans la cavité cardiaque de l'estomac comme une forte élévation rougeâtre et allongée à surface couverte d'une rangée de crêtes transversales fortes et aiguës, dont les dimensions diminuent d'avant en arrière, constituant une surface broyante presque semblable à celle d'une molaire d'éléphant. Si donc on coupe la partie antérieure de la cavité cardiaque, on ne voit pas seulement les dents médianes dont nous avons parlé, mais de chaque côté d'elles apparaît une de ces longues dents latérales.

Il y a, en outre, deux petites dents pointues, une sous chacune des dents latérales, et chacune d'elles est supportée par une large plaque, velue sur sa surface interne, qui fait partie de la paroi latérale de la chambre cardiaque.

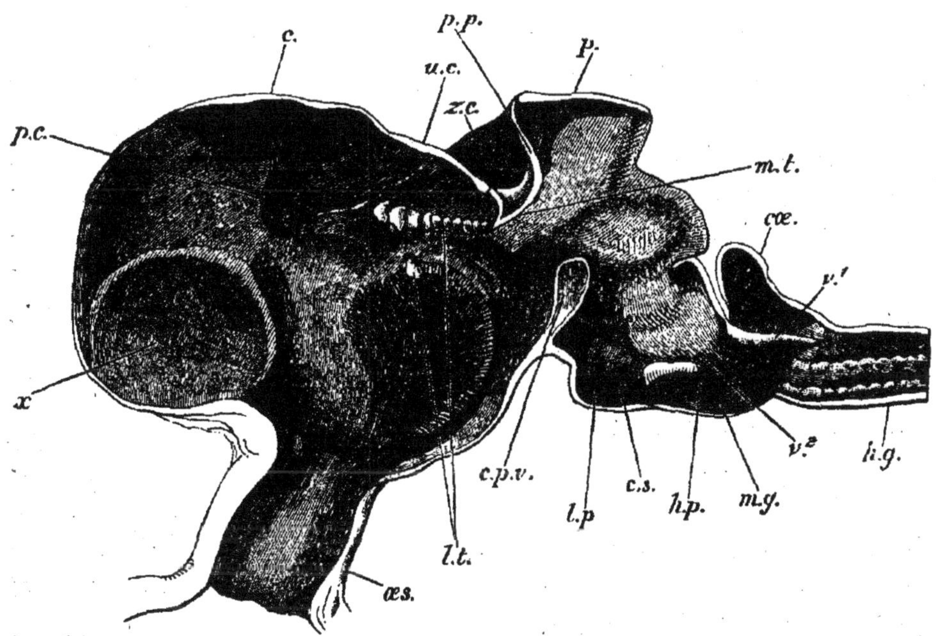

Fig. 10. — *Astacus fluviatilis*. — Section longitudinale de l'estomac (× 4); *c*, ossicule cardiaque; *cœ*, cœcum; *cpv*, valve cardiopylorique; *cs*, surface en forme de coussin; *hg*, intestin postérieur; *hp*, ouverture du conduit biliaire droit; *lp*, poche latérale; *lt*, dents latérales; *mg*, intestin moyen; *mt*, dent médiane; *œs*, œsophage; *p*, ossicule pylorique; *pc*, ossicules ptérocardiaques; *pp*, ossicule prépylorique · *uc*, apophyse urocardiaque; *v*¹, valve pylorique médiane; *v*², valve pylorique latérale; *x*, position du gastrolithe; *zc*, ossicule zygocardiaque.

Il y a encore diverses pièces squelettiques de plus petites dimensions; mais les plus importantes sont celles qui ont été décrites, et qui forment comme on l'a vu une sorte de charpente hexagonale munie d'articulations plus ou moins flexibles à ses angles et dont les côtés antérieur et postérieur sont réunis par une barre médiane articulée et courbe. Comme toutes ces parties ne sont que des modifications du squelette dur, l'appareil ne saurait se mouvoir par lui-même, mais il est mis en mouvement par la même substance qui produit tous les autres mouvements du corps de l'écrevisse : je veux dire le *muscle*. Les muscles principaux qui l'actionnent sont quatre faisceaux très forts de fibres. Deux d'entre eux sont attachés à la pièce transversale antérieure et se dirigent de là en haut et en avant pour se fixer à la face interne de la carapace, dans la partie antérieure à la tête (fig. 5, 6 et 12, *ag*). Les deux autres qui sont fixés à la pièce transversale postérieure, et aux pièces postérieures latérales, se dirigent en haut et en arrière pour aller s'attacher à la face interne de la caparace dans la partie postérieure de la tête (*pg*). Lorsque ces muscles se raccourcissent ou se contractent, ils écartent davantage l'une de l'autre les pièces transversales antérieure et postérieure. L'angle que forment entre eux les manches des arbalètes s'ouvre donc davantage, et les dents que portent leurs extrémités s'avancent en bas et en avant. Mais en même temps l'angle que forment entre elles les barres latérales s'ouvre davantage, et les dents latérales de chaque côté s'avancent en dedans jusqu'en face des dents médianes contre lesquelles elles viennent frapper, en même temps que contre leurs homologues du côté opposé. Quand les muscles se relâchent, l'élasticité des articulations suffit à ramener tout l'appareil dans sa position première, jusqu'à ce qu'une nouvelle contraction amène un nouveau choc des dents. Ainsi donc, par la contraction et le relâchement alternatif de ces deux paires de muscles, les trois dents sont mises en action et broient tout ce que renferme la chambre cardiaque. Lorsque l'estomac est enlevé et que l'on a coupé la partie antérieure de la chambre cardiaque, on peut saisir la pièce transversale avec une pince, et la pièce transversale postérieure avec une autre. Si on écarte alors légèrement les deux pinces, de façon à imiter l'action des muscles, on verra les trois dents venir se rencontrer vivement, exactement de la même manière qu'on vient de décrire. Les ouvrages de mécanique sont remplis d'inventions pour la conversion du mouvement, mais il serait peut-être difficile d'y découvrir une plus jolie solution du problème : étant donnée une poussée rectiligne, la convertir en trois mouvements simultanés, convergeant de trois points différents.

Ce que j'ai appelé le *filtre* est principalement formé par le revêtement chitineux de la chambre pylorique. L'ouverture de communication entre celle-ci et la chambre cardiaque, déjà un peu étroite à cause de l'étranglement, en ce point, des parois de l'estomac, est limitée latéralement par deux plis ; tandis qu'un prolongement conique, en forme de langue (fig. 6, 10 et 11, *cpv*) qui s'élève du bas, et dont la surface est couverte de poils, contribue à fermer davantage encore l'ouverture. Les parois latérales de la moitié postérieure de la chambre pylorique sont comme poussées en dedans, et elles se rencontrent si exactement en haut sur la ligne médiane, qu'elles ne laissent entre elles qu'une simple fente verticale, qui se trouve elle-même traversée par les poils implantés sur les deux surfaces. Dans sa moitié inférieure, toutefois, chacune des deux parois se recourbe en dehors et forme une surface en coussinet regardant en bas et en dedans. Si le plancher de la chambre pylorique était plat, un large passage triangulaire demeurerait ainsi ouvert dans sa moitié inférieure. Mais en réalité ce plancher s'élève en une crête médiane, tandis qu'il s'adapte sur les côtés à la forme des deux surfaces en coussin. Il suit de là que la cavité tout entière de la partie postérieure de la division pylorique de l'estomac est réduite à une étroite fissure à trois branches. Dans une section transversale, le rayon vertical de cette fissure est rectiligne, tandis que les deux latéraux sont concaves en dessus (fig. 9, B). Les coussinets des parois latérales sont couverts de poils courts et serrés. Les surfaces correspondantes du plancher sont soulevées en crêtes longitudinales parallèles, dont le sommet est frangé de poils très fins. Comme tout ce qui passe du sac cardiaque dans l'intestin doit traverser ce singulier appareil, il n'y a que les matières solides les plus divisées qui puissent passer sans être retenues, tant que les parois sont rapprochées les unes des autres.

Enfin, à l'ouverture du sac pylorique dans l'intestin, le revêtement chitineux se termine en cinq prolongements arrangés symétriquement et dont la disposition est telle qu'ils doivent jouer le rôle de valves pour empêcher le reflux soudain du contenu de l'intestin dans l'estomac ; tandis qu'ils laissent le passage libre dans l'autre direction. Un de ces prolongements valvulaires est situé en dessus sur la ligne médiane (fig. 10 et 11, v^1), il est plus long que les autres, et concave en dessous. Les prolongements latéraux (v^2), au nombre de deux pour chaque côté, sont triangulaires et plats.

Le revêtement cuticulaire, qui donne naissance à tout l'appareil compliqué qui vient d'être décrit, ne doit pas être confondu avec la paroi propre de l'estomac, qui l'enveloppe, et à laquelle il doit son origine, exactement comme la cuticule du tégument est produite par la véritable peau molle qui lui est sous-jacente. Cette paroi propre de l'estomac est une membrane pâle et molle, contenant des fibres musculaires diversement arrangées, et, au delà du pylore, elle se continue avec la paroi de l'intestin.

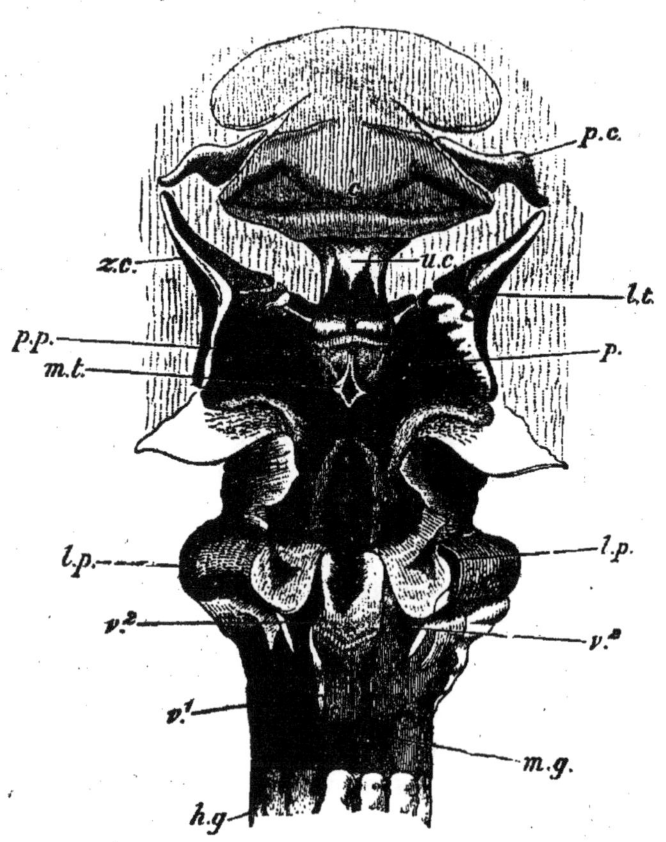

Fig. 11. — *Astacus fluviatilis.* — Vue du toit de l'estomac dont la paroi ventrale est ouverte, ainsi que celle de l'intestin, par une incision longitudinale (× 4). Sur le côté droit (à gauche dans la figure), la dent latérale est enlevée ainsi que le plancher de la poche latérale. Les lettres ont la même signification que dans la figure 10.

On a déjà dit que l'intestin est un tube grêle, à parois minces, qui se dirige droit à travers le corps à peu près sans changement, sauf qu'il devient un peu plus large et que ses parois s'épaississent un peu en approchant de l'anus. Immédiatement en arrière des valves pyloriques, sa surface est tout à fait molle et unie (fig. 9, 10 et 12, *mg*) et son plancher présente de chaque côté une ouverture relativement large, qui est la terminaison du canal biliaire (fig. 12, *bd*; fig. 10, *hp*). Le toit paraît comme repoussé en dehors, en une courte poche médiane ou *cæcum* (*cæ*). En arrière de celui-ci, l'aspect change subitement, et six élévations irrégulièrement quadrangulaires et couvertes d'une cuticule chitineuse encerclent la cavité de l'intestin (*r*), chacune d'elles, par une crête longitudinale, correspondant à un pli de la paroi de l'intestin, et se prolongeant jusqu'à l'extrémité de celui-ci, en tournant légèrement en spirale (*hg*). Chacune de ces crêtes est couverte de petites papilles, et le revêtement chitineux s'étend sur le tout jusqu'à l'anus, où il se continue avec la cuticule générale des téguments, comme le revêtement de l'estomac le fait sur le bord de la bouche. Le canal alimentaire peut donc être distingué en un intestin *antérieur* et un intestin *postérieur* (*hg*) qui sont revêtus à l'intérieur d'une épaisse membrane cuticulaire, et un intestin *moyen* (*mg*) qui n'a pas de revêtement de cette nature. Il sera important de se rappeler cette distinction, quand on considérera le développement du canal alimentaire.

Si le traitement auquel la nourriture est soumise dans l'appareil alimentaire était de nature purement mécanique, il n'y aurait rien de plus à décrire dans cette partie du mécanisme de l'écrevisse. Mais pour que les matières nutritives puissent être mises à profit, et subir les métamorphoses chimiques qui finissent par les transformer en substances d'un caractère tout différent, elles doivent passer du canal alimentaire dans le sang. Elles ne peuvent le faire qu'en se frayant un passage à travers les parois du tube digestif, et, pour cela, elles doivent être dans un état de division extrême, ou même complètement fluidifiées. Pour les matières grasses, la grande division peut suffire ; mais les substances amylacées et les composés protéiques insolubles, comme la fibrine de la viande, doivent être amenés à l'état de solution. Il faut donc qu'il soit versé dans le canal alimentaire des substances qui, mêlées à la nourriture broyée, jouent le rôle d'agents chimiques, dissolvant les composés protéiques insolubles, changeant les amyloïdes en sucre soluble, et convertissant toutes les substances protéiques en ces formes diffusibles de la protéine que l'on connaît sous le nom de *peptones*.

Les détails des opérations qu'on vient d'indiquer, et que l'on peut comprendre sous le nom général de *digestion*, n'ont été

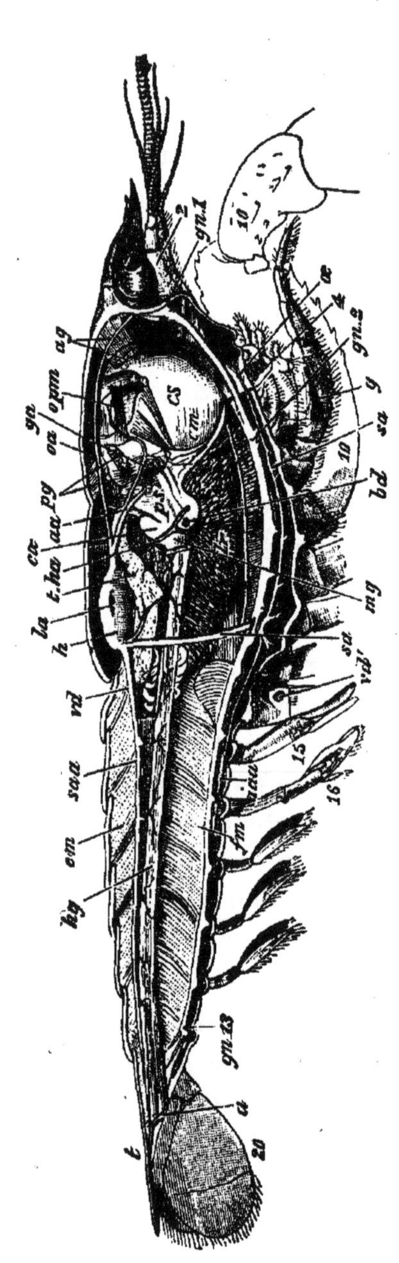

FIG. 12. — *Astacus fluviatilis*. — Dissection d'un spécimen mâle, vu du côté droit (gr. nat.). *a*, anus; *aa*, artère antennaire coupée; *ag*, muscles gastriques antérieurs; le droit est coupé à son insertion; *bd*, ouverture du conduit biliaire droit; *cm*, muscles constricteurs de l'estomac; *cæ*, cæcum; *cpm*, muscle cardiopylorique droit; *cs*, portion cardiaque de l'estomac; *em*, muscles extenseurs de l'abdomen; *fm*, muscles fléchisseurs de l'abdomen; *ga*, artère gastrique; *gn 1*, ganglion sus-œsophagien; *gn 2*, ganglion sous-œsophagien; *gn 13*, dernier ganglion abdominal; *h*, cœur; *ha*, artère hépatique; *hg*, intestin postérieur; *iaa*, artère abdominale inférieure; *la*, ouverture latérale droite du cœur; *lr*, foie gauche; *mg*, intestin moyen; *oa*, artère ophthalmique; *æ*, œsophage; *pg*, muscles gastriques postérieurs; le droit est coupé à son insertion; *ps*, portion pylorique de l'estomac; *sa*, artère sternale; *saa*, artère abdominale supérieure; *t* (sur la gauche), telson; *t* (près du cœur), testicule; *vd*, canal déférent; *vd'*, son orifice; *2*, antennule droite; *4*, mandibule gauche; *9*, maxillipède externe gauche; *10*, pince gauche; *15*, premier; *16*, deuxième, et *20*, sixième appendices abdominaux du côté gauche.

que tout récemment, chez l'écrevisse, l'objet d'investigations attentives, et nous avons encore probablement beaucoup à apprendre là-dessus; mais ce que l'on a déjà découvert est fort intéressant, et prouve qu'il existe sous ce rapport des différences considérables entre les écrevisses et les animaux supérieurs.

On nomme *glandes*, en biologie, les organes qui ont pour fonction de préparer et de déverser des substances d'une nature spéciale, et la matière qu'elles préparent est ce qu'on nomme leur *sécrétion*. Les glandes sont en relation d'une part avec le sang, d'où elles tirent les matériaux qu'elles convertissent en les substances caractéristiques de leur sécrétion, et d'autre part elles ont accès, directement ou indirectement, à une surface libre, sur laquelle elles déversent leur sécrétion à mesure qu'elle se forme.

Le canal alimentaire de l'écrevisse est pourvu d'une paire de glandes de cette espèce; et celles-ci ne sont pas seulement de dimensions très grandes, mais encore extrêmement remarquables à cause de leur couleur jaune ou brune. Ces deux glandes (fig. 12 et 13, *lr*) sont situées au-dessous et de chaque côté de l'estomac et de la partie antérieure de l'intestin, et répondent par leur position aux glandes que l'on appelle foie et pancréas chez les animaux supérieurs; car elles versent leurs produits dans l'intestin moyen. Ces glandes ont toujours été jusqu'ici regardées comme le *foie*, et l'on peut conserver ce nom, bien que leur sécrétion paraisse correspondre plutôt au suc pancréatique qu'à la bile des animaux supérieurs[1].

1. Braun (*Arbeiten aus dem Zoologisch Zootomischen Institut in Würzburg*, Bd II et III) a décrit des glandes « salivaires » dans les parois de l'œsophage, le métastome et la première paire de mâchoires de l'écrevisse.

Hoppe-Seyler (*Pflüger's Archiv*, Bd XIV, 1877) a trouvé que le fluide jaune que l'on rencontre d'ordinaire dans l'estomac de l'écrevisse contient toujours de la peptone. Il dissout aisément la fibrine, sans la gonfler, à la température ordinaire, et plus vite à 40° centigrades. L'action est retardée par la moindre trace d'acide chlorhydrique, et arrêtée par l'addition de quelques gouttes d'eau renfermant 0,2 pour 100 de cet acide. En ajoutant de l'alcool au fluide jaune, on obtient un précipité soluble dans l'eau et la glycérine. La solution aqueuse de ce précipité a sur la fibrine une puissante action digestive, qu'arrête l'acide chlorhydrique. Ces réactions montrent que ce fluide est très semblable, sinon identique, au suc pancréatique des vertébrés.

La sécrétion du « foie », recueillie directement dans cette glande, a une réaction plus fortement acide que le liquide de l'estomac; mais elle a des

Chaque foie consiste en un nombre immense de tubes courts, ou *cœcums*, qui sont fermés à un bout, mais ouverts à l'autre dans un canal général qu'on appelle leur *conduit*. La masse du foie est grossièrement divisée en trois lobes : un antérieur, un latéral et un postérieur ; et chaque lobe a son conduit principal dans lequel s'ouvrent tous les tubes qui le composent.

Les trois conduits s'unissent en large canal commun (*bd*) qui s'ouvre, immédiatement en arrière de la valve pylorique du même côté, sur le plancher de l'intestin moyen. Aussi voit-on les orifices des deux *canaux hépatiques*, un de chaque côté, lorsqu'on ouvre en dessus cette partie du tube alimentaire. Chaque cœcum du foie est formé d'une paroi externe mince, revêtue intérieurement d'une couche épaisse de ce qu'on appelle *épithélium ;* aux orifices des canaux hépatiques, cet épithélium se continue avec une couche de structure quelque peu semblable qui forme la surface libre de l'intestin moyen, et revêt aussi le reste du tube alimentaire en dessous de la cuticule. Le foie peut donc être regardé comme une poche très divisée de l'intestin moyen.

L'épithélium est formée de *cellules nucléées*, qui sont des particules de matière vivante ou *protoplasma*, au milieu de chacune desquelles est un corps arrondi qu'on appelle le *noyau*. Ces cellules sont le siège de la fabrication qui aboutit à produire la sécrétion ; c'est pour ainsi dire leur ouvrage spécial que de composer cette sécrétion. Dans ce but, il se forme constamment de nouvelles cellules au sommet des cœcums. A mesure qu'elles croissent, elles descendent vers le canal, et séparent en même temps dans leur intérieur certains produits spéciaux, parmi lesquels des globules de matières grasses jaunes sont très apparents. Lorsque ces produits sont complètement formés, ce qui reste de la substance des cellules se dissout, et le fluide jaune, s'accumulant dans les conduits, passe dans l'intestin moyen. La couleur jaune est due aux globules de graisse. Dans les jeunes cellules, au sommet des cœcums, ces globules sont

propriétés digestives semblables, ainsi qu'un extrait aqueux de la glande et une solution aqueuse du précipité alcoolique. L'extrait aqueux possède aussi une forte action diastasique sur l'amidon, et émulsionne l'huile d'olive. Il n'y a pas plus de glycogène dans le « foie » que dans aucun autre organe, et l'on ne trouve aucun des composants de la bile véritable.

ou absents ou fort petits; de là vient que ces parties paraissent incolores. Mais, plus bas, de petits granules jaunes apparaissent dans les cellules, et deviennent plus gros et plus nombreux, dans les parties moyenne et inférieure. En réalité, il y a peu de glandes qui soient plus propres que le foie de l'écrevisse à l'étude de la manière dont s'effectue la sécrétion.

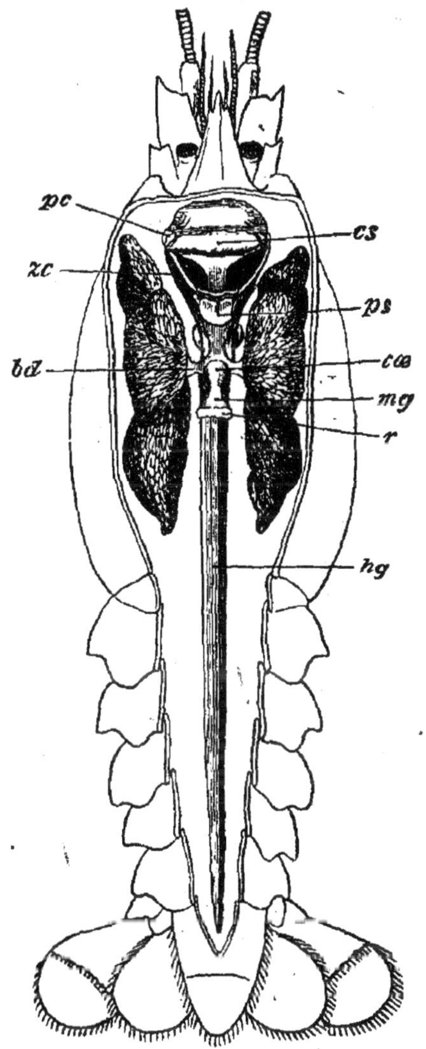

Fig. 13. — *Astacus fluviatilis*. — Canal alimentaire et foies, vus en dessus (gr. nat.); *bd*, conduit biliaire; *cœ*, cœcum; *cs*, portion cardiaque de l'estomac; — la ligne porte sur l'ossicule cardiaque; *hg*, intestin postérieur; *mg*, intestin moyen; *pc*, ossicule ptérocardiaque; *ps*, portion pylorique de l'estomac; — la ligne porte sur l'ossicule pylorique; *r*, crête séparant l'intestin moyen de l'intestin postérieur; *zc*, ossicule zygocardiaque.

Nous pouvons maintenant considérer pendant son action le

mécanisme alimentaire dont on vient d'expliquer la structure générale.

La nourriture, déjà déchirée et broyée par les mâchoires, passe à travers l'œsophage dans le sac cardiaque, et là elle est réduite davantage encore à l'état de pulpe par l'action du moulin gastrique. Les substances suffisamment fluides sont entraînées à mesure dans l'intestin à travers le filtre pylorique, tandis que les parties les plus grossières, impropres à la

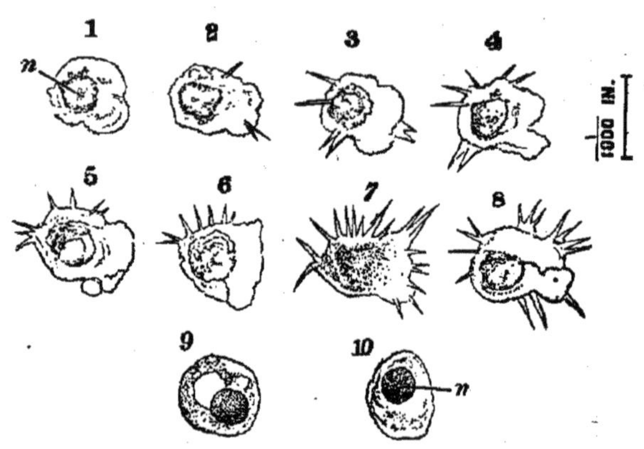

FIG. 14. — *Astacus fluviatilis.* — Corpuscules du sang (fortement grossis). *1-8* montre les changements subis par un seul corpuscule pendant l'espace d'un quart d'heure; *n*, noyau; *9* et *10* sont des corpuscules tués par le carmin, et qui ont leur noyau fortement teinté par la substance colorante.

nutrition, sont rejetées par la bouche, exactement comme on le voit chez le faucon et le hibou. Il est très probable, bien qu'on ne le sache point d'une manière certaine, que les fluides intestinaux se mêlent à la nourriture, pendant qu'elle subit la trituration, et transforment en produits solubles les composés protéiques insolubles et les matières amylacées. En tout cas, aussitôt que les fluides filtrés passent dans l'intestin moyen, ils doivent se mêler à la sécrétion du foie, dont l'action est probablement semblable à celle du suc pancréatique des animaux supérieurs.

La matière ainsi produite, et qui répond au chyle des animaux supérieurs, passe dans l'intestin, et, pendant qu'elle le traverse, sa plus grande partie transsude à travers les parois du canal alimentaire et entre dans le sang, tandis que le reste s'accumule dans l'intestin postérieur en fèces de couleur sombre qui sont rejetées par l'anus. Les matières fécales sont en petite quantité et l'action du filtre est si parfaite qu'elles contiennent rarement des particules solides de dimensions sensibles. Parfois cependant on y trouve en assez grande quantité de petits fragments de tissus végétaux.

Le sang, dont les aliments nutritifs sont ainsi devenus parties intégrantes, est un fluide clair, incolore, ou d'une légère teinte neutre ou rougeâtre et qui, à l'œil nu, ressemble à de l'eau. Mais si on le soumet à l'examen microscopique, on trouve qu'il contient d'innombrables particules solides et pâles ou *corpuscules* qui, lorsqu'on les examine à l'état frais, subissent de continuels changements de forme (fig. 14). Ils correspondent en réalité de très près aux corpuscules incolores qui existent dans notre propre sang, et, dans ses caractères généraux, le sang de l'écrevisse est tel que serait le nôtre, s'il était un peu dilué et privé de ses corpuscules rouges. En d'autres termes, il ressemble à notre lymphe plutôt qu'à notre sang. Abandonné à lui-même, il se coagule bientôt en donnant un caillot assez ferme.

Les sinus, ou cavités dans lesquelles est contenue la plus grande partie du sang, sont très irrégulièrement disposés dans les intervalles qui séparent les organes internes. Mais il en est un de dimensions particulièrement grandes, situé sur le côté sternal ou ventral du thorax (fig. 15, *sc*) et dans lequel finit par passer tout le sang contenu dans le corps. Des passages conduisent de ce sinus sternal aux branchies (*av*) et, de celles-ci, six canaux (*bcv*) montent sur la face interne de la paroi interne de chacune des chambres branchiales et vont s'ouvrir dans une cavité située dans la région dorsale du thorax et que l'on nomme le *péricarde* (*p*).

Le sang de l'écrevisse est maintenu dans un mouvement constant de circulation par une machine pompante et distributrice composée du *cœur* et des *artères*, avec leurs grandes et petites branches qui partent de ce cœur pour se ramifier à travers le corps et se terminer dans les sinus sanguins qui représentent les veines des animaux supérieurs.

Lorsqu'on enlève la carapace du milieu de la région située derrière le sillon cervical, c'est-à-dire la paroi dorsale ou *tergale* du thorax, on ouvre ainsi une chambre spacieuse qui est remplie de sang. C'est la cavité déjà mentionnée comme le *péricarde*, bien qu'il fût préférable de la nommer *sinus péricar-*

diaque, car elle diffère sous quelques rapports du péricarde des animaux supérieurs.

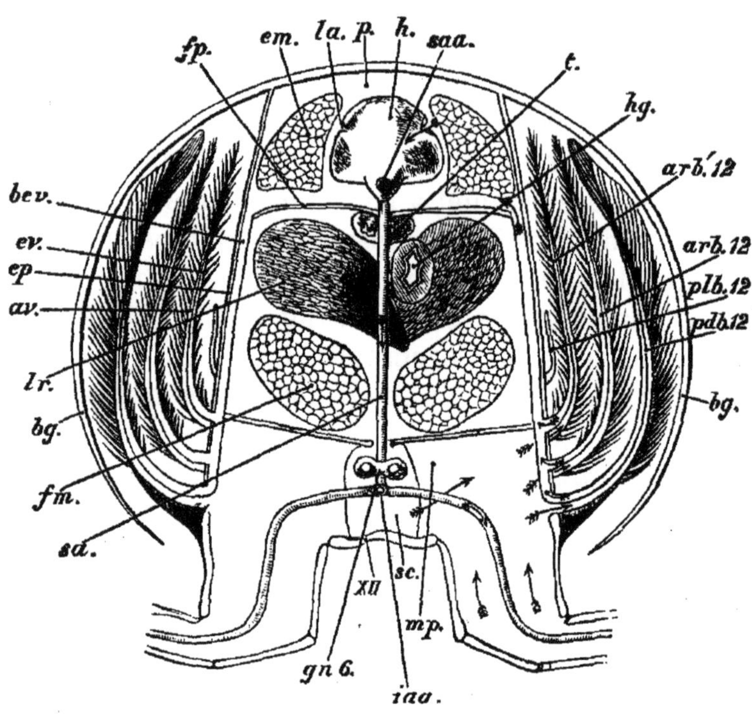

FIG. 15. — *Astacus fluviatilis.* — Diagramme d'une section transversale du thorax au niveau du 12e somite, pour montrer le cours de la circulation du sang (× 4). *arb 12*, arthrobranchie inférieure ou antérieure et *arb' 12*, id. supérieure ou postérieure du 12e somite; *av*, vaisseau branchial afférent; *bcv*, veine branchiocardiaque; *bg*, branchiostégite; *em*, muscles extenseurs de l'abdomen; *ep*, paroi épimérale de la cavité thoracique; *ev*, vaisseau branchial efférent; *fm*, muscles fléchisseurs de l'abdomen; *fp*, plancher du péricarde; *gn 6*, cinquième ganglion thoracique; *h*, cœur; *hg*, intestin postérieur; *iaa*, artère abdominale inférieure coupée transversalement; *la*, ouvertures valvulaires latérales du cœur; *lr*, foie; *mp* indique la position du mésophragme qui limite latéralement le canal sternal; *p*, sinus péricardiaque; *pdb 12*, podobranchie, et *plb 12*, pleurobranchie du 12e somite; *sa*, artère sternale; *saa*, artère abdominale supérieure; *sc*, canal sternal; *t*, testicule; XII, sternum du 12e somite. Les flèches indiquent la direction du cours du sang.

Le cœur est situé au milieu de ce sinus. C'est un corps musculaire épais (fig. 16), d'un contour irrégulièrement hexagonal lorsqu'on le regarde en dessus, un des angles de l'hexagone étant antérieur et un autre postérieur. Les angles latéraux de l'hexagone sont reliés par des bandes de tissu fibreux (*ac*) aux parois du sinus péricardiaque. Le cœur est libre d'ailleurs, sauf qu'il est maintenu en place par les artères qui en partent et traversent les parois du péricarde. Une de ces artères (fig. 5, 12 et 16, *saa*) partant de la partie postérieure du cœur, dont elle est en quelque sorte la continuation, court le long de la ligne médiane de l'abdomen, au-dessus de l'intestin, auquel elle donne des branches nombreuses. Une seconde grosse artère part d'une dilatation qui lui est commune avec la précédente; mais, descendant verticalement en passant à gauche ou à droite de l'intestin, elle traverse la chaîne nerveuse (fig. 12 et 15) et se divise en une branche antérieure (fig. 12, *sa*) et une posté-

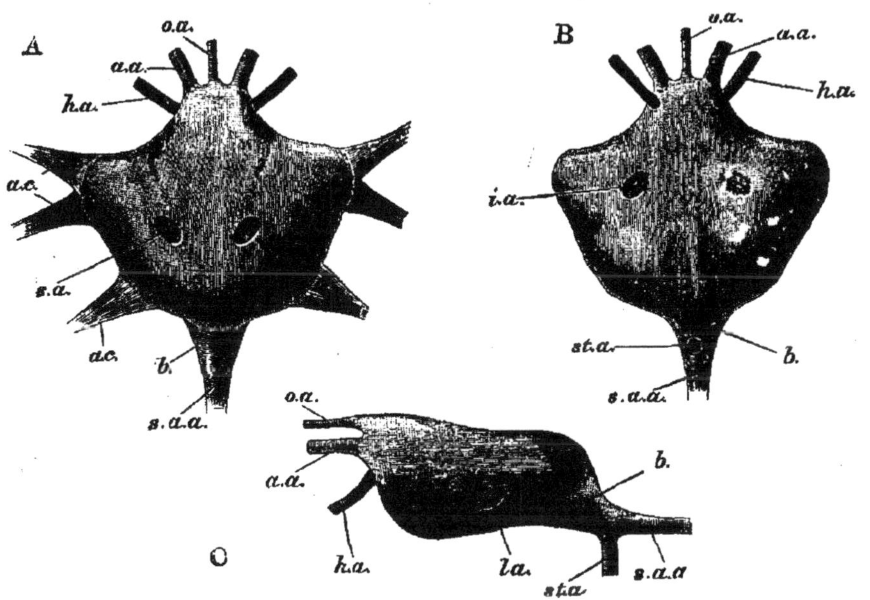

FIG. 16. — *Astacus fluviatilis.* — Le cœur (× 4). — A, vu en dessus; B, en dessous; C, du côté gauche; *aa,* artère antennaire; *ac,* ailes du cœur, ou bandes fibreuses qui relient le cœur aux parois du sinus péricardiaque; *b,* dilatation bulbeuse à l'origine de l'artère sternale; *ha,* artère hépatique; *la,* ouvertures valvulaires latérales; *oa,* artère ophthalmique; *sa,* ouvertures valvulaires supérieures; *saa,* artère abdominale supérieure; *sta,* artère sternale; elle est, en B, coupée près de son origine.

rieure (*iaa*) qui, toutes deux, courent au dessous de cette chaîne nerveuse et parallèlement à elle. Une troisième artère part de l'extrémité antérieure du cœur et se dirige en avant sur la ligne médiane au-dessus de l'estomac, pour se rendre aux yeux et à la partie antérieure de la tête (fig. 5, 12 et 16, *oa*), et deux autres divergent, une de chaque côté de celle-ci, et contournent l'estomac pour se rendre aux antennes (*aa*). Derrière celles-ci, deux autres artères sont encore fournies par la face inférieure du cœur et alimentent le foie (*ha*). Toutes ces artères se divisent et finissent par se terminer en ramifications ténues que l'on appelle les *capillaires*.

Dans la paroi dorsale du cœur se voient deux petites ouvertures ovales, pourvues de lèvres valvulaires (fig. 16, *sa*) qui s'ouvrent en dedans, c'est-à-dire vers la cavité cardiaque. Il existe une ouverture semblable sur chacune des faces latérales du cœur (*la*) et deux autres à sa face inférieure (*ia*), soit six en tout. Ces ouvertures laissent entrer librement le liquide dans le cœur, mais s'opposent à sa sortie. Il y a, d'autre part, à l'origine des artères, de petits plis valvulaires disposés de façon à permettre au sang de sortir du cœur, tout en s'opposant à son reflux.

Les parois du cœur sont musculaires, et durant la vie elles se contractent à des intervalles réguliers, diminuant ainsi la capacité de la cavité interne de l'organe. Le sang qu'il contient est alors chassé dans les artères, et repousse nécessairement, jusque dans leurs plus faibles ramifications, une quantité correspondante du sang qu'elles renfermaient déjà, tandis qu'une quantité pareille passe des derniers capillaires dans les sinus sanguins. D'après la disposition de ceux-ci, l'impulsion que reçoit ainsi le sang qu'ils renferment est finalement transmise à celui qui se trouve dans les branchies, et une quantité proportionnelle de sang passe de celles-ci dans les sinus qui les relient au sinus péricardiaque (fig. 15, *bcv*) et de là dans cette cavité. A la fin de la contraction ou *systole* du cœur, le volume de l'organe est évidemment diminué de tout celui du sang qui en a été chassé, et l'espace qui se trouve entre les parois du cœur et celles du sinus péricardiaque est augmenté d'autant. Cet espace, toutefois, est immédiatement occupé par le sang qui revient des branchies et, peut-être, bien que cela soit douteux, par un peu de sang qui n'a pas traversé ces organes. Lorsque la systole est terminée, vient la *diastole*, c'est-à-dire que l'élasticité des parois du cœur, et celle des diverses parties qui les relient au péricarde, ramènent l'organe à ses dimensions premières, et le sang du sinus péricardiaque s'écoule dans la cavité du cœur, à travers les six ouvertures ci-dessus mentionnées. Une nouvelle systole amène la répétition des mêmes effets, et le sang est ainsi entraîné dans une course circulaire à travers toutes les parties du corps.

On remarquera que les branchies sont placées sur le trajet du courant sanguin qui revient vers le cœur ; c'est exactement le contraire de ce qui se voit chez les poissons, dans lesquels le sang parti du cœur traverse les branchies avant de se distribuer dans le corps. Il résulte de cette disposition que le sang qui va aux branchies a moins d'oxygène et plus d'acide carbonique que celui qui est renfermé dans le cœur lui-même ; car l'activité de tous les organes, et spécialement des muscles, est inséparablement liée à l'absorption d'oxygène et à la production d'acide carbonique, et l'unique source du premier, l'unique voie par laquelle le second puisse être évacué, est le sang qui baigne et pénètre tout l'organisme auquel il est distribué par les artères.

Lorsqu'il atteint les branchies, le sang a donc perdu de l'oxygène et gagné de l'acide carbonique, et ces organes constituent un appareil pour éliminer de l'économie le gaz nuisible, et pour absorber une nouvelle quantité de l'indispensable « air vital », comme l'appelaient les anciens chimistes. C'est ainsi que les branchies servent à la fonction respiratoire.

L'écrevisse a dix-huit branchies parfaites et deux rudimentaires dans chacune des chambres branchiales dont on a déjà décrit les limites.

Des dix-huit branchies parfaites, six (*podobranchies*) sont attachées aux articles basilaires des membres thoraciques, de l'avant-dernier au second (second maxillipède) inclusivement (fig. 4, *pdb*, et fig. 17, A); et onze (*arthrobranchies*) sont fixées aux membranes interarticulaires flexibles qui relient ces articles basilaires aux parties du thorax avec lesquelles ils sont articulés (fig. 4, *arb*; fig. 17, C). De ces onze branchies, deux sont attachées aux membranes interarticulaires de toutes les pattes ambulatoires, sauf la dernière (= 6), et à celles des pinces et des maxillipèdes externes (— 4), et une à celle du second maxillipède. Le premier maxillipède et la dernière patte ambulatoire n'en ont pas. En outre, là où il y a deux arthrobranchies, une des deux est plutôt antérieure et externe par rapport à l'autre.

Ces onze arthrobranchies sont toutes de structure très semblable (fig. 17, C). Chacune se compose d'une tige (*st*) qui contient deux canaux, un interne et l'autre externe, séparés par une partition longitudinale. Cette tige est couverte d'un grand nombre de *filaments branchiaux* délicats, de façon à ressembler à une plume s'amincissant de la base au sommet. Chaque filament est traversé par de larges conduits vasculaires qui se divisent en réseau immédiatement au-dessous de la surface. Le

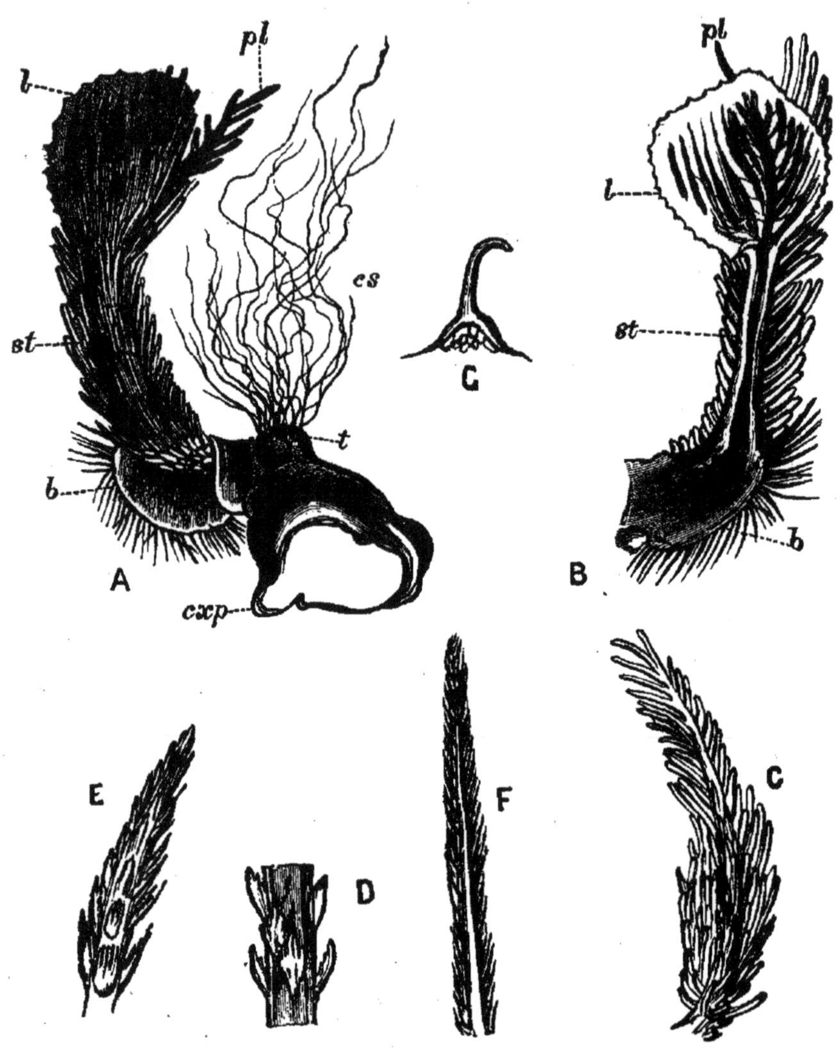

Fig. 17. — *Astacus fluviatilis*. — A, une podobranchie, vue du côté externe; B, la même du côté interne; C, une arthrobranchie; D, fragment d'une des soies du coxopodite; E, extrémité de la même; F, extrémité d'une soie de la base de la podobranchie; G, soie en crochet de la lame (A-C × 3; D-G, fortement grossis); *b*, base de la podobranchie; *cs*, soies du coxopodite; *cxp*, coxopodite; *l*, lame; *pl*, plume, et *st*, tige de la podobranchie; *t*, tubercule du coxopodite, où sont insérées les soies.

sang, chassé dans les canaux externes de la tige (fig. 15, *av*), est enfin versé dans le canal interne (*ev*) qui, à son tour, communique avec les conduits qui mènent au sinus péricardiaque.

Dans sa course, le sang traverse les filaments branchiaux, dont le revêtement externe est une membrane chitineuse excessivement mince, en sorte que le sang qu'ils renferment n'est en réalité séparé que par une simple pellicule de l'eau aérée dans laquelle flotte la branchie. L'échange gazeux se fait donc très facilement, et le sang absorbe autant d'oxygène qu'il perd d'acide carbonique.

Les six podobranchies qui sont attachées aux articles basilaires des pattes jouent le même rôle, mais diffèrent assez fortement, quant aux détails de leur structure, de celles qui sont fixées aux membranes interarticulaires. Chacune se compose d'une large *base* (fig. 17, A et B ; *b*) couverte d'un grand nombre de poils fins et droits ou *soies* (F). De cette base part une *tige* étroite (*st*) qui, à son sommet, se divise en deux parties : l'antérieure ou *plume* ressemble à l'extrémité libre d'une des branchies que l'on vient de décrire, tandis que la postérieure ou *lame* (*l*) est une large plaque mince, courbée sur elle-même longitudinalement, de façon que le bord du pli soit en avant et couvert de petites soies en crochet (G). La branchie suivante est reçue dans l'espace inclus entre les deux lobes ou moitiés de la lame repliée (fig. 4). Chaque lobe est gaufré longitudinalement et présente environ une douzaine de plis. Toute la partie antérieure et externe de la tige est couverte de filaments branchiaux. Nous pouvons donc comparer une de ces branchies à l'une des précédentes dans laquelle la tige serait modifiée pour donner, par sa face postéro-interne, une large lame plissée.

Les branchies que l'on vient de décrire sont disposées en rangs de trois pour chacun des membres thoraciques, du troisième maxillipède à l'avant-dernière patte ambulatoire, et de deux pour le second maxillipède, soit dix-sept en tout ($3 \times 5 + 2 = 17$); et dans chaque intervalle se trouve un paquet de longs poils entrelacés (fig. 17, A, *cx*, *s* ; D et E) qui s'attachent à une petite élévation (*t*) située sur l'article basilaire de chaque membre. Ces *soies coxopoditiques* servent, sans doute, à empêcher l'entrée de parasites et d'autres matières étrangères à l'intérieur de la chambre branchiale. D'après le mode d'attachement des six branchies, il est évident qu'elles doivent participer aux mouvements des articles basilaires des pattes, et que, lorsque l'écrevisse marche, elles doivent être plus ou moins agitées dans la chambre branchiale.

La dix-huitième branchie ressemble, pour la structure, à l'une des onze arthrobranchies; mais elle est plus grande, et ne s'attache ni à l'article basilaire de la dernière patte ambulatoire, ni à sa membrane interarticulaire, mais au côté du thorax, au-dessus de l'articulation. Ce mode d'attache l'a fait distinguer des autres sous le nom de *pleurobranchie* (fig. 4, *plb, 14*).

Enfin, en avant de celle-ci et fixé également aux parois du thorax, au-dessus de chacune des deux paires précédentes de pattes ambulatoires, se trouve un filament délicat d'environ 1 millimètre 1/2 de long, qui a la structure d'un filament branchial, et est, en réalité, une pleurobranchie rudimentaire (fig. 4, *plb, 12*; *plb, 13*).

La quantité d'eau qui occupe l'espace laissé libre par les branchies à l'intérieur de la chambre branchiale n'est que peu de chose, et, comme la surface respiratoire que présentent ces organes est relativement très vaste, l'air contenu dans cette eau doit être rapidement épuisé, même lorsque l'écrevisse est au repos, et s'il survient une action musculaire, la quantité d'acide carbonique formée et la demande de nouvel oxygène s'accroissent immédiatement de beaucoup. Il faut donc, pour que la fonction respiratoire puisse s'accomplir d'une façon efficace, que l'eau de la chambre branchiale se renouvelle rapidement, et qu'une disposition permette une arrivée d'eau nouvelle, proportionnée au besoin. Dans beaucoup d'animaux, la surface respiratoire est couverte de filaments ou *cils*, vibrant avec rapidité, et au moyen desquels un courant est maintenu continuellement en mouvement sur les branchies; mais il n'en existe pas chez l'écrevisse. Le même but est toutefois atteint d'une autre manière. La limite antérieure de la chambre branchiale correspond au sillon cervical qui, ainsi qu'on l'a vu, s'incline en bas, puis en avant, jusqu'à ce qu'il se termine sur les côtés de l'espace occupé par les mâchoires. Si l'on coupe le branchiostégite le long du sillon, on trouvera qu'il est attaché au côté de la tête qui se projette un peu au delà de la partie antérieure du thorax, de façon qu'il existe une dépression en arrière des côtés de la tête, de même qu'il existe une dépression en arrière de la mâchoire de l'homme, sur les côtés du cou. Cette dépression en avant, les parois du thorax du côté interne, le branchiostégite du côté externe, et la base des pinces et des pieds-mâchoires externes, en dessous, limitent un canal courbe par lequel la cavité branchiale s'ouvre en avant comme par un entonnoir. Attachée à la base de la seconde mâchoire, se trouve une large plaque courbe (fig. 4, *sg*) qui s'adapte contre la projection de la tête, comme pourrait faire un col de chemise, pour continuer notre comparaison ; et cette plaque en forme d'écope, appelée (*scaphognathite*), qui est concave en avant et convexe en arrière, peut se mouvoir promptement en arrière et en avant.

Si l'on sort de l'eau une écrevisse vivante, on verra qu'à mesure que l'eau s'échappe de la cavité branchiale, des bulles d'air sont chassées par son ouverture antérieure. En outre, si, lorsqu'une écrevisse est en repos dans l'eau, on dirige un peu de liquide coloré vers l'ouverture postérieure de la chambre branchiale, on le verra bientôt passer par l'ouverture antérieure, chassée avec force en un long jet. En effet, comme le scaphognathite n'exécute pas moins de trois ou quatre vibrations par seconde, l'eau est incessamment vidée au dehors par le passage infundibuliforme antérieur de la cavité branchiale, et comme une nouvelle quantité d'eau entre en arrière pour compenser la perte, un courant constant est entretenu sur les branchies. La rapidité de ce courant dépend de la répétition plus ou moins prompte des coups de scaphognathite et, de la sorte, l'activité de la fonction respiratoire peut être exactement proportionnée aux besoins de l'économie. Le travail lent du scaphognathite répond à notre respiration ordinaire, ses vibrations rapides à la respiration haletante.

L'appareil respiratoire est encore mieux approprié aux besoins par le fait que six branchies sont attachées aux articles basilaires des pattes. En effet, lorsque l'animal fait travailler ses muscles en marchant, ces branchies sont agitées, et non seulement mettent ainsi leur propre surface plus largement en contact avec l'eau, mais encore produisent le même effet sur les autres branchies[1].

1. Lereboullet (*Note sur une respiration anale observée chez plusieurs crustacés. — Mémoires de la Société d'histoire naturelle de Strasbourg*, IV, 1850) a attiré l'attention sur ce qu'il appelle « respiration anale » de la jeune écrevisse. Il a observé chez elle que l'eau est aspirée et chassée du rectum de

L'oxydation constante qui s'accomplit dans toutes les parties du corps ne donne pas seulement naissance à de l'acide carbonique; en affectant les substances protéiques, elle produit des composés qui renferment de l'azote, et ceux-ci doivent être éliminés comme les autres produits de rebut. Dans les animaux supérieurs, ces produits de rebut prennent la forme d'urée, d'acide urique, d'acide hippurique, etc., et sont éliminés par les reins. Nous pouvons donc nous attendre à trouver dans l'écrevisse quelque organe qui joue le rôle de rein; mais le tissu qu'il y a beaucoup de raison de regarder comme représentant cet organe occupe une position si singulière, que l'on a émis sur son compte des interprétations très diverses.

Il est facile de voir sur l'article basilaire de chaque antenne une petite éminence conique, portant une ouverture au côté interne de son sommet (fig. 18). Cette ouverture (x) conduit par un canal court dans un sac spacieux à parois extrêmement délicates (s) qui est logé dans la partie antérieure de la tête, en avant et au-dessous de la division cardiaque de l'estomac. Au-dessous de celui-ci, dans une sorte d'enfoncement qui correspond à la base de l'antenne, est un corps discoïde, de couleur vert sombre, de forme un peu analogue à celle des fruits de la mauve; on le connaît sous le nom de *glande verte* (gg). Le sac se rétrécit en arrière comme un entonnoir dont le bout étroit se continue avec les parois de la glande verte. L'ouverture de l'entonnoir conduit dans l'intérieur de la glande et laisse passer les produits de celle-ci dans le sac, d'où ils s'échappent par l'ouverture de la papille antennaire. La glande verte contient, paraît-il, une substance appelée *guanine* (ainsi nommée parce qu'on la trouve dans le *guano*, qui est une accumulation d'excréments d'oiseaux), corps azoté, analogue, sous certains rapports, à l'acide urique, mais moins fortement oxydé. S'il en est ainsi, on ne saurait guère douter que la glande verte ne corresponde

quinze à dix-sept fois par minute. Je n'ai jamais observé rien de semblable chez l'adulte en bonne santé; mais, si l'on détruit les ganglions thoraciques, une dilatation et une contraction rythmique de l'extrémité anale du rectum s'établit aussitôt et persiste tant que les derniers ganglions de l'abdomen conservent leur intégrité. Je suis très porté à supposer que ce mouvement est empêché lorsque l'on tient une écrevisse intacte, de manière à pouvoir en examiner l'anus.

au rein, et sa sécrétion à l'urine, tandis que le sac serait une sorte de vessie urinaire[1].

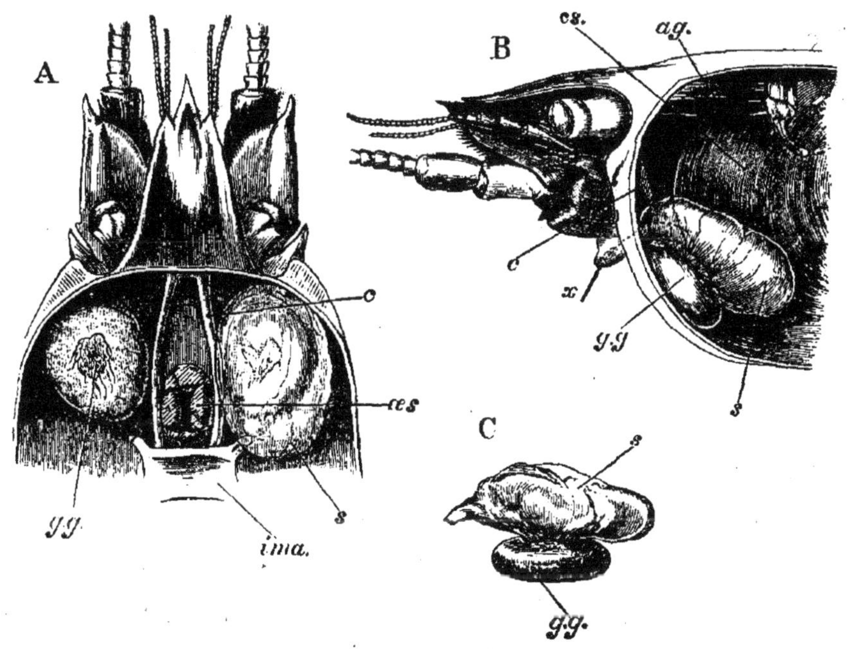

Fig. 18. — *Astacus fluviatilis.* — A, partie antérieure du corps avec la portion dorsale de la carapace enlevée pour montrer la position de la glande verte; B, id., avec le côté gauche de la carapace enlevé; C, la glande verte retirée du corps (le tout × 2); *ag,* muscle gastrique antérieur gauche; *c,* commissures circumœsophagiennes; *cs,* portion cardiaque de l'estomac; *gg,* glande verte, exposée en A sur le côté gauche par l'enlèvement de son sac; *ima,* apodème intermaxillaire ou céphalique; *œs,* œsophage vu en section transversale, en A, l'estomac étant enlevé; *s,* sac de la glande verte; *x,* soie passée par l'ouverture de l'article basilaire de l'antenne, et pénétrant dans le sac.

Si nous restreignons notre attention aux phénomènes qui ont été décrits jusqu'ici, et à une courte période de la vie de l'écrevisse, nous pouvons regarder le corps de l'animal comme

1. L'existence de guanine dans la glande verte est attestée par Will et Gorup-Besanez (*Gelehrte Anzeigen d. K. Baienzschen Akademie*, n° 233, 1848), qui disent que dans cet organe, et dans l'organe de Bojanus de la moule d'eau douce, ils ont trouvé une substance « que ses réactions indiquent avec la plus grande probabilité pour de la guanine », mais qu'ils n'ont pu en obtenir suffisamment pour donner des résultats décisifs.

Leydig (*Lehrbuch der Histologie,* p. 467) a établi depuis longtemps que la glande verte se compose d'un tube très contourné renfermant des cellules granuleuses disposées autour d'une cavité centrale. Wassiliew (*Ueber die Niere des Flusskrebses. — Zoologischen Anzeiger,* I, 1878) défend la même opinion en donnant un exposé complet de la structure intime de l'organe et le comparant avec ses homologues chez les Copépodes et les Phyllopodes.

une fabrique, pourvue de diverses machines, au moyen desquelles certaines matières, azotées et autres, sont extraites des substances animales et végétales qui servent de nourriture. Ces substances sont oxydées, puis sortent de la fabrique sous forme d'acide carbonique, de guanine, et sans doute de quelques autres substances que nous ne connaissons pas encore; et si l'on pouvait peser exactement le total des produits qui sortent de l'organisme, on le trouverait sans doute identique au total des matériaux qui y sont entrés. Pour donner à ceci la forme la plus générale, le corps de l'écrevisse est une sorte de foyer où convergent certaines particules matérielles, dans lequel elles se meuvent pendant un temps, et d'où elles sont ensuite chassées dans des combinaisons nouvelles. Le parallèle, que l'on a souvent établi entre les êtres vivants et les tourbillons qui se forment dans les eaux courantes, est aussi juste que frappant. Le tourbillon est permanent, mais les particules d'eau qui le constituent changent sans cesse. Entrant d'un côté, elles sont entraînées dans le mouvement circulaire et constituent temporairement une partie de l'individualité du tourbillon, et quand elles sortent de l'autre côté, leurs places sont prises par de nouvelles arrivées.

Ceux qui ont vu le tourbillon prodigieux qui se trouve à trois milles au-dessous des chutes du Niagara, n'auront pas oublié cette vague énorme qui s'écroule et se relève sans cesse, personnification véritable de l'énergie sans repos, au point où le courant rapide qui s'échappe des cataractes est contraint de tourner brusquement vers le lac Ontario. Si changeant que soit le contour de sa crête, voilà des siècles que cette vague se voit à peu près au même endroit et avec la même forme générale. D'un mille de distance, elle semble un monticule d'eau stationnaire. De près, c'est l'expression typique du conflit des mouvements qu'engendre la course rapide de particules matérielles. Avec tout cela, nous paraissons être bien loin de l'écrevisse; mais si nous le pouvions, nous verrions qu'elle aussi n'est rien que la forme constante d'un tourbillon semblable de molécules matérielles qui entrent constamment d'un côté dans l'animal pour s'en échapper de l'autre.

Les changements chimiques qui ont lieu dans le corps de l'écrevisse sont, sans doute, comme les autres réactions chimiques, accompagnées d'une production de chaleur. Mais la quantité de chaleur ainsi engendrée est si faible, elle est, en outre, si facilement dispersée par suite des conditions dans lesquelles vit l'animal, qu'elle demeure pratiquement insensible. L'écrevisse possède approximativement la même température que le milieu ambiant, et, par conséquent, on la range parmi les animaux à sang froid.

Si nous étendions à une plus longue période, un an ou deux par exemple, nos recherches sur les résultats des progrès de l'alimentation chez une écrevisse bien nourrie, nous trouverions que les produits qui sortent de l'organisme ne sont plus égaux aux matériaux qui y sont entrés, et que la différence se traduit par l'accroissement du poids de l'animal. Si nous nous demandions comment se répartit cette différence, nous trouverions qu'une partie est mise en réserve, principalement sous forme de graisse, tandis qu'une autre partie a été employée à augmenter le matériel d'exploitation et à agrandir la fabrique ; c'est-à-dire qu'elle a fourni les matériaux nécessaires à la croissance de l'animal. C'est un des côtés les plus remarquables par où la machine vivante diffère de celles que nous construisons ; et non seulement elle s'agrandit, mais, comme nous l'avons vu, elle est, à un très haut degré, capable de se réparer elle-même.

CHAPITRE III

PHYSIOLOGIE DE L'ÉCREVISSE
MÉCANISME PAR LEQUEL L'ORGANISME VIVANT S'ADAPTE AUX CONDITIONS ENVIRONNANTES ET SE REPRODUIT

Si l'on porte la main près d'une écrevisse vigoureuse et libre de se mouvoir dans un grand bassin d'eau, elle donne généralement un vigoureux coup de queue pour s'élancer à reculons hors d'atteinte; mais si l'on abaisse doucement dans le vase un morceau de viande, l'écrevisse s'en approchera tôt ou tard pour le dévorer.

Si nous demandons pourquoi l'écrevisse se conduit de la sorte, chacun a une réponse prête. Dans le premier cas, on dit que l'animal a conscience du danger et se hâte par conséquent de s'enfuir ; dans le second cas, l'écrevisse, dit-on, sait que la viande est bonne à manger, et c'est pour cela qu'elle s'approche pour faire son repas. Rien ne peut sembler plus simple ou plus satisfaisant que ces réponses, jusqu'à ce que nous essayions de concevoir clairement ce qu'elles signifient; mais alors, si simples qu'on les trouve, elles ne sont guère plus satisfaisantes.

Par exemple, lorsque nous disons que l'écrevisse « a conscience du danger » ou « sait que la viande est bonne à manger », que voulons-nous dire par « avoir conscience » et « savoir » ? Cela ne peut certainement signifier que l'écrevisse se dit à elle-même, comme nous le ferions : « Ceci est dangereux », « cela est bon, » car l'écrevisse privée de langage n'a rien à dire ni à elle-même ni à n'importe qui. Et si l'écrevisse n'a pas suffisamment de langage pour construire une proposition, il est, évidemment, hors de question que ses actions puissent être guidées par une suite de raisonnements logiques comme celle par laquelle un homme justifierait des actes semblables. L'écrevisse, assurément, ne construit pas d'abord le syllogisme. « Il faut éviter les choses dangereuses; cette main est dangereuse, et par conséquent à éviter », pour agir ensuite d'après la conclusion logiquement déduite.

Mais on peut dire que les enfants, avant d'acquérir l'habitude du langage, et nous-mêmes, longtemps après que le raisonnement conscient nous est familier, nous accomplissons inconsciemment une grande variété d'actes parfaitement rationnels. Un enfant saisit un bonbon ou se baisse devant un geste de menace, avant de pouvoir parler; et chacun de nous se reculerait brusquement d'un abîme s'ouvrant à ses pieds, ou se baisserait pour ramasser un bijou, et cela « sans y penser ». Et sans doute, si l'écrevisse a en réalité quelque esprit, ses opérations mentales doivent ressembler plus ou moins à celles que l'esprit humain accomplit sans les condenser en une formule, exprimée ou non.

Si nous analysons celles-ci, nous trouvons que dans beaucoup de cas des sensations distinctement perçues sont suivies d'un désir distinct d'accomplir quelque acte, qui est accompli en conséquence; tandis que, dans d'autres cas, l'acte suit la sensation sans que l'on s'aperçoive d'aucune opération mentale, et que, dans d'autres encore, il n'y a même pas conscience de sensation. En écrivant ces derniers mots par exemple, je n'avais pas la plus légère conscience d'aucune sensation, m'avertissant que je tenais et guidais ma plume, bien que mes doigts fissent exécuter à cet instrument des mouvements excessivement compliqués. En outre, les expériences sur les animaux ont prouvé que la perception consciente n'est absolument pas nécessaire à la production de beaucoup de ces mouvements combinés par lesquels le corps s'adapte aux variations des conditions extérieures.

Dans ces circonstances, c'est en réalité une question tout à fait oiseuse que celle de savoir si l'écrevisse a un esprit ou non; en outre, le problème est absolument insoluble; car ce n'est qu'en étant écrevisse que nous pourrions avoir l'assurance positive qu'un pareil animal possède des perceptions conscientes; enfin, en supposant que l'écrevisse a un esprit, cela n'explique pas ses actes, mais montre seulement que, tandis qu'ils s'accomplissent, ils sont accompagnés par des phénomènes semblables à ceux que nous perçevons en nous-mêmes dans des circonstances pareilles.

Nous pouvons donc aussi bien laisser de côté, pour le moment, la question de l'esprit de l'écrevisse, et nous tourner vers des investigations plus profitables, par exemple celle de l'ordre et de la connexion des phénomènes physiques qui interviennent entre ce qui se passe dans le voisinage de l'animal et ce qui y répond comme acte de celui-ci.

Quoi qu'il soit d'autre part, l'animal, pour autant que les corps qui l'entourent agissent sur lui et qu'il réagit sur eux, est une machine dont les organes internes donnent naissance à certains mouvements, lorsqu'elle est affectée par des conditions externes particulières; et ceci en vertu de propriétés physiques de ces organes et de leurs connexions.

Tout mouvement du corps, ou de quelque organe du corps, est l'effet d'une seule et même cause : la contraction musculaire. Que l'écrevisse nage ou marche, remue ses antennes ou saisisse sa proie, la cause immédiate des mouvements des diverses parties du corps doit être cherchée dans un changement qui a lieu dans la chair ou muscle qui s'y attache. Le changement de place qui constitue tout mouvement est un effet d'un changement antérieur dans la disposition des molécules d'un ou plusieurs muscles; tandis que la direction du mouvement dépend des rapports que les parties du squelette ont avec ces muscles, et de ceux qu'elles possèdent entre elles.

Le muscle de l'écrevisse est une substance dense, blanche; et si l'on soumet à l'examen un petit fragment, on trouvera qu'il se divise très facilement en des faisceaux plus ou moins parallèles de fibres fines. On trouve généralement que chacune de ces fibres est engainée dans une fine membrane transparente, que l'on appelle le *sarcolemme* et dans laquelle est contenue la substance propre du muscle. Quand elle est tout à fait fraîche et vivante, cette substance est molle et semi-fluide, mais elle se solidifie immédiatement après la mort.

Examinée à un fort grossissement dans cette condition, la substance musculaire paraît marquée de bandes transversales très régulières, alternativement opaques et transparentes, et c'est un des caractères du groupe d'animaux auquel appartient l'écrevisse, que leur substance musculaire a cet aspect strié dans toutes les parties du corps.

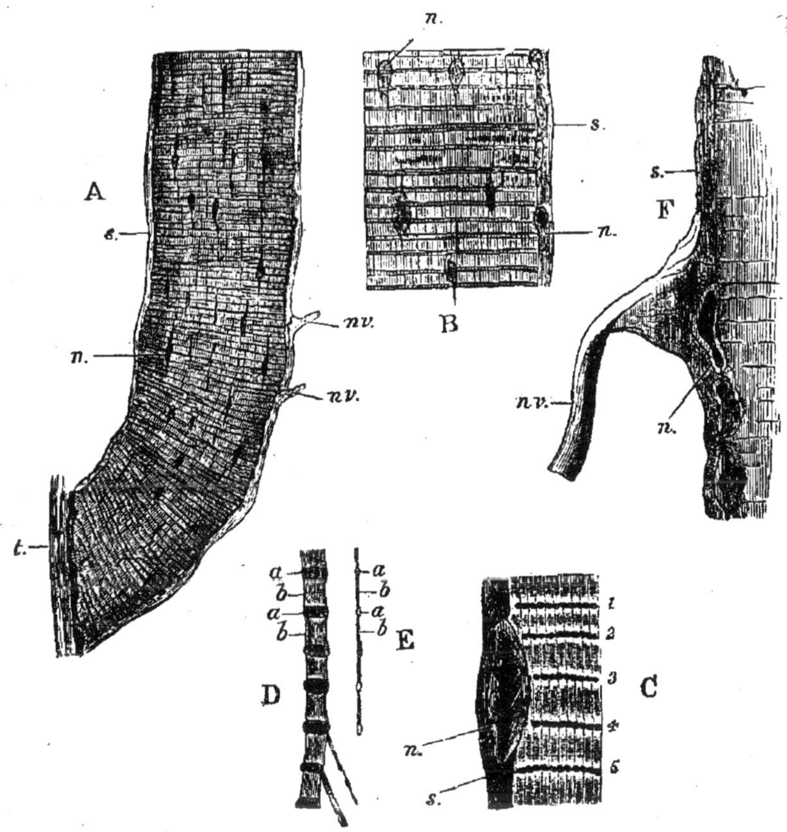

Fig. 19. — *Astacus fluviatilis.* — A, une fibre musculaire; diamètre transversal, $0^{mm},24$; B, portion de la même, plus fortement grossie; C, une portion plus petite, encore plus fortement grossie; D et E, division d'un fragment de fibre en fibrilles; F, connexion d'un nerf avec une fibre musculaire, traitée par l'acide acétique; *a*, portions plus obscures, et *b*, portions plus claires des fibrilles; *n*, noyau de sarcolemme; *nv*, fibre nerveuse; *s*, sarcolemme; *t*, tendon; *1-5*, bandes obscures successives répondant aux portions plus obscures *a* de chaque fibrille.

Un plus ou moins grand nombre de ces fibres, réunies en un ou plusieurs faisceaux, constituent un muscle; et, sauf lorsque ces muscles entourent une cavité, ils sont fixés à chaque extrémité aux parties dures du squelette. Cette attache est souvent effectuée par l'intermédiaire d'une substance dense, fibreuse, souvent chitineuse, qui constitue le *tendon* du muscle.

La propriété du muscle vivant, qui le rend capable d'être cause de mouvement, est celle-ci : toute fibre musculaire est susceptible de changer brusquement de dimensions, de façon à se raccourcir, en devenant proportionnellement plus épaisse. Le volume absolu de la fibre ne change donc pas en réalité. Il suit de là que la *contraction* musculaire, ainsi qu'on nomme ce changement de forme du muscle, est radicalement différente de ce qu'on entend généralement par ce mot de contraction, qui implique une diminution de volume.

La contraction du muscle a lieu avec une grande force, et par conséquent, lorsque les parties auxquelles ces extrémités sont fixées sont toutes les deux libres de se mouvoir, elles se rapprochent au moment de la contraction ; si une seule est libre, elle se rapproche de celle qui est fixée; et si la fibre musculaire entoure une cavité, la cavité diminue quand le muscle se contracte. Voilà l'unique source du pouvoir moteur dans la machine qui a nom *écrevisse*. Les résultats produits par l'exercice de ce pouvoir dépendent entièrement de la manière dont sont reliées entre elles les parties auxquelles s'attachent les muscles.

Un exemple de ceci a déjà été donné dans le curieux mécanisme du moulin gastrique ; un autre peut être trouvé dans les pinces. Si l'on examine l'articulation de la dernière pièce avec celle qui la précède (*prp*), on trouvera que la base du segment terminal (fig. 20 *dp*) tourne sur deux charnières (*x*) formées par l'exosquelette dur et situées à des points opposés du diamètre de la base sur le pénultième segment ; ces charnières sont disposées de telle sorte que le dernier article ne puisse se mouvoir que dans un plan, en se rapprochant ou s'éloignant de l'angle prolongé du pénultième segment (*prp*) qui forme le mors fixe de la pince. Entre les charnières, du côté interne et du côté externe de l'articulation, l'exosquelette est mou et flexible, et permet au segment terminal de jouer aisément dans un certain arc. C'est par cet arrangement que sont déterminées la direction et l'étendue du mouvement du mors libre de la pince. La source du mouvement est dans les muscles qui occupent l'intérieur du pénultième segment élargi. Deux muscles, un de très grandes dimensions (*m*), l'autre plus petit (*m'*), sont liés par une de leurs extrémités à l'exosquelette de ce segment. Les fibres du plus gros muscle convergent pour se fixer aux deux faces d'un prolongement plat de cuticule chitineuse qui sert de tendon (*t*) et provient du côté interne de la base du segment terminal ; celles du petit muscle sont attachées de même à un prolongement semblable qui provient du côté externe de la base de ce même segment (*t'*). Il est évident que, lorsque ce dernier muscle se raccourcit, il doit éloigner du mors fixe la pointe du segment terminal (*dp*) ; tandis que le premier muscle, en se contractant, ramène l'extrémité de ce segment contre celle du mors fixe.

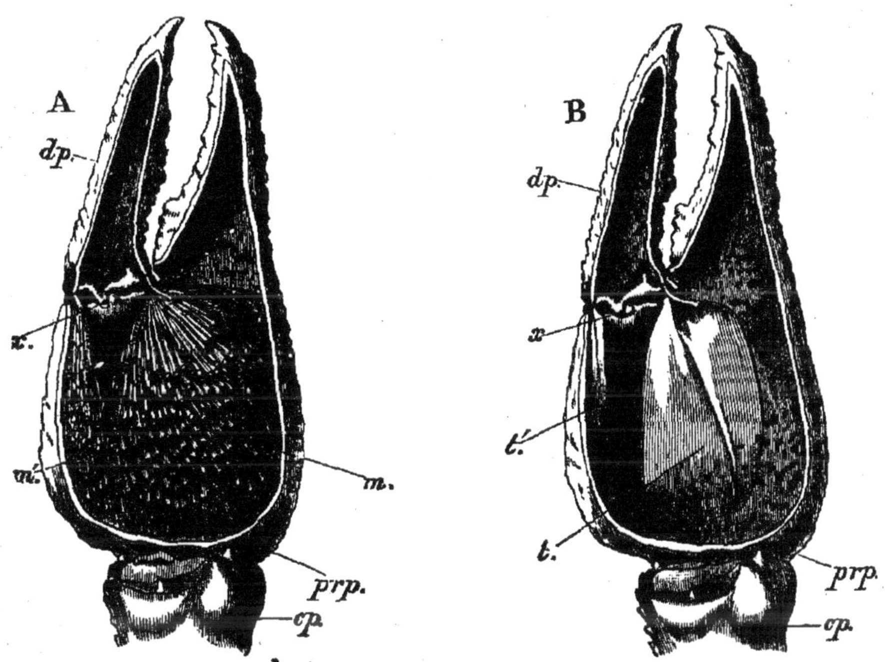

FIG. 20. — *Astacus fluviatilis.* — Pince de la patte ravisseuse avec un côté enlevé pour montrer, en A, les muscles, en B, les tendons (× 2) ; *cp*, carpopodite ; *prp*, propodite ; *dp*, dactylopodite ; *m*, muscle adducteur ; *m'*, muscle abducteur ; *t*, tendon du muscle adducteur ; *t'*, tendon du muscle abducteur ; *x*, charnière.

Une écrevisse vivante est capable d'accomplir avec ses pinces des mouvements très variés. Lorsqu'elle nage à reculons, ces membres sont parallèles entre eux et étendus droits en avant de la tête ; lorsque l'animal marche, ils sont ordinairement tenus comme des bras pliés au coude, « l'avant-bras » reposant en partie sur le sol ; quand on l'irrite, l'écrevisse promène ses pinces dans n'importe quelle direction pour saisir l'objet qui la trouble ; lorsque la proie est saisie, un mouvement circulaire la porte aussitôt dans la région de la bouche. Toutefois ces actions si variées sont toutes produites par une combinaison de flexions et d'extensions simples, dont chacune est effectuée exactement dans l'ordre et dans l'étendue nécessaires pour amener la pince dans la position voulue.

Le squelette du membre qui porte la pince est, en fait, divisé en quatre segments; et chacun de ceux-ci est articulé avec ses voisins de chaque côté, par une charnière exactement de la même nature que celle qui relie le mors mobile de la pince avec le pénultième segment, tandis que le segment basilaire du membre est articulé de même avec le thorax.

Si les axes de toutes ces articulations[1] étaient parallèles, il est évident que, bien que le membre pût se mouvoir en réalité dans un arc très étendu et pût être courbé à divers degrés, cependant tous les mouvements seraient limités à un seul plan. Mais en réalité les axes des articulations successives sont presque à angle droit les uns sur les autres, de sorte que si les segments sont successivement étendus ou fléchis, la pince décrit une courbe très compliquée, et, en variant l'étendue de la flexion ou de l'extension de chaque segment, cette courbe est susceptible de variations infinies. Un bon mathématicien serait probablement embarrassé de dire exactement quelle position doit être donnée à chaque segment, pour amener la pince d'une position donnée à une autre; mais s'il saisit sans précaution une écrevisse un peu vive, l'expérimentateur s'apercevra à ses dépens que l'animal résout le problème aussi vite qu'exactement.

Le mécanisme par lequel l'écrevisse effectue son mouvement de natation rétrograde n'est pas moins facile à analyser. L'appareil du mouvement est, comme nous l'avons vu, l'abdomen avec son battant terminal à cinq pointes. Les anneaux de l'abdomen sont articulés ensemble par des charnières situées un peu au-dessous du milieu de la hauteur des anneaux, aux extrémités opposées de lignes transversales à angle droit sur l'axe longitudinal de l'abdomen.

Chaque anneau consiste en une portion dorsale, arquée, qu'on appelle *tergum*, et une portion ventrale presque plate, qui est le *sternum*. Au point où ces deux parties se rejoignent, une

1. On entend par axe d'une articulation la ligne qui passe par les deux charnières qui la constituent.

large plaque descend de chaque côté et recouvre la base des appendices abdominaux; elle est connue sous le nom de *pleuron*.

Les *sternums* sont tous fort étroits, et reliés entre eux par de larges espaces d'exosquelette flexible.

Lorsque l'abdomen est étendu, on verra que ces membranes *intersternales* sont aussi étendues que possible. D'autre part, lorsque l'abdomen est aussi recourbé que possible, les sternums viennent se toucher les uns les autres, et les membranes intersternales sont pliées.

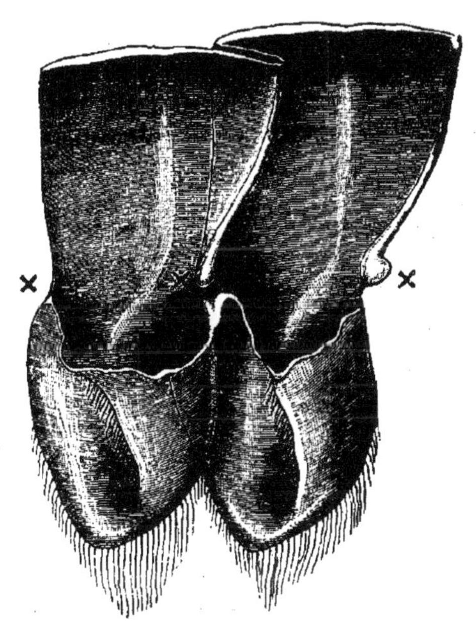

FIG. 21. — *Astacus fluviatilis*. — Deux somites abdominaux en section verticale, et vus du côté interne, pour montrer (× ×) les charnières par lesquelles ils s'articulent l'un à l'autre (× 3). Le somite le plus antérieur est celui qui est à droite de la figure.

Les *tergums* sont très larges, si larges en réalité que chacun, lorsque l'abdomen est étendu, recouvre celui qui vient après lui, de près de la moitié de sa longueur sur la ligne médiane; cette surface recouverte est unie, convexe, et marquée d'un sillon transversal qui la sépare du reste du tergum comme *facette articulaire*. Le bord antérieur de cette facette articulaire se continue en une lame de cuticule flexible, qui se replie en arrière et, formant un pli lâche, va se rattacher au bord postérieur du tergum recouvrant. Cette *membrane interarticulaire* tergale permet aux tergums de se mouvoir aussi loin qu'ils peuvent aller dans le sens de la flexion, tandis que dans l'extrême extension ils ne sont que légèrement déployés. Mais, même si les membranes intersternales ne présentaient pas d'obstacle à l'extension excessive de l'abdomen, les bords postérieurs libres des tergums viendraient s'ajuster de telle manière dans les sillons qui sont en arrière des facettes que l'abdomen ne pourrait, sans se briser, devenir plus que légèrement concave en haut.

Ainsi les limites des mouvements de l'abdomen, dans le sens vertical, sont la position dans laquelle il est droit ou même légèrement concave en haut, et celle dans laquelle il est complètement replié sur lui-même, le telson ramené sous la base des pattes thoraciques postérieures. Aucun mouvement de latéralité n'est possible, dans aucune position, entre les somites abdominaux. Car, lorsque l'abdomen est droit, le mouvement latéral est empêché non seulement par l'imbrication étendue des tergums, mais aussi par la manière dont les bords postérieurs des pleurons de chacun des quatre somites médians recouvrent les bords antérieurs de ceux qui viennent après eux. Les pleurons du second somite sont beaucoup plus grands qu'aucun des autres, et leurs bords antérieurs recouvrent un peu les petits pleurons du premier somite abdominal, et, lorsque l'abdomen est fortement fléchi, ces pleurons chevauchent même sur les bords postérieurs de la carapace. Dans l'extension, le recouvrement des tergums est grand, tandis que celui des pleurons des somites médians est faible. Quand l'abdomen passe de l'extension à la flexion, le recouvrement des tergums diminue naturellement ; mais la diminution de résistance aux poussées latérales qui pourrait en résulter est compensée par l'accroissement de l'imbrication des pleurons, qui atteint son maximum quand l'abdomen est complètement fléchi.

Il est évident que les fibres musculaires longitudinales, fixées dans l'exosquelette au-dessus des axes des articulations, doivent, lorsqu'elles se contractent, rapprocher les uns des autres les centres des tergums des somites, tandis que les fibres musculaires, attachées au-dessous des axes des articulations, doivent rapprocher les sternums les uns des autres. Les premières détermineront donc l'extension, et les secondes la flexion de l'ensemble de l'abdomen.

Il y a, en effet, deux paires de muscles très considérables, disposés ainsi. Ceux de la paire dorsale, ou les *extenseurs* de l'abdomen (fig. 22, *e, m*), sont attachés en avant aux parois latérales du thorax et, de là, passent en arrière dans l'abdomen, et se divisent en faisceaux qui se fixent aux surfaces internes des tergums de tous les somites. Ceux de l'autre paire ou les *fléchisseurs* de l'abdomen (*f, m*) constituent une masse musculaire beaucoup plus grosse, dont les fibres sont curieusement tordues comme les brins d'une corde. L'extrémité antérieure de ce double câble est fixée à une série d'apophyses arquées de l'exosquelette du thorax, que l'on nomme les *apodèmes*, et qui forment le toit du sinus sanguin sternal et de la portion thoracique du système nerveux; dans l'abdomen, les torons vont se fixer à l'exosquelette sternal de tous les somites, et s'étendent de chaque côté du rectum jusqu'au telson.

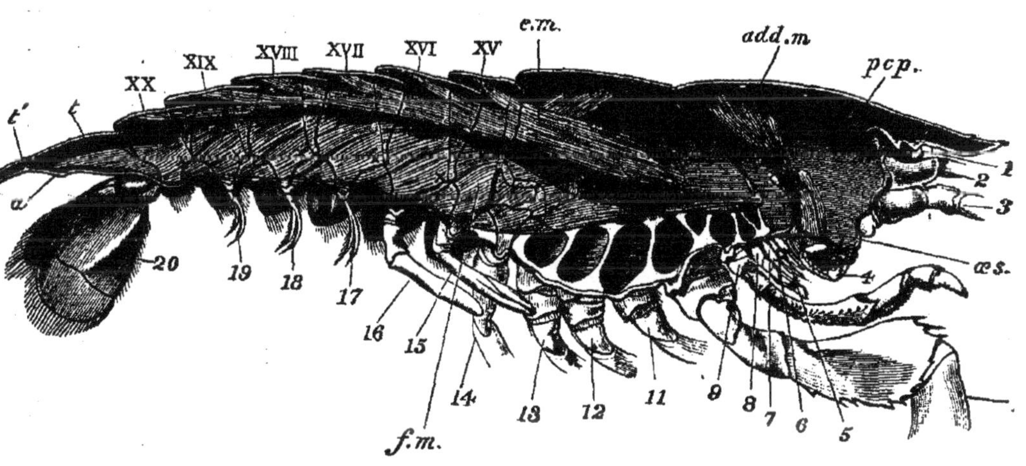

FIG. 22. — *Astacus fluviatilis.* — Section longitudinale du corps, pour montrer les muscles principaux et leurs rapports avec l'exosquelette (gr. nat.); *a*, l'anus; *add, m*, muscle adducteur de la mandibule; *em*, muscle extenseur, et *fm*, muscle fléchisseur de l'abdomen; *œs*, œsophage; *pcp*, apophyse procéphalique; *t, t'*, les deux segments du telson; xv-xx, les somites abdominaux; *1-20*, les appendices.

Lorsque l'exosquelette est nettoyé par macération, l'abdomen présente une légère incurvation qui dépend de la forme et du degré d'élasticité de ces diverses parties, et dans l'écrevisse vivante, au repos, on peut observer que cette incurvation de l'abdomen est encore plus marquée. Il est donc prêt soit pour l'extension, soit pour la flexion.

Une contraction soudaine des muscles fléchisseurs augmente instantanément l'incurvation ventrale de l'abdomen et attire vivement en avant la nageoire caudale, dont les deux lobes latéraux sont étalés, tandis que le corps est lancé en arrière par la réaction de l'eau contre le choc. Les muscles fléchisseurs se relâchant alors, les extenseurs entrent en jeu ; l'abdomen est étendu, mais moins violemment, et en donnant à l'eau un choc beaucoup plus faible, vu la moindre puissance des extenseurs et le reploiement des plaques latérales de la nageoire, jusqu'à ce qu'il revienne dans la position voulue pour donner toute sa force à un nouveau choc en bas et en avant. L'extension de l'abdomen tend à chasser le corps en avant ; mais, vu la faiblesse comparative et l'obliquité du choc, l'effet pratique se borne presque à l'arrêt du mouvement en arrière déterminé par la flexion de l'abdomen.

Ainsi, chez l'écrevisse, chaque action qui implique mouvement suppose la contraction d'un muscle ou plus. Mais qu'est-ce qui détermine cette contraction ? Un muscle fraîchement

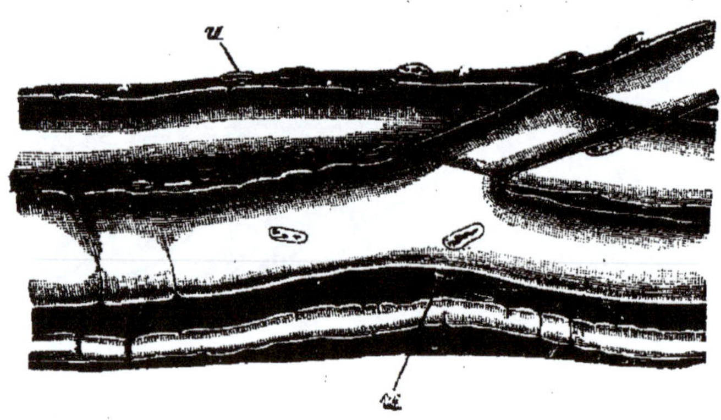

Fig. 23. — *Astacus fluviatilis.* — Trois fibres nerveuses avec le tissu connectif dans lequel elles sont enfouies (grossissement d'environ 250 diamètres) ; *n*, nuclei.

enlevé du corps peut être de différentes façons excité à se contracter : irritation mécanique ou chimique, ou choc électrique. Mais dans les conditions naturelles, il n'y a qu'une cause de contraction musculaire, c'est l'activité d'un nerf. Tout muscle est muni d'un ou plusieurs nerfs. Ceux-ci sont des fils délicats qui, à l'examen microscopique, se montrent comme des faisceaux de filaments tubulaires fins, remplis d'une substance sans structure apparente et de consistance gélatineuse, ce sont les *fibres nerveuses*.

Le faisceau nerveux qui arrive à un muscle se divise en ses

fibres, et chacune de celles-ci se termine enfin en devenant continue, ou du moins très intimement unie avec la substance d'une fibre musculaire. La particularité d'un nerf musculaire, ou nerf *moteur,* comme on l'appelle, est que l'irritation de la fibre nerveuse, en un point quelconque de sa longueur, si éloigné qu'il soit du muscle, amène la contraction musculaire, exactement comme si le muscle lui-même était irrité. Un changement se produit au point irrité, dans la condition moléculaire du nerf. Ce changement se propage le long de ce nerf jusqu'à ce qu'il atteigne le muscle ; il donne alors naissance à ce changement

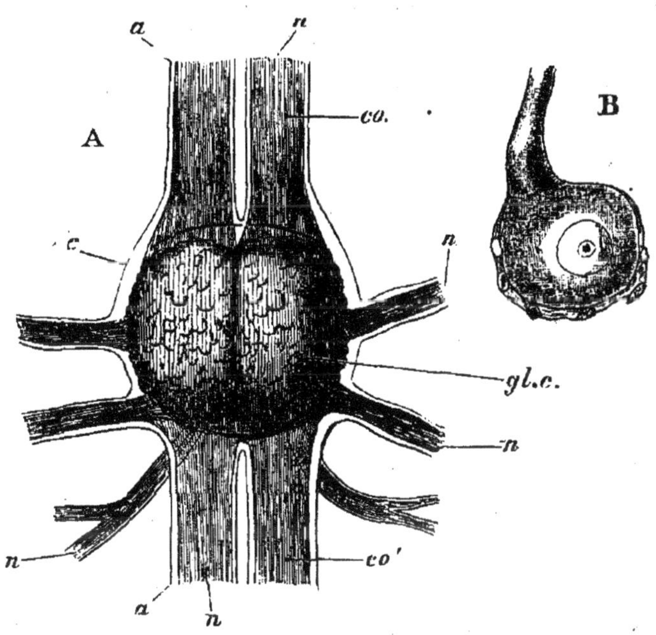

Fig. 24. — *Astacus fluviatilis.* — A, un des ganglions abdominaux (doubles) avec les nerfs qui s'y relient (× 25) ; B, une cellule nerveuse ou corpuscule ganglionnaire (× 250) ; *a,* gaine des nerfs ; *c,* gaine du ganglion ; *co, co',* cordes commissurales reliant les ganglions avec ceux qui sont situés en avant et en arrière d'eux ; *glc* désigne les corpuscules ganglionnaires du ganglion ; *n,* fibres nerveuses.

dans l'arrangement de ses molécules, dont l'effet le plus manifeste est l'altération soudaine de forme que nous appelons la contraction musculaire.

Si nous suivons le cours des nerfs moteurs en nous éloignant des muscles auxquels ils se distribuent, nous trouverons que tôt ou tard ils se terminent dans des *ganglions* (fig. 24, A, *gl, c*; fig. 25, *gn, 1-13*).

Un ganglion est un corps qui est en grande partie composé

de fibres nerveuses; mais, dispersés parmi celles-ci, se trouvent des éléments particuliers que l'on nomme *corpuscules ganglionnaires* ou *cellules nerveuses* (fig. 24, B). Ce sont des cellules nucléées, assez semblables aux cellules épithéliales déjà mentionnées, mais plus grosses, et donnant souvent naissance à un ou plusieurs prolongements. On peut, dans des circonstances favorables, constater la continuité de ces prolongements avec les fibres nerveuses.

Les principaux ganglions de l'écrevisse sont disposés en une série longitudinale sur la ligne médiane de la face ventrale du corps, et appliqués contre le tégument (fig. 25). Dans l'abdomen, par exemple, on voit aisément six masses ganglionnaires, une sur le sternum de chaque somite, reliées par des bandes longitudinales de fibres nerveuses, et donnant des branches aux muscles. Un examen plus attentif montre que les bandes connectives longitudinales ou *commissures* (fig. 24, *co*) sont doubles, et chaque masse paraît légèrement bilobée. Dans le thorax, il y a six masses ganglionnaires doubles, plus grosses, et reliées par de doubles commissures; et la plus antérieure de ces masses, qui est également la plus grosse (fig. 25, *gn, 2*), est marquée sur ses côtés d'entailles, comme si elle était composée de plusieurs ganglions qui se seraient réunis en un tout continu. En avant de celle-ci, deux commissures (*c*) se dirigent en avant en se séparant beaucoup pour faire place à l'œsophage (*œs*), qui passe entre elles, tandis que, en avant de l'œsophage et juste en arrière des yeux, elles s'unissent à une masse de substance ganglionnaire allongée transversalement (*gn, 1*) et que l'on nomme *cerveau* ou *ganglion cérébral*[1].

Tous les nerfs moteurs peuvent, comme on l'a dit, être suivis directement ou indirectement jusqu'à l'un et l'autre de ces treize ganglions; mais ces ganglions donnent aussi des nerfs que l'on ne peut suivre jusqu'à aucun muscle; et, en fait, ces nerfs vont soit aux téguments, soit aux organes des sens, et sont appelés *nerfs sensitifs*.

Lorsqu'un muscle est relié à un ganglion par son nerf moteur, l'irritation de ce ganglion amènera la contraction du mus-

1. Les détails sur l'origine et la distribution des nerfs sont omis à dessein. Voyez le Mémoire de Lemoine, dont le titre est à la bibliographie.

cle, aussi bien que si le nerf moteur était irrité lui-même. Ce n'est pas tout : si un nerf sensitif en relation avec ce ganglion vient à être irrité, le même effet est produit ; en outre, le nerf sensitif n'a pas besoin d'être irrité lui-même : le même effet se

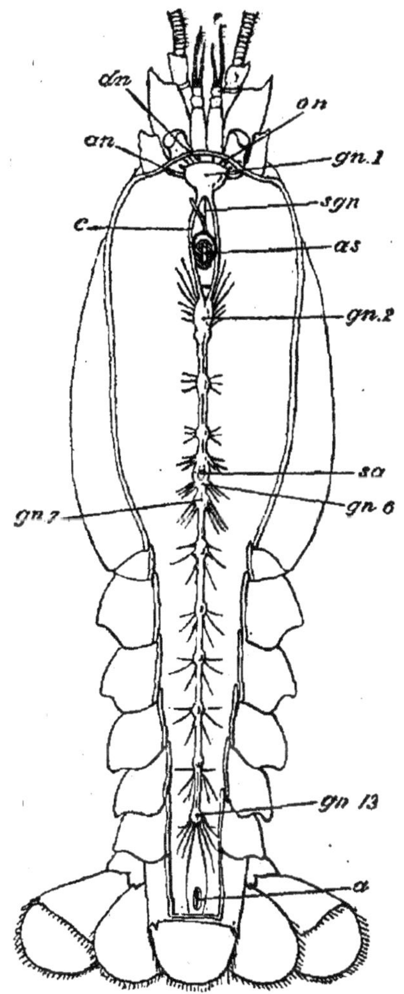

FIG. 25. — *Astacus fluviatilis.* — Système nerveux central vu en dessus (gr. nat.); *a*, anus ; *an*, nerf antennaire; *a'n*, nerf antennulaire; *c*, commissure circumœsophagienne; *gn 1*, ganglion sus-œsophagien; *gn 2*, ganglion sous-œsophagien; *gn 6*, 5ᵉ ganglion thoracique; *gn 7*, dernier ganglion thoracique; *gn 13*, dernier ganglion abdominal; *œs*, section transversale de l'œsophage; *on*, nerf optique; *sa*, section transversale de l'artère sternale; *sgn*, nerf stomatogastrique.

produit encore, si l'on stimule l'organe auquel il se distribue. Ainsi le système nerveux est fondamentalement un appareil qui met en relation l'un avec l'autre deux points du corps, séparés ou même éloignés, et cette relation est de telle nature qu'un changement d'état qui se produit en un point est suivi d'une propagation de changements le long du nerf sensitif jusqu'au ganglion, et du ganglion jusqu'à l'autre point; et si, à ce dernier, se trouve un muscle, il détermine sa contraction.

Si l'on applique à une table d'harmonie l'extrémité d'une baguette de bois de vingt pieds de long, on entendra très distinctement le son d'un diapason tenu contre l'autre bout de la baguette. On ne voit rien se produire dans le bois, et cependant ses molécules vibrent certainement en avant et en arrière avec la même vitesse que le diapason, et lorsque après avoir couru rapidement le long du bois les vibrations arrivent au résonnateur, elles donnent naissance à des vibrations des molécules de l'air, et celles-ci, à leur tour, en atteignant l'oreille, sont converties en notes perceptibles. De même, dans le filet nerveux, aucun changement apparent n'est effectué en lui par l'irritation d'un de ses bouts; mais on peut mesurer la vitesse avec laquelle se propage le changement moléculaire produit; et lorsqu'il atteint le muscle, son effet devient visible par le changement de forme de cet organe. Le changement moléculaire aurait lieu tout aussi bien s'il n'y avait pas de muscle en relation avec le nerf; mais il ne serait pas plus apparent à l'observation ordinaire que le son ne serait perceptible en l'absence de résonnateur.

Si le système nerveux était un simple faisceau de fibres nerveuses s'étendant entre les organes sensoriaux et les muscles, toute contraction musculaire demanderait la stimulation du point spécial de la surface auquel se termine le nerf sensitif. La contraction de plusieurs muscles en même temps, c'est-à-dire la combinaison de mouvements en vue d'un but à atteindre, ne serait possible que si les nerfs appropriés étaient isolément stimulés dans l'ordre convenable, et tout mouvement serait le résultat direct de changements extérieurs. L'organisme serait comme un piano auquel on peut faire rendre les harmonies les plus compliquées, mais où chaque note n'est produite qu'en frappant sur une touche correspondante. Mais il est évident que l'écrevisse n'a pas besoin d'impulsions ainsi séparées pour accomplir des actions très compliquées. La simple impression, faite sur les organes de la sensation, dans les deux exemples dont nous sommes partis, donne naissance à une série de contractions musculaires compliquées et exactement coordonnées. Pour pousser plus loin la comparaison avec l'instrument de musique, une seule touche frappée donne naissance, non pas à une seule note, mais à un air plus ou moins compliqué, comme si le marteau, au lieu de frapper une seule corde, avait pressé l'arrêt d'une boîte à musique.

C'est dans le ganglion que nous devons chercher l'analogue de la boîte à musique. Une seule impulsion, portée par un nerf sensitif jusqu'à un ganglion, peut donner naissance à une seule contraction musculaire, mais plus communément elle en engendre toute une série, combinée en vue d'un but défini.

L'effet qui résulte de la propagation d'une impulsion le long d'une fibre nerveuse, jusqu'à un centre ganglionnaire d'où elle est comme réfléchie le long d'une autre fibre nerveuse jusqu'à un muscle, est ce qu'on nomme une *action réflexe.* Comme il n'est aucunement nécessaire que la première impulsion soit accompagnée d'une sensation concomitante, il vaut mieux appeler *afférente* que *sensitive* la fibre nerveuse qui la transmet; et comme d'autres phénomènes que le mouvement peuvent être le résultat final de l'action réflexe, la fibre nerveuse qui la transmet sera mieux nommée *efférente* que *motrice.*

Si l'on coupe les commissures nerveuses entre le dernier ganglion thoracique et le premier abdominal, ou si l'on détruit les ganglions thoraciques, l'écrevisse n'est plus capable de contrôler les mouvements de son abdomen. Si, par exemple, on irrite la partie antérieure du corps, l'animal ne fait aucun effort pour s'échapper en nageant en arrière. Toutefois l'abdomen n'est point paralysé, car si l'on vient à l'irriter, il bat vigoureusement. Ceci est un cas purement réflexe. Le stimulus est transmis aux ganglions abdominaux par les nerfs afférents, et réfléchi de là par les nerfs efférents, jusqu'aux muscles abdominaux.

Mais ce n'est pas tout. Dans ces circonstances, on verra que les membres abdominaux oscillent tous en avant et en arrière simultanément et d'un mouvement égal, tandis que l'anus s'ouvre et se ferme avec un rythme régulier. Ces mouvements impliquent assurément des contractions et des relâchements alternatifs, réguliers et correspondants, de certains groupes de muscles, et ces contractions, à leur tour, impliquent des impulsions efférentes, revenant régulièrement des ganglions abdominaux. Le fait que ces impulsions proviennent des ganglions abdominaux peut être montré de deux façons : d'abord, en détruisant ces ganglions dans chaque somite successivement : on voit alors le mouvement cesser aussitôt pour toujours dans le somite correspondant; on peut aussi irriter la surface de l'abdomen, ce qui arrête temporairement les mouvements par la stimulation des nerfs afférents. Si ces mouvements sont proprement réflexes, c'est-à-dire proviennent d'impulsions afférentes incessamment renouvelées et d'origine inconnue, ou si elles dépendent de l'accumulation et de la décharge périodique de l'énergie nerveuse dans les ganglions eux-mêmes, ou enfin de l'épuisement et de la restauration périodiques de l'irritabilité des muscles, c'est ce que l'on ne sait pas. Il suffit, pour notre objet présent, de nous servir des faits comme preuve de la fonction coordinatrice particulière aux ganglions.

L'écrevisse, nous l'avons vu, évite la lumière, et le plus léger attouchement de l'une de ses antennes donne naissance à des mouvements actifs de tout le corps. En effet, la position et les mouvements de l'animal sont, en grande partie, déterminés par les influences qu'il reçoit par les antennes et les yeux. Ces organes reçoivent leurs nerfs des ganglions cérébraux, et, comme l'on peut s'y attendre, lorsque ces ganglions sont extirpés, l'écrevisse ne montre plus de tendance à fuir la lumière, et les antennes peuvent être non seulement touchées, mais même fortement pincées sans aucun effet. Il est donc clair que les ganglions cérébraux servent de centre ganglionnaire, par qui les impulsions afférentes, provenant des antennes et des yeux, sont transformées en impulsions efférentes. Un autre résultat très curieux suit l'extirpation des ganglions cérébraux. Si l'on place sur son dos une écrevisse intacte, elle fait des efforts incessants et bien dirigés pour se retourner, et, si elle ne peut y parvenir d'autre façon, elle frappe violemment de son abdomen, confiant au hasard le soin de la retourner pendant qu'elle s'élance en arrière. Mais l'écrevisse sans cerveau se conduit d'une manière bien différente. Ses membres sont en mouvement incessant mais désordonné, et, si elle vient à se retourner sur un côté, elle ne semble pas capable de se maintenir et roule de nouveau sur son dos[1].

Si l'on place quelque chose dans les pinces d'une écrevisse intacte, tandis qu'elle est sur son dos, ou bien elle repousse de suite l'objet, ou bien elle essaye de s'en servir pour se soulever et se retourner. La même expérience, répétée avec une écrevisse sans cerveau, donne lieu à un spectacle très curieux[2]. Si l'objet, quel qu'il soit, — un morceau de métal, de bois ou de papier ou même l'une des antennes de l'animal, — est placé entre les pinces, il est aussitôt saisi et emporté en arrière ; les pattes ambulatoires armées de pinces s'avancent en même temps, l'objet saisi leur est transmis, et elles le poussent aussitôt entre les maxillipèdes qui commencent, ainsi que les autres mâchoires, à le broyer vigoureusement. Parfois le morceau est avalé, parfois il sort entre les mâchoires antérieures, comme si la déglutition était difficile. Il est très singulier d'observer que, si l'on veut retirer le morceau qu'une pince porte à la bouche, la pince et les pattes de l'autre côté s'avancent aussitôt pour le maintenir. Les mouvements des membres sont, en un mot, appropriés à l'augmentation de résistance.

Tous ces phénomènes cessent aussitôt si l'on détruit les ganglions thoraciques. C'est donc dans ceux-ci que le stimulus simple, déterminé par le contact d'un corps, avec une des pinces, par exemple, est traduit en tous ces mouvements d'une complexité surprenante et si exactement coordonnés, que nous avons décrits. Ainsi le système nerveux de l'écrevisse peut être regardé comme un système de mécanismes coordonnants, dont chacun produit une certaine action, ou une série d'actions, lorsqu'il reçoit le stimulus approprié.

Lorsque l'écrevisse vient au monde, elle possède, dans son appareil nèvro-musculaire, certaines possibilités innées d'actions, et elle produira les actes correspondants sous l'influence des stimulants appropriés. Une grande proportion de ces stimulants

1. M. J. Ward, dans ses *Observations on the physiology of the nervous system of the Crayfish* (*Proc. of the Royal Society*, 1879), a exposé un grand nombre d'importantes et intéressantes expériences sur ce sujet.

2. Mon attention fut d'abord attirée sur ces phénomènes par mon ami le Dr Foster, F. R. S., à qui j'avais suggéré combien était désirable une étude expérimentale de la physiologie des nerfs de l'écrevisse.

viennent du dehors par les organes des sens. La plus ou moins grande facilité de chaque organe sensoriel à recevoir les impulsions, et des ganglions à donner naissance à des impulsions combinées, dépend, à n'importe quel moment, de la condition physique de ces parties; et celle-ci, à son tour, est grandement modifiée par la quantité et la condition du sang qui lui est fourni. D'autre part, un certain nombre de ces stimulants doivent sans doute leur origine à des changements dans l'état des divers organes, les centres nerveux compris, qui composent le corps.

Lorsqu'une action naît des conditions développées dans l'intérieur du corps de l'animal, comme nous ne pouvons percevoir les phénomènes antécédents, nous appelons l'action « spontanée »; et lorsque, chez nous, nous avons conscience qu'un acte est accompagné par l'idée d'action et le désir de l'accomplir, nous l'appelons l'acte « volontaire ». Mais, en se servant de ce langage, aucune personne raisonnable n'entend exprimer la croyance que ces actes sont sans cause, ou se causent eux-mêmes. *Auto-causation* est une contradiction de termes, et la notion qu'un phénomène puisse arriver à exister sans cause est équivalente à une croyance dans le hasard qui est, on peut l'espérer, justement condamnée de ce temps-ci.

Dans l'écrevisse, en tout cas, il n'y a pas la plus légère raison de douter de ceci : chaque action a sa cause physique définie, et ce que fait l'animal, à n'importe quel moment, serait aussi clairement intelligible, si nous connaissions seulement toutes les conditions internes et externes du cas, que les battements d'une montre pour qui connaît l'horlogerie.

L'adaptation du corps aux variations des conditions extérieures, adaptation qui est un des principaux résultats du fonctionnement du mécanisme nerveux, aurait beaucoup moins de valeur au point de vue physiologique qu'elle n'en a en réalité, s'il n'y avait que les corps extérieurs qui viennent en contact direct avec l'organisme, qui fussent capables de l'affecter[1],

1. On peut dire que, strictement parlant, il n'y a que ceux des corps extérieurs qui sont en contact direct avec l'organisme qui l'affectent, comme l'éther vibrant, dans le cas de corps lumineux; l'air ou l'eau vibrant, dans le cas de corps sonores; les particules odorantes, dans le cas de corps odorants; mais j'ai préféré la phraséologie ordinaire à une périphrase pédantesquement exacte.

bien que des influences fort délicates de cette nature puissent exercer un effet sur le système nerveux à travers les téguments.

Il est probable que les *soies* ou poils, qui sont si généralement répandus sur le corps et les appendices, sont des organes tactiles délicats. Ils sont des prolongements creux de la cuticule chitineuse et leurs cavités sont continues avec d'étroits canaux qui traversent toute l'épaisseur de la cuticule, et sont remplis par un prolongement du tégument propre sous-jacent ou ectoderme. Comme celui-ci est pourvu de nerfs, il est probable que des fibres nerveuses fines atteignent la base des poils, et sont affectées par tout ce qui agite ces leviers délicatement équilibrés.

Il y a beaucoup de raisons pour croire que les corps odorants affectent l'écrevisse; mais il est très difficile d'obtenir expérimentalement la preuve du fait. Il y a, toutefois, un fond assez sérieux d'analogie pour supposer que certains appendices particuliers, évidemment de nature sensorielle, développés sur le côté inférieur de la branche externe de l'antennule, jouent le rôle d'un appareil olfactif.

La branche externe (fig. 26, A, *ex*) et la branche interne (*en*) de l'antennule sont toutes deux composées d'un grand nombre de segments annulaires délicats, qui portent de fines soies (*b*) du caractère ordinaire.

La branche interne, qui est la plus courte des deux, n'a que de ces soies, mais la surface inférieure de chacune des articulations de la branche externe, depuis environ la sept ou huitième jusqu'à l'avant-dernière, est pourvue de deux faisceaux d'appendices très curieux (fig. 26, A, B, C, *a*), un devant, l'autre derrière. Ces appendices, d'environ 0mm,15 de long et fort délicats, sont en forme de spatule avec un manche arrondi et une lame aplatie un peu recourbée, dont le bout, parfois tronqué, a, d'autres fois, la forme d'une papille proéminente. Il y a, entre le manche et la lame, une sorte d'articulation comme celle que l'on trouve entre les parties basilaire et terminale des soies ordinaires, avec lesquelles, en réalité, ces prolongements correspondent entièrement dans leur structure essentielle. Un tissu granuleux mou remplit l'intérieur de chacun de ces appendices problématiques auxquels Leydig, qui les a découverts, attribue une fonction olfactive.

Il est probable que l'écrevisse possède quelque chose d'analogue au goût, et un siège très probable pour l'organe de cette fonction se trouve dans la lèvre supérieure et le métastome ; mais, si l'organe existe, il ne possède pas de particularité de structure qui permette de le reconnaître.

Il n'y a cependant pas de doute quant aux récipients spéciaux des vibrations lumineuses et sonores, qui sont d'une

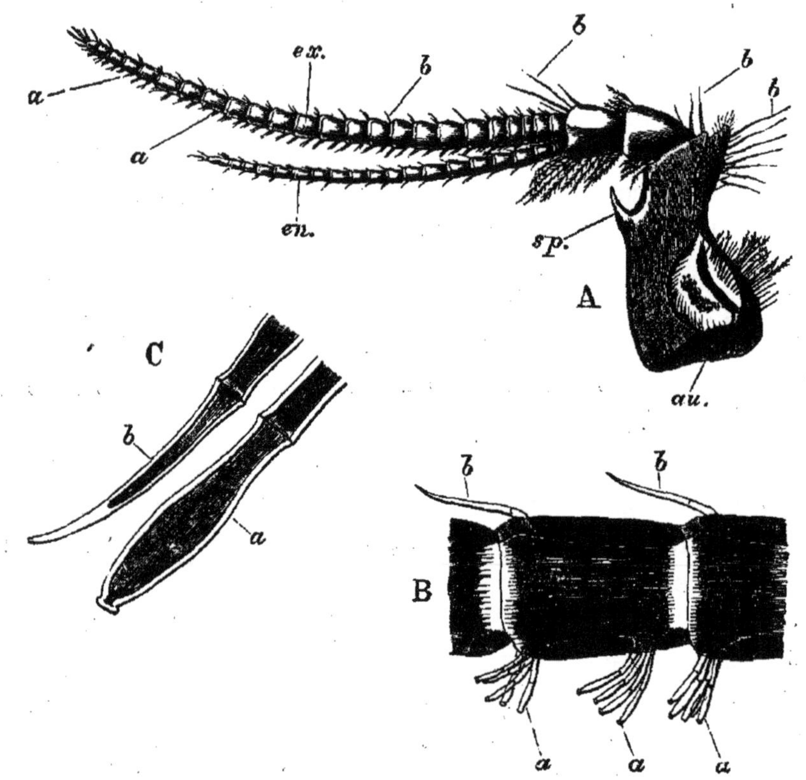

Fig. 26. — *Astacus fluviatilis.* — A, antennule droite vue du côté interne (× 5); B, portion de l'exopodite, grossie ; C, appendice olfactif de l'exopodite *a*, vu de face ; *b*, vu de côté (× 300) ; *a*, appendices olfactifs ; *au*, sac auditif, supposé vu à travers la paroi de l'article basilaire de l'antennule ; *b*, soies ; *en*, endopodite ; *ex*, exopodite ; *sp*, épine de l'article basilaire.

importance particulière, car ils permettent à l'appareil nerveux d'être affecté par des corps indéfiniment éloignés de lui, et de changer la place de l'organisme relativement à ces corps.

De très curieux sacs auditifs (fig. 26, A; *au*) qui sont logés dans les articles basilaires des antennules, permettent aux vibrations sonores d'agir comme stimulant d'un nerf spécial (fig. 25, *a'n*) relié au cerveau.

Ces articles basilaires sont trièdres, la face externe convexe, l'interne appliquée contre son homologue plate, et la supérieure, sur laquelle repose le pédoncule oculaire, concave. Sur cette face supérieure se trouve une ouverture ovale, étroite et allongée, dont la lèvre externe est munie d'un pinceau plat de longues soies très rapprochées les unes des autres, et dirigées horizon-

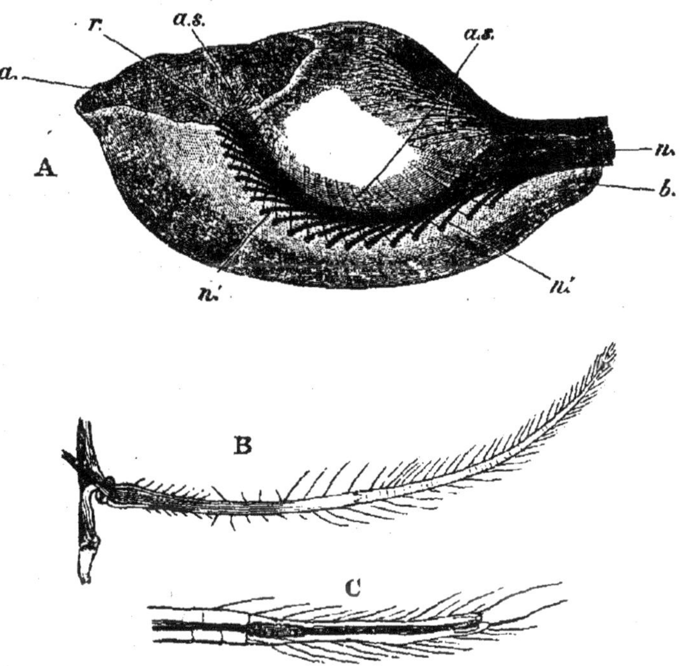

Fig. 27. — *Astacus fluviatilis.* — A, le sac auditif, détaché et vu en dehors (× 15); B, poil auditif (× 100); C, extrémité libre du même plus fortement grossie; *a*, ouverture du sac; *as*, soies auditives; *br*, leur extrémité interne ou postérieure; *nn'*, nerfs; *2*, crête.

talement au-dessus de l'ouverture, qu'elles ferment en réalité. L'ouverture conduit dans un petit sac (*au*) à parois délicates, revêtues par un prolongement chitineux de la cuticule générale. La paroi inférieure et postérieure de ce sac est soulevée, le long d'une ligne courbe, en une crête qui se projette dans l'intérieur du sac (fig. 27, A; *z*). Chaque côté de cette crête est couvert d'une rangée de soies délicates (*as*), dont la plus longue mesure environ un demi-millimètre; elles forment ainsi une bande longitudinale courbée sur elle-même. Ces *soies auditives* se projettent dans le contenu fluide du sac, et leurs sommets sont, pour la plupart, enfouis dans une masse gélatineuse qui contient des particules irrégulières de sable et parfois d'autres corps étrangers. Un nerf (*n'n,*) se distribue au sac et ses fibres pénètrent dans la base des poils, et on peut les suivre jusqu'à leur sommet où elles se terminent en corps allongés, particuliers, en forme de bâtonnets (fig. 27, C). Voilà un organe auditif des plus simples. Il demeure, en réalité, pendant toute la vie, à l'état d'un simple sac, ou d'une simple involution des téguments, pareille à ce qu'est l'oreille des vertébrés à la première période de son développement.

Les vibrations sonores, transmises par l'eau dans laquelle vit l'écrevisse aux contenus solide et liquide du sac auditif, sont recueillies par les poils délicats de la crête, et donnent naissance à des changements moléculaires qui traversent les nerfs auditifs et atteignent les ganglions cérébraux.

Pour les vibrations de l'éther lumineux, elles sont amenées, par un appareil très complexe, à agir sur les extrémités libres de deux gros faisceaux de fibres nerveuses, procédant directement du cerveau, et qu'on appelle les nerfs optiques (fig. 25, *on*). Cet appareil non seulement divise les rayons lumineux en autant de pinceaux très petits qu'il y a de terminaisons séparées des fibres du nerf optique, mais encore sert d'intermédiaire pour convertir les vibrations lumineuses en changements moléculaires du nerf.

L'extrémité libre du pédoncule oculaire présente une surface convexe molle et transparente, limitée par un contour ovale. Dans cette région, la cuticule, que l'on nomme la *cornée* (fig. 28, *a*), est en réalité un peu plus mince et moins distinctement laminée que sur le reste du pédoncule, et elle ne contient pas de matière calcaire. Mais elle est directement continue avec le reste de l'exosquelette du pédoncule avec lequel elle est à peu près dans le même rapport que le tégument souple d'une articulation avec les parties dures adjacentes.

La cornée est divisée en un grand nombre de petites facettes, ordinairement carrées, par des lignes faiblement marquées qui la traversent d'un côté à l'autre et qui sont à peu près perpendiculaires entre elles. La section verticale montre que les contours, soit horizontal, soit vertical, de la cornée sont presque exactement semi-circulaires, et que les lignes qui délimitent les facettes proviennent simplement d'une légère modification de la substance entre elles. Le contour externe de chaque facette fait partie de la courbe générale de la face externe de la cornée ; le contour interne montre quelquefois une convexité très légère, mais coïncide ordinairement avec la courbure générale de la face interne.

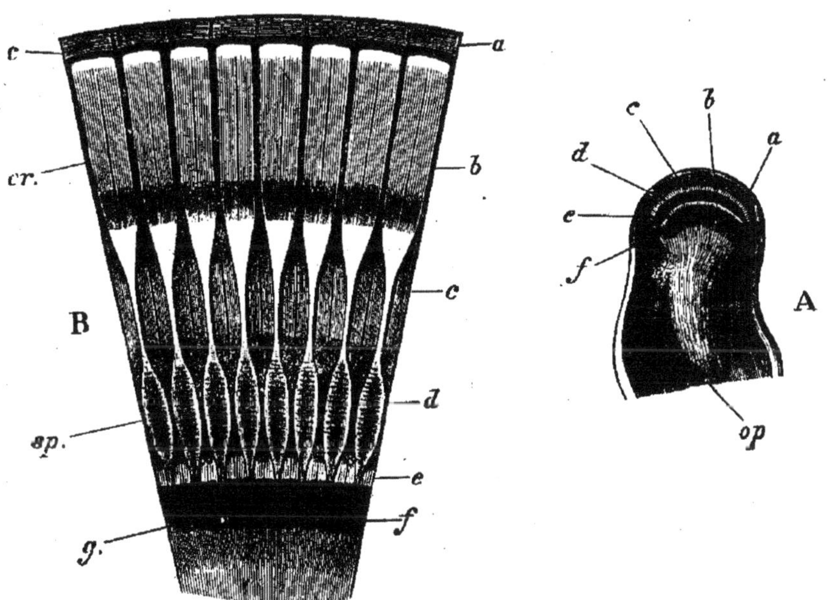

Fig. 28. — *Astacus fluviatilis.* — A, section verticale du pédonculo oculaire (× 6) ; B, une petite portion du même, montrant l'appareil visuel plus fortement grossi ; *a*, cornée ; *b*, zone sombre externe ; *c*, zone blanche externe ; *d*, zone sombre moyenne ; *e*, zone blanche interne ; *f*, zone sombre interne ; *cr*, cônes cristallins ; *g*, ganglion optique ; *op*, nerf optique ; *sp*, fuseaux striés.

Lorsqu'on fait une section longitudinale ou transversale à travers le pédoncule oculaire tout entier, on voit que le nerf optique (fig. 28, A ; *op*) en traverse le centre. D'abord étroit et cylindrique, il se dilate vers son extrémité en une sorte de bulbe (B ; *g*) dont la surface externe présente une courbe correspondante à celle de la surface interne de la cornée. La moitié terminale du bulbe contient une grande quantité de matière colorante sombre ou pigment, et paraît, dans une section, former une *zone sombre interne* (*f*). En dehors de celle-ci, et en connexion avec elle, vient une bande blanche, la *zone blanche interne* (*e*), puis une *zone sombre moyenne* (*d*), puis une bande pâle externe que l'on peut appeler la *zone blanche externe* (*c*), et enfin, entre celle-ci et la cornée, une autre large bande de pigment sombre, la *zone sombre externe* (*b*).

Lorqu'on regarde à un faible grossissement, et à la lumière réfléchie, cette zone sombre externe, on voit qu'elle est traversée par des lignes droites, presque parallèles, dont chacune part de la limite entre deux facettes et peut être suivie en dedans à travers la zone blanche externe jusqu'à la zone sombre moyenne. Ainsi toute la substance de l'œil, entre la surface externe du bulbe du nerf optique et la surface interne de la cornée, est divisée en autant de segments que la cornée a de parties, et chacun de ces segments a la forme d'un coin ou d'une pyramide grêle, dont la base quadrangulaire s'appuie contre la surface interne d'une des facettes de la cornée, tandis que le sommet se trouve dans la zone sombre moyenne. Chacune de ces *pyramides visuelles* consiste en un élément axial, le *bâtonnet visuel*, revêtu d'une gaine. Celle-ci s'étend en dedans, depuis le bord de chacune des facettes de la cornée, et contient du pigment en deux points de sa longueur, l'espace intermédiaire en étant dépourvu. Comme la position des régions pigmentées relativement à la longueur de la pyramide est toujours la même, les régions pigmentées prennent nécessairement la forme de deux zones consécutives, lorsque les pyramides sont dans leur position naturelle.

Le bâtonnet visuel se compose de deux parties : un *cône cristallin*, externe (fig. 28, B; *cr*) et un *fuseau strié*, interne (*sp*). Le *cône cristallin* consiste en une substance transparente vitreuse, qui peut se fendre longitudinalement en quatre segments. Son extrémité interne se rétrécit en un filament qui traverse la zone blanche externe, et qui, dans la zone sombre moyenne, s'épaissit en un corps transparent, qui possède la forme d'un fuseau à quatre faces, et paraît strié transversalement. L'extrémité interne de ce *fuseau strié* se rétrécit de nouveau et se continue avec les fibres nerveuses qui partent de la surface du bulbe optique.

On n'a pas déterminé de manière certaine le mode exact de connexion des fibres nerveuses avec les bâtonnets visuels ; mais il est probable qu'il y a une continuité directe de substance, et que chaque bâtonnet est réellement la terminaison d'une fibre nerveuse.

Des yeux ayant essentiellement la même structure que ceux de l'écrevisse sont très répandus chez les *Crustacés* et les *Insectes ;* on les connaît communément sous le nom d'*yeux composés*. Dans beaucoup de ces animaux, lorsque la cornée est enlevée, on voit qu'en réalité chaque facette joue le rôle d'une lentille séparée, et lorsqu'on les dispose convenablement, on peut voir en arrière autant d'images des objets extérieurs qu'il y a de facettes. La notion se suggère donc d'elle-même que chaque pyramide visuelle est un œil séparé, semblable, dans le principe de sa construction, à un œil humain, et formant une image de tout ce qui, du monde extérieur, vient à portée de sa lentille, sur une rétine supposée étalée à la surface du cône cristallin, comme la rétine humaine est étalée à la surface de l'humeur vitrée.

Mais, d'abord, il n'y a pas de preuve, ni même aucune probabilité, qu'il existe rien de correspondant à une rétine sur la face externe du cône cristallin ; en second lieu, s'il y en avait, il est incroyable qu'avec un arrangement des milieux réfringents comme celui qui existe dans la cornée et les cônes cristallins, les rayons partant de points du monde extérieur puissent être amenés à un foyer en des points correspondants de la surface de la rétine supposée. Mais, sans cela, aucune image ne peut être formée, aucune vision distincte ne peut avoir lieu. Il est donc très probable que les pyramides visuelles ne jouent pas le rôle des yeux simples des *Vertébrés*, et la seule alternative semble être l'adoption d'une modification de la théorie de la *vision en mosaïque*, proposée, il y a nombre d'années, par Johannès Müller.

On peut supposer que chaque pyramide visuelle, isolée de ses homologues par son revêtement de pigment, joue en réalité le rôle d'un tube droit, très étroit, à parois noircies et dont un des bouts est tourné vers le monde extérieur, tandis que l'autre renferme l'extrémité d'une des fibres nerveuses. Dans ces conditions, la seule lumière qui puisse atteindre cette fibre est celle qui vient de points situés dans la direction d'une ligne droite représentée par le prolongement de l'axe du tube.

Supposons que A-I soient neuf tubes de ce genre ; *a-i*, les fibres nerveuses correspondantes, et x, y, z, trois points d'où part la lumière. Il sera alors évident que la seule lumière partant de x

qui puisse exciter une sensation sera le rayon qui traverse B et atteint la fibre nerveuse *b*, tandis que la lumière partant d'*y* n'affectera que *e*, et celle de *x* que *h*. Le résultat, traduit en sensation, sera trois points lumineux sur un fond sombre, correspondant chacun à l'un des points lumineux extérieurs, et indiquant la direction de ce point externe par rapport à l'œil, et sa distance angulaire des deux autres [1].

La seule modification que nécessite la forme originale de la

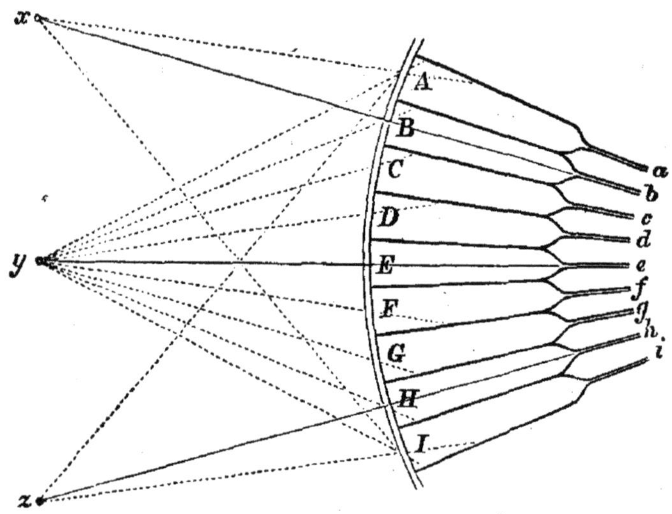

Fig. 29. — Diagramme montrant la marche des rayons lumineux partant de trois points *x*, *y*, *z*, à travers les neuf bâtonnets visuels A-I (que l'on suppose être des tubes vides) d'un œil composé ; *a-i*, fibres nerveuses en connexion avec les bâtonnets visuels.

théorie de la vision en mosaïque est la supposition qu'une partie ou la totalité du bâtonnet visuel n'est point simplement un transmetteur passif de la lumière à la fibre nerveuse, mais qu'il est lui-même pour quelque chose dans la transformation du mouvement lumineux en cet autre mode de mouvement que

1. Comme les bâtonnets visuels sont des solides fortement réfringents, et non point des tubes vides, le diagramme donné dans la figure 29 ne représente pas la marche véritable des rayons indiqués par des lignes pointillées, qui tombent obliquement sur une cornée quelconque d'un œil d'écrevisse. Des rayons tombant ainsi seront plus ou moins ramenés vers l'axe du bâtonnet visuel de la cornée en question ; mais qu'ils puissent ou non atteindre son sommet et affecter ainsi le nerf, c'est ce qui dépendra de la courbure de la cornée, de son indice de réfraction, et de celui du cône cristallin, enfin de la relation entre la longueur et l'épaisseur de ce dernier.

nous appelons l'énergie nerveuse. Le bâtonnet visuel doit être regardé en fait comme la terminaison physiologique du nerf et l'instrument qui opère la conversion d'un mode de mouvement en un autre; de même que les poils auditifs sont les instruments qui convertissent les ondes sonores en mouvements moléculaires de la substance des nerfs auditifs [1].

Il est excessivement intéressant d'observer que, lorsqu'on interprète ainsi l'œil dit *composé*, la différence en apparence très grande qui existe entre lui et l'œil du vertébré fait place à une ressemblance fondamentale. Les bâtonnets et les cônes de la rétine de l'œil du vertébré sont extraordinairement semblables dans leur forme et leurs rapports avec les fibres du nerf optique, aux bâtonnets visuels de l'œil de l'arthropode. Et la différence morphologique d'abord si frappante, et qui naît de ce fait que les extrémités libres des bâtonnets visuels sont tournés vers la lumière, tandis que celles des bâtonnets et des cônes de l'œil du vertébré sont tournées en sens inverse, devient une confirmation du parallèle entre les deux yeux, lorsqu'on prend en considération le développement de l'œil du vertébré. Car on peut démontrer que la surface profonde de la rétine, où se trouvent les bâtonnets et les cônes, est réellement une partie de la surface externe du corps, retournée en dedans pendant les singuliers changements qui accompagnent le développement du cerveau et de l'œil des animaux vertébrés.

L'écrevisse a donc, en tout cas, deux des organes des sens supérieurs, l'œil et l'oreille, que nous possédons nous-mêmes, et il peut sembler superflu, pour ne pas dire frivole, de se demander si elle peut entendre et voir.

Mais en réalité la question, si elle est convenablement limitée, est loin d'être déplacée. Sans aucun doute l'écrevisse est guidée par l'usage de ses yeux et de ses oreilles pour approcher de quelques objets et en éviter d'autres; et, dans ce

1. Oscar Schmidt (*Die Form der Krystalkegel im Arthropoden Auge.* — *Zeitschrift für Wissenschaftliche Zoologie*, XXX, 1878) a fait remarquer dans l'application générale de la théorie de la vision en mosaïque, dans sa forme actuelle, certaines difficultés très dignes de considération. Je ne pense pas toutefois que la substance même de la théorie soit affectée par les objections de Schmidt.

sens, elle peut indubitablement entendre et voir. Mais si la question veut dire : Les vibrations lumineuses donnent-elles à l'animal les sensations de lumière et d'obscurité, de couleur, de forme et de distance qu'elles nous donnent à nous-mêmes? et les vibrations sonores produisent-elles comme chez nous les sentiments de bruit et de son, de mélodie et d'harmonie? — il ne faut point se hâter de répondre; peut-être même ne saurait-on pas donner autre chose qu'une réponse probable.

Les phénomènes auxquels nous donnons les noms de son et de couleur ne sont point des choses physiques, mais des états de perception, dépendant, il y a tout lieu de le croire, de l'activité fonctionnelle de certaines parties de notre cerveau. Mélodie et harmonie sont des noms pour des états de perception qui ne peuvent exister que quand deux sensations au moins de son ont été produites. Tout cela, ce sont des articles manufacturés, des produits du cerveau humain, et il serait excessivement hasardeux d'affirmer que des organes capables de donner naissance aux mêmes produits existent dans le système nerveux infiniment plus simple du crustacé. Ce serait le comble de l'absurdité d'attendre d'un tournebroche le même genre d'ouvrage que produit un métier Jacquard; et il me semble qu'il est à peine moins déraisonnable de s'attendre à trouver quelque chose d'analogue aux phénomènes les plus subtils de l'esprit humain, dans quelque chose d'aussi petit et d'aussi grossier, comparativement à notre cerveau, que les insignifiants ganglions cérébraux de l'écrevisse.

Tout au plus pourrait-on avoir le droit de supposer l'existence de quelque chose approchant de ce que nous appelons en nous *sensation obscure;* et, pour revenir au problème posé au commencement de ce chapitre, on aura raison de parler de l'esprit d'une écrevisse, pour autant qu'une pareille conscience obscure accompagne les changements moléculaires de sa substance nerveuse. Mais il sera évident que c'est tout simplement mettre la charrue devant les bœufs que de parler d'un tel esprit comme d'un facteur dans le travail accompli par l'organisme, alors qu'il est simplement un symbole d'une partie du travail en voie d'exécution.

Que l'écrevisse soit ou non consciente, cela n'empêche point toutefois qu'elle ne soit une machine dont les actions dépendent à tout momont, d'uno part, de la série de changements moléculaires excités par des causes internes ou externes dans son appareil névro-musculaire; d'autre part, de la disposition et des propriétés des parties de cet appareil. Et une machine se réglant ainsi elle-même, et contenant en elle les conditions immédiates de son action, est ce que l'on entend à proprement parler par un automate.

Les écrevisses peuvent, comme nous l'avons vu, atteindre un âge considérable, et il n'y a pas moyen de savoir combien de temps elles pourraient vivre, si on les protégeait des innombrables influences destructives auxquelles elles sont soumises à tout âge.

C'est une notion fort généralement admise que les énergies de la matière vivante ont une tendance naturelle à décliner, et que la mort du corps dans son ensemble est le corollaire nécessaire de sa vie. Que toute chose vivante finisse tôt ou tard par périr, c'est ce qui n'a pas besoin de démonstration; mais il serait difficile de trouver des motifs satisfaisants pour croire qu'il en doit nécessairement être ainsi. L'analogie avec une machine qui tôt ou tard doit s'arrêter par l'usure de ses parties ne peut pas se soutenir, puisque le mécanisme animal est continuellement renouvelé et réparé, et, bien qu'il soit vrai que les composants du corps meurent individuellement et constamment, toutefois leurs places sont prises par de vigoureux successeurs. Une ville demeure, nonobstant la mortalité journalière de ses habitants, et un organisme comme une écrevisse est seulement une unité corporelle composée d'innombrables individualités partiellement indépendantes.

Quelle que puisse être la longévité des écrevisses dans des conditions supposées parfaites, le fait que, nonobstant le grand nombre d'œufs qu'elles produisent, leur nombre demeure à peu près le même dans un district donné, si l'on prend la moyenne d'un certain nombre d'années, montre qu'il en meurt autant qu'il en naît, et que, sans le processus de reproduction, l'espèce serait bientôt détruite.

Il y a de nombreux exemples dans le groupe des *crustacés*, auquel appartient l'écrevisse, d'animaux qui produisent des jeunes, de germes développés à leur intérieur; de même que quelques plantes produisent des bulbes capables de reproduire la plante mère; tel est le cas par exemple pour la puce d'eau commune (*Daphnia*). Mais rien de cette nature n'a été observé chez l'écrevisse, dans laquelle, comme dans les animaux supérieurs, la reproduction de l'espèce dépend de la combinaison de deux sortes de matières vivantes qui sont développées en des individus différents qu'on appelle *mâles* et *femelles*.

Ces deux sortes de matières vivantes sont les *œufs* et les *spermatozoïdes*, et elles sont développées dans des organes spéciaux, les *ovaires* et les *testicules*. L'ovaire est logé chez la femelle, le testicule chez le mâle.

L'*ovaire* (fig. 30, *ov*) est un corps trifolié, situé immédiatement en dessous ou en avant du cœur, entre le plancher du sinus péricardiaque et le canal alimentaire.

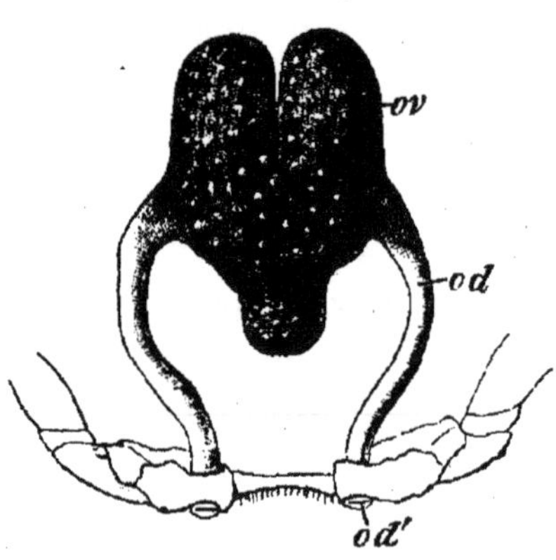

Fig. 30. — *Astacus fluviatilis*. — Organes reproducteurs femelles (× 2); *ov*, ovaire; *od*, oviducte; *od'*, son orifice.

De la face ventrale de cet organe partent deux canaux courts et larges, les *oviductes* (*od*), qui descendent jusqu'à la base de la seconde paire de pattes ambulatoires et aboutissent aux ouvertures (*od'*) déjà mentionnées en cet endroit.

Le testicule (fig. 31, *t*) est d'une forme un peu semblable à celle de l'ovaire; mais les trois divisions sont beaucoup plus étroites et plus allongées : la division médiane postérieure est située sous le cœur; quant aux divisions antérieures, elles sont placées entre le cœur en arrière, l'estomac et le foie en avant (fig. 5 et 12, *t*). Du point où s'unissent ces trois divisions, partent deux conduits que l'on nomme les *canaux déférents* (fig. 31, *vd*).

Ces canaux sont fort étroits, longs, et décrivent de nombreux replis avant d'aboutir aux orifices situés à la base de la paire postérieure de pattes ambulatoires (fig. 31, *vd'*, et fig. 35, *vd*).

FIG. 31. — *Astacus fluviatilis.* — Organes reproducteurs mâles (× 2); *t*, testicule; *vd*, canal déférent; *vd'*, son orifice.

Les ovaires et les testicules sont beaucoup plus gros pendant la saison des amours que pendant les autres saisons; les gros œufs, jaune brunâtre, deviennent à cette époque très apparents dans l'ovaire, et le testicule prend une couleur blanc de lait.

Les parois de l'ovaire sont revêtues intérieurement d'une couche de cellules nucléées, séparée de la cavité de l'organe par une membrane anhyste fort délicate. La croissance de ces cellules donne naissance à des élévations papillaires qui se projettent dans la cavité ovarique et finissent par devenir des corps globuleux, attachés par de courts pédicules et revêtus par la membrane anhyste qui constitue leur *membrane propre* (fig. 32, *m*). Ces corps sont les *ovisacs*. Dans la masse cellulaire qui devient un ovisac, une cellule s'accroît rapidement et occupe le centre du sac, tandis que les autres cellules l'entourent d'un revêtement périphérique (*ep*). Cette cellule centrale est *l'œuf*.

Son noyau grossit et devient ce qu'on nomme la *vésicule germinative* (*gv*). En même temps de nombreux petits corpuscules, aplatis extérieurement et convexes à l'intérieur, apparaissent dans cette vésicule et sont les *taches germinatives* (*gs*). En s'ac-

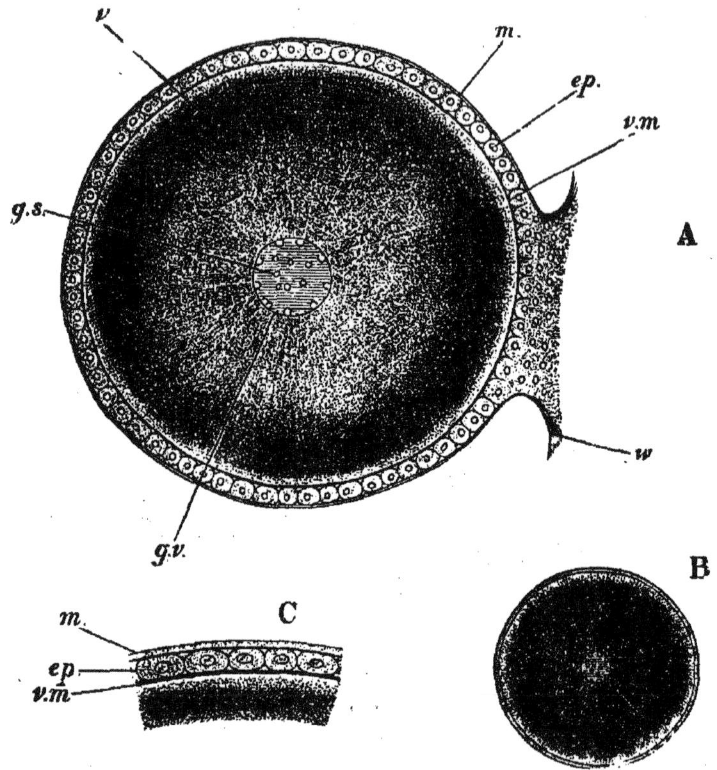

Fig. 32. — *Astacus fluviatilis*. — A, œuf ayant atteint les deux tiers de sa taille définitive, contenue dans son ovisac (× 50) ; B, œuf sorti de l'ovisac (× 10) ; C, portion de la paroi d'un ovisac avec la partie adjacente de l'œuf inclus (fort grossissement) ; *ep*, épithélium de l'ovisac ; *gs*, taches germinatives ; *gv*, vésicule germinative ; *m*, membrane propre ; *v*, vitellus ; *vm*, membrane vitelline ; *w*, pédicule de l'ovisac.

croissant, le protoplasma de la cellule devient granuleux et opaque, prend une couleur jaune brunâtre intense, et se convertit ainsi en *vitellus* (*v*). Pendant que l'œuf s'accroît, une *membrane vitelline*, anhyste, se forme entre le vitellus et les cellules qui revêtent l'ovisac et enferme l'œuf comme dans un sac. Enfin l'ovisac se rompt et l'œuf, tombant dans la cavité de l'ovaire, descend par l'oviducte et sort tôt ou tard par son orifice. Lorsqu'ils quittent l'oviducte, les œufs sont revêtus d'une substance visqueuse, transparente, qui les attache aux pattes natatoires de la femelle, et se dessèche alors ; ainsi chaque œuf enfermé dans une enveloppe résistante est solidement suspendu par un pédoncule qui se continue d'un côté avec la substance de l'enveloppe et qui de l'autre est fixé à la patte natatoire. Ces pattes sont maintenues sans cesse en mouvement et les œufs sont ainsi parfaitement fournis d'eau aérée.

Le testicule se compose d'un nombre immense de petites vésicules sphéroïdales (fig. 33, A; *a*) attachées comme des grappes de raisins, aux extrémités de courts pédoncules (*b*) formés par

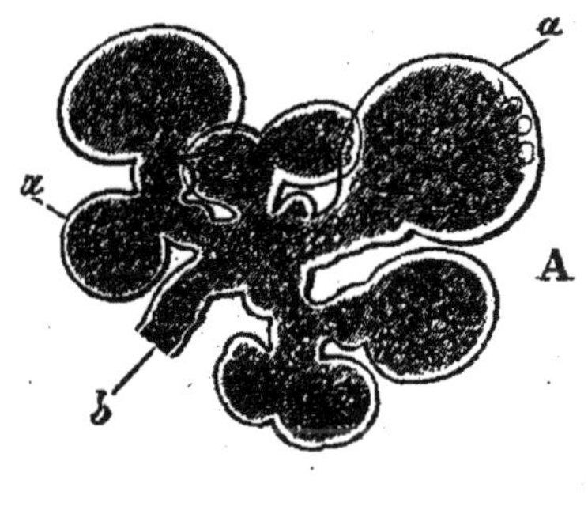

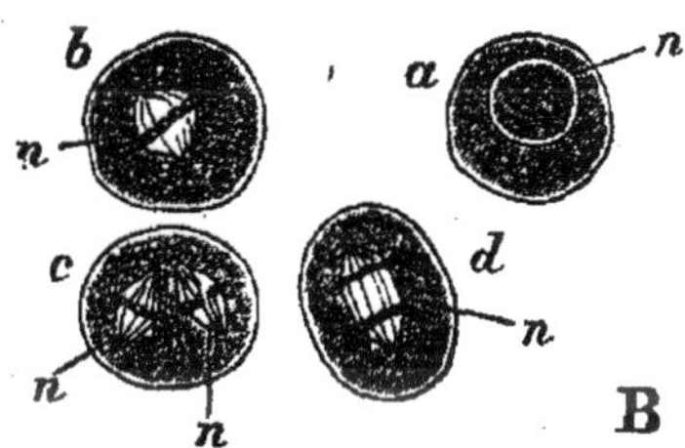

Fig. 33. — *Astacus fluviatilis.* — A, un lobule du testicule montrant *a* les acini, partant de *b* la terminaison ultime d'un conduit (× 50); B, cellules spermatiques; *a*, avec un noyau globuleux ordinaire *n*; *b*, avec un noyau fusiforme; *c*, avec deux noyaux semblables; et *d*, avec un noyau subissant la division (× 600).

les ramifications ultimes des canaux déférents. Les vésicules peuvent, en réalité, être regardées comme des dilatations des extrémités et des parois des rameaux les plus fins des conduits testiculaires. La cavité de chaque vésicule est remplie par les grosses cellules nucléées qui revêtent ses parois (fig. 33, B); et quand approche l'époque du rut ces cellules se multiplient par division. Elles finissent par subir quelques changements fort singuliers dans leur forme et dans leur structure interne (fig. 34, A-D); chacune se convertit, en effet, en un corps sphéroïdal aplati d'environ 16 millièmes de millimètre de diamètre, pourvu d'un grand nombre de rayons grêles et courbés qui s'écartent de ses parois (fig. 34, E–G). Ce sont les *spermatozoïdes.*

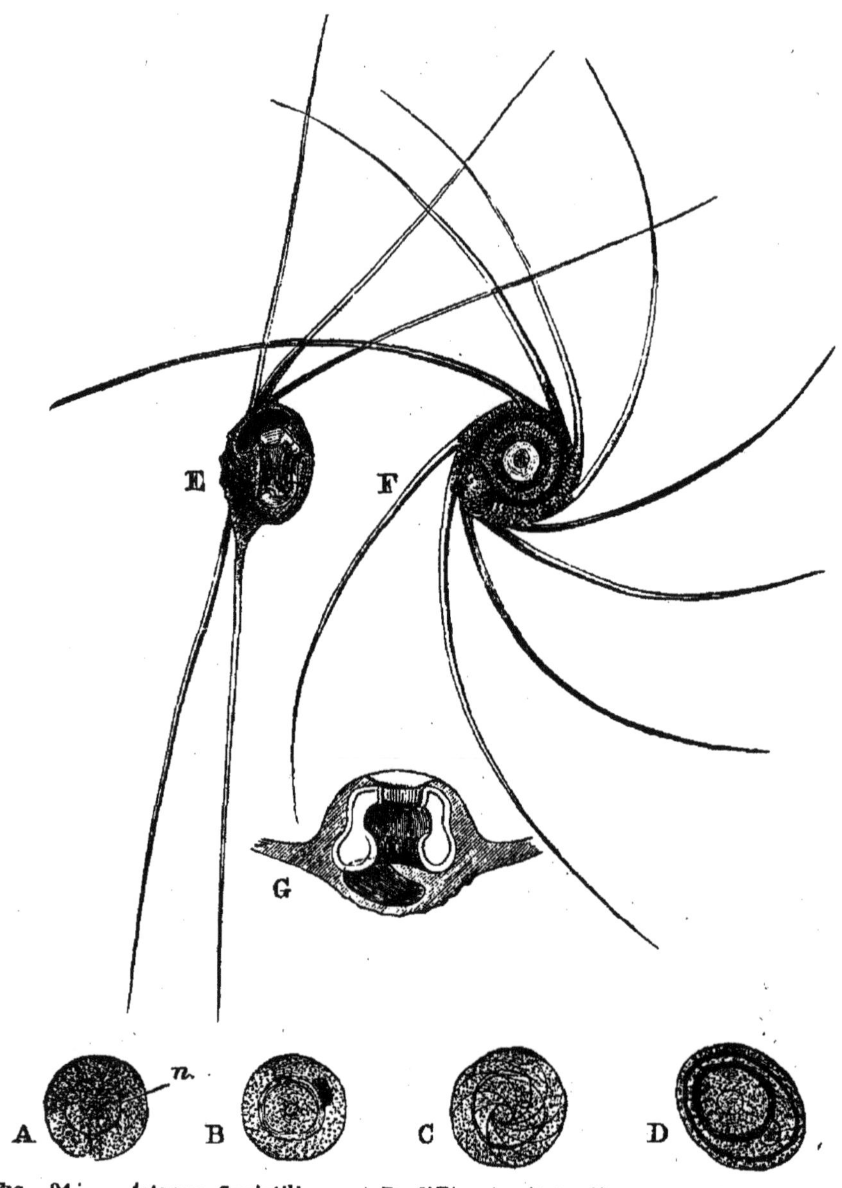

FIG. 34. — *Astacus fluviatilis.* — A-D, différents états d'un spermatozoïde se développant d'une cellule séminale; E, spermatozoïde mûr, vu de côté; F, le même vu de face (toutes ces figures × 850); G, section verticale diagrammatique du même.

Les spermatozoïdes s'accumulent dans les vésicules testiculaires et forment une substance laiteuse qui traverse les petits conduits et finit par remplir les canaux déférents. Cette substance toutefois renferme, outre les spermatozoïdes, une matière visqueuse, sécrétée par les parois des canaux déférents et qui

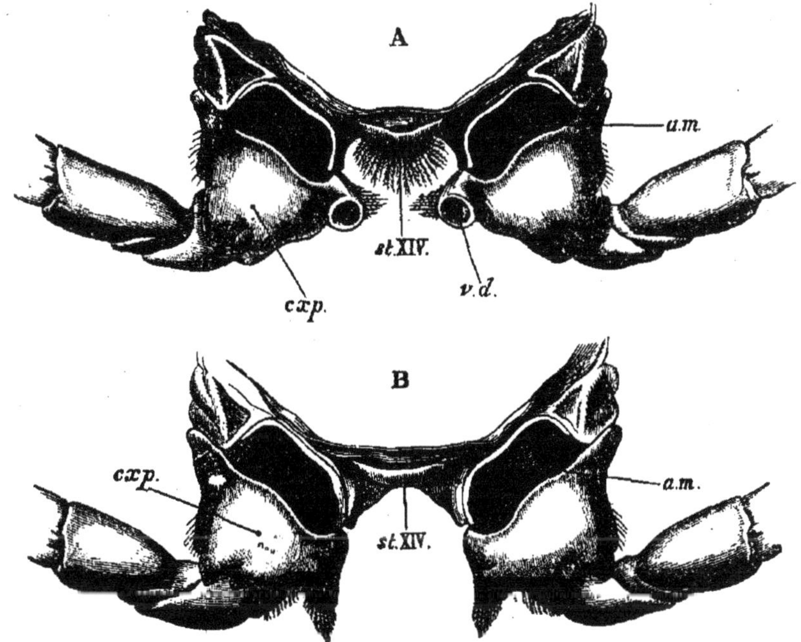

Fig. 35. — *Astacus fluviatilis.* — Le dernier sternum thoracique, vu par derrière avec les attaches des appendices. A, chez le mâle; B, chez la femelle (× 3); *am*, membrane articulaire; *cxp*, coxopodite; *st*, XIV, dernier sternum thoracique; *vd*, orifice du canal déférent.

enveloppe les spermatozoïdes en donnant à la sécrétion testiculaire la forme et la consistance de filaments de vermicelle[1].

1. On a étudié à plusieurs reprises la structure et le développement des spermatozoïdes des écrevisses depuis leur découverte, en 1835-36, par Henle et von Siebold. La dernière discussion sur le sujet est contenue dans un mémoire du Dr C. Grobben (*Beiträge zür Kenntniss der männlichen Geschlechtorgane der Decapoden.* — Wien, 1878). On ne peut douter que le spermatozoïde consiste en un corps aplati ou hémisphérique, prolongé à sa circonférence en un plus ou moins grand nombre de longs prolongements recourbés et atténués (fig. 34, F). On distingue dans son intérieur deux corpuscules, dont l'un occupe la plus grande partie du corps, et, lorsque celui-ci est à plat, apparaît comme un double anneau. On peut l'appeler, pour le distinguer, *corpuscule annelé.* L'autre est un *corpuscule ovale* beaucoup plus petit, situé sur un côté du premier. Le corpuscule annelé est dense et fortement réfringent, l'autre est mou et moins nettement défini. Le Dr Grobben décrit le corpuscule annelé comme « napfartig » ou en forme de coupe fermée en dessous, ouverte en dessus, avec le bord supérieur retourné en dedans et appliqué contre la face interne de la paroi de la coupe. Il m'a semblé, d'autre part, à moi, que le corpuscule annelé est réellement un anneau creux un peu sem-

La maturation et la chute des œufs et des spermatozoïdes ont lieu immédiatement après la fin de la mue, au commencement de l'automne; et à cette époque, qui est celle du rut, le mâle recherche avidement la femelle, pour déposer la matière fécondante renfermée dans les canaux déférents, sur les parties sternales de leurs somites thoracique postérieur et abdominal antérieur. Cette matière adhère là, en formant une masse blanchâtre d'aspect crayeux; mais on ne connaît pas la manière dont les spermatozoïdes qu'elle contient atteignent les œufs et y pénètrent. On ne saurait toutefois, par analogie avec ce qui se passe chez d'autres animaux, douter qu'il se fasse un mélange des éléments mâle et femelle, mélange constituant la partie essentielle du processus de la fécondation.

Les œufs auxquels ne peuvent parvenir les spermatozoïdes ne donnent pas de petits; mais, dans l'œuf fécondé, la jeune écrevisse prend naissance de la manière qui sera décrite plus loin en traitant la question du développement.

blable, en fort petit, aux coussins annulaires remplis d'air. Le Dr Grobben décrit les cellules spermoblastiques du testicule et leurs fuseaux nucléaires; mais son exposé du développement des spermatozoïdes ne concorde pas avec mes observations personnelles, et, pour ce que j'en ai vu, je suis porté à supposer que le corpuscule annelé du spermatozoïde est le noyau métamorphosé de la cellule où s'est développé le spermatozoïde. Le manque de matériaux m'empêcha toutefois d'arriver à terminer mes recherches d'une manière satisfaisante, et j'en parle avec réserve.

CHAPITRE IV

MORPHOLOGIE DE L'ÉCREVISSE COMMUNE. — STRUCTURE ET DÉVELOPPEMENT DE L'INDIVIDU

Dans les deux chapitres précédents, l'écrevisse a été étudiée au point de vue du physiologiste qui, regardant un animal comme un mécanisme, s'efforce de découvrir comment il fait ce qu'il fait. Et cette manière d'envisager le sujet est pratiquement la même que celle du téléologiste. Car, si tout ce que nous savons sur le but d'un mécanisme nous le devons à l'observation de la manière dont il se comporte, c'est tout un que nous disions que les propriétés et les connexions de ses parties rendent compte de ses actions, ou que nous déclarions que sa structure est adaptée à l'accomplissement de ces mêmes actes.

Il suit nécessairement de là que l'on peut exprimer les phénomènes physiologiques dans le langage de la téléologie. En supposant que la préservation de l'individu et la continuation de l'espèce soient les causes finales de l'organisation d'un animal, l'existence de cette organisation est, dans un certain sens, expliquée, lorsqu'on montre qu'elle est apte à atteindre ces fins; bien qu'il n'y ait peut-être pas une bien grande importance à démontrer qu'une chose est apte à faire ce qu'elle fait.

Mais, quelle que puisse être la valeur des explications téléologiques, il y a une longue série de faits qui n'ont pas été abordés jusqu'ici, ou seulement d'une manière incidente, et dont ces explications ne tiennent aucun compte. Ces faits forment le sujet de la *morphologie*, qui est à la physiologie ce que, dans le monde inorganique, la cristallographie est à l'étude des propriétés physiques et chimiques des minéraux.

Le carbonate de chaux, par exemple, est un composé défini de calcium, de carbone et d'oxygène ; et il présente une grande variété de propriétés physiques et chimiques. Mais il peut être étudié à un autre point de vue, comme substance capable de prendre des formes cristallines qui, bien qu'extraordinairement variées, peuvent toutes être réduites à certains types géométriques. C'est l'ouvrage du cristallographe d'étudier les relations de ces formes, et, en agissant ainsi, il ne s'occupe pas des autres propriétés du carbonate de chaux.

De même, le morphologiste dirige son attention sur les relations de forme que présentent entre elles les différentes parties d'un même animal, et les différents animaux; et ces relations ne changeraient pas, les animaux fussent-ils des matières inertes, dépourvues de toutes propriétés physiologiques, des sortes de minéraux doués d'un mode particulier de croissance.

Des produits de l'art humain, comme les maisons par exemple, peuvent nous fournir une démonstration familière de la différence qui existe entre la téléologie et la morphologie.

Une maison est certainement, dans une grande mesure, un exemple d'adaptation à un but; et sa construction est, dans cette mesure-là, explicable par des raisonnements téléologiques. Le toit et les murs sont destinés à abriter l'intérieur de la maison des intempéries des saisons ; les fondations ont pour but de supporter l'édifice et de le préserver de l'humidité ; une chambre est arrangée pour servir de cuisine, une autre pour magasin à charbon, une troisième pour salle à manger ; d'autres sont construites pour servir de chambre à coucher, et ainsi de suite ; portes, cheminées, fenêtres, égouts, sont des combinaisons plus ou moins compliquées, mais dirigées vers un seul but, le bien-être et la santé des habitants de la maison. Ce que l'on appelle parfois, de nos jours, architecture sanitaire, est basé sur des considérations de téléologie domestique. Mais, bien que toutes les maisons soient primitivement et essentiellement des moyens adaptés à ces fins de protection et de confort, elles peuvent être et sont trop souvent traitées à un point de vue dans lequel l'adaptation au but est grandement négligée, et l'attention principale de l'architecte se porte sur la forme de la maison. Une maison peut être bâtie en style gothique, en style italien ou dans le style de la reine Anne; et quel que soit le genre d'architecture employé, la maison peut être aussi commode ou aussi incommode, aussi bien ou aussi mal adaptée aux besoins de l'habitant. Et cependant toutes trois diffèrent grandement.

Pour appliquer tout ceci à l'écrevisse, c'est, dans un certain sens, une maison avec des chambres et des cabinets fort divers, et dans lesquels s'accomplissent les travaux de la vie qui y est renfermée, et qui se nourrit, respire, se meut et se reproduit. Mais on peut en dire autant des voisins de l'écrevisse, la perche et le limaçon d'eau, qui en font tout autant, ni mieux, ni plus mal que l'écrevisse, relativement aux conditions de leur existence. Cependant l'inspection la plus superficielle est suffisante pour montrer que les « styles d'architecture » de ces trois êtres diffèrent encore beaucoup plus que ceux des maisons gothique, italienne ou du temps de la reine Anne.

Ce que l'architecture, en tant qu'art s'occupant uniquement de la forme, est aux constructions, la morphologie, en tant que science s'occupant uniquement de la forme, l'est aux animaux et aux plantes. Et nous pouvons maintenant continuer à nous occuper exclusivement de l'aspect morphologique de l'écrevisse.

Ainsi que je l'ai déjà dit en traitant de la physiologie de l'écrevisse, le corps entier de l'animal, lorsqu'il est réduit à sa plus simple expression morphologique, peut être considéré comme un cylindre fermé aux deux bouts, sauf les ouvertures du canal alimentaire (fig. 6); on peut également dire que c'est un tube en renfermant un autre, les parois des deux cylindres se continuant à leurs extrémités. Le tube extérieur a un revêtement externe chitineux ou *cuticule,* qui se continue sur la face interne du tube intérieur. En la laissant de côté pour le moment, la partie la plus externe de la paroi du tube extérieur, qui répond à l'*épiderme* des animaux supérieurs et la partie la plus interne de la paroi du tube intérieur, qui est un *épithélium,* sont formées par une couche de cellules nucléées. Une couche continue de cellules se trouve donc partout sur les surfaces libres, soit interne, soit externe, du corps de l'animal. Celles de ces cellules qui appartiennent à la paroi propre externe du corps constituent l'*ectoderme* et celles qui appartiennent à la paroi propre interne composent l'*endoderme.* Entre ces deux couches de cellules nucléées se trouvent toutes les autres parties du corps, composées de tissu connectif, de muscles, de vaisseaux et de nerfs; et toutes ces parties (à l'exception de la chaîne ganglionnaire qui, nous le verrons, appartient en propre à l'ectoderme), peuvent être regardées comme une seule couche épaisse que, vu sa situation entre l'ectoderme et l'endoderme, on nomme le *mésoderme*.

Si l'intestin était fermé postérieurement au lieu d'être ouvert par l'anus, l'écrevisse serait virtuellement un sac allongé, avec une ouverture, la bouche, donnant entrée dans la cavité alimen-

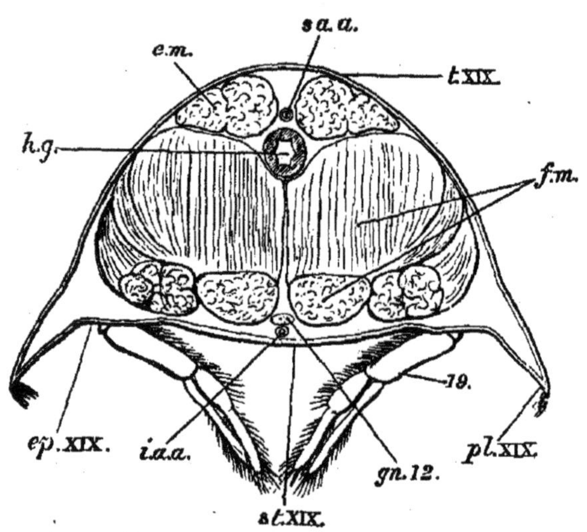

Fig. 36. — *Astacus fluviatilis*. — Section transversale à travers le 19ᵉ somite (5ᵉ abdominal) (× 2); *em*, muscles extenseurs; *fm*, muscles fléchisseurs; *gn.12*, 5ᵉ ganglion abdominal; *hg*, intestin postérieur; *iaa*, artère abdominale inférieure; *saa*, artère abdominale supérieure; *pl* XIX, pleuron du somite; *st* XIX, son sternum ; *t* XIX, son tergum; *ep* XIX son épimère; *19*, ses appendices.

taire; et, autour de cette cavité, les trois couches dont nous parlions tout à l'heure, endoderme, mésoderme et ectoderme, seraient disposées concentriquement.

Nous avons vu que le corps de l'écrevisse ainsi composé est manifestement séparable en trois régions : la tête ou *céphalon*, le *thorax* et l'*abdomen*. Ce dernier se distingue tout d'abord par la dimension et la mobilité de ses segments, tandis que la région thoracique n'est séparée de la tête que par le sillon cervical. Mais lorsqu'on enlève la carapace, la dépression latérale déjà mentionnée, et dans laquelle se trouve le scaphognathite, indique clairement la limite naturelle entre la tête et le thorax.

On a remarqué, en outre, qu'il y a, en tout, vingt paires d'appendices, dont les six postérieures sont attachées à l'abdomen. Si l'on enlève avec soin les quatorze autres paires, on verra que les six antérieures appartiennent à la tête et les huit postérieures au thorax.

Nous pouvons maintenant étudier avec plus de détails la région abdominale. Chacun des sept segments mobiles, sauf le telson, représente une sorte d'unité morphologique dont la répétition constitue l'édifice entier du corps.

Si l'on divise transversalement l'abdomen entre le quatrième et le cinquième segment, puis entre celui-ci et le sixième, le cinquième segment sera isolé et peut être étudié à part. Il constitue ce qu'on appelle un *métamère,* dans lequel on peut distinguer une partie centrale, le *somite* et deux *appendices* (fig. 36).

On a déjà distingué plusieurs régions dans l'exosquelette des somites abdominaux, et bien qu'elles constituent un tout continu, il vaut mieux parler du *sternum* (fig. 36, *st* XIX), du *tergum* (*t* XIX) et des *pleurons* (*pl* XIX), comme si c'était des parties séparées; et distinguer sous le nom d'*épimère* (*ep* XIX) la portion de la région sternale comprise entre l'attache des appendices et le pleuron. En adoptant cette nomenclature, on peut dire du cinquième somite abdominal qu'il consiste en un segment de l'exosquelette divisible en un tergum, deux pleurons, deux épimères et un sternum, avec lequel s'articulent deux appendices; et qu'il contient un double ganglion (*gn 12*), une section des muscles fléchisseurs (*fm*) et extenseurs (*em*) et des systèmes alimentaire (*h, g*) et vasculaire (*saa, iaa*).

L'appendice (fig. 36, *19*) qui s'attache à une cavité articulaire située entre le sternum et l'épimère consiste, on le voit, en un tronc ou tige formé d'un article basilaire très court, le *coxopodite* (fig. 37, D et E; *cx, p*), suivi d'un second article cylindrique, long, le *basipodite* (*b, p*), et reçoit le nom de *protopodite.* A son extrémité libre, il porte deux plaques étroites, aplaties, dont l'une est attachée au côté interne de l'extrémité du protopodite et est appelée l'*endopodite* (*en, p*), tandis que l'autre est fixée un peu plus haut, sur le côté externe de cette extrémité, et constitue l'*exopodite* (*ex, p*). L'exopodite est plus court que l'endopodite. Celui-ci est large et non divisé sur à peu près la moitié de sa longueur à partir de l'articulation; l'autre moitié est plus étroite et divisée en un certain nombre de petits segments qui, toutefois, ne sont pas unis par des articulations définies, mais sont simplement séparés les uns des autres par de légères constrictions de l'exosquelette. L'exopodite a une struc-

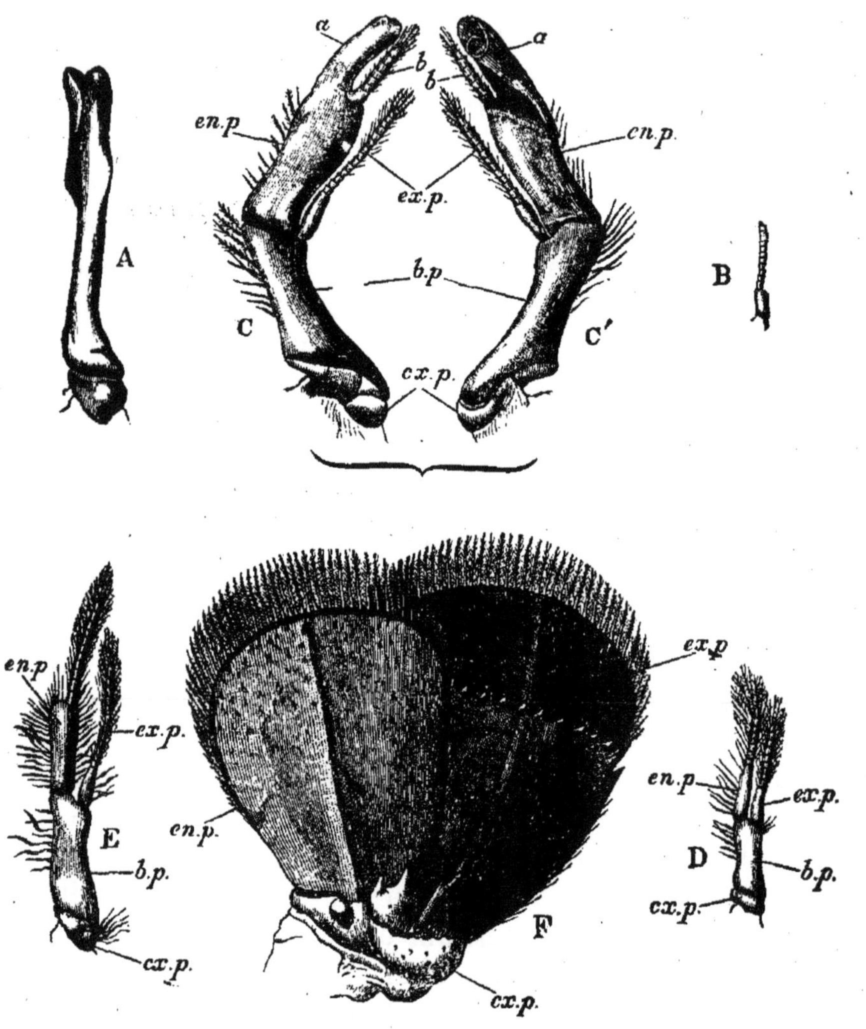

FIG. 37. — *Astacus fluviatilis.* — Appendices du côté gauche de l'abdomen (× 3); A, face postérieure du premier appendice du mâle; B, id. de la femelle; C, face postérieure, et C', face antérieure du second appendice du mâle; D, troisième appendice du mâle; E, id. de la femelle; F, sixième appendice; *a*, plaque enroulée de l'endopodite; *b*, extrémité articulée du même; *bp*, basipodite; *cxp*, coxopodite; *enp*, endopodite; *exp*, exopodite.

ture semblable, mais sa portion indivise est plus courte et plus étroite. Les bords de l'exopodite et de l'endopodite sont frangés de longues soies.

Dans l'écrevisse femelle, les appendices de celui-ci et des quatrième et troisième somites sont plus grands que chez le mâle (comparez D et E, fig. 37).

Les quatrième et cinquième somites avec leurs appendices peuvent être décrits dans les mêmes termes que le troisième ; et l'on reconnaît sans difficulté, dans le sixième, les parties correspondantes du somite ; mais les appendices (fig. 37, F) qui constituent les portions latérales de la nageoire caudale paraissent, à première vue, fort différents. Par leurs dimensions, non moins que par leur aspect, ils diffèrent grandement des appendices des somites précédents. On trouvera, toutefois, que chacun d'eux se compose d'une tige basilaire répondant au protopodite (*cx, p*), qui est toutefois fort large et fort épaisse, et n'est point divisée en deux articles, et de deux plaques terminales ovales qui représentent l'endopodite (*en, p*) et l'exopodite (*ex, p*). Ce dernier est divisé par une suture transversale en deux pièces, et le bord de la moitié basilaire qui est la plus grande est garni de courtes épines, dont deux à l'extrémité externe de la série sont plus grandes que les autres.

Le second somite est plus long que le premier (fig. 1) ; il a des pleurons fort larges, tandis que ceux du premier somite sont petits et cachés par les bords antérieurs des pleurons du second somite, qui viennent les recouvrir.

Dans la femelle, les appendices du second somite de l'abdomen sont semblables à ceux des troisième, quatrième et cinquième, mais ceux du premier somite varient beaucoup (fig. 37, B). Parfois, en effet, les appendices de ce somite manquent tout à fait, parfois l'un est présent et pas l'autre, parfois enfin on les retrouve tous les deux. Mais, lorsqu'ils existent, ces appendices sont toujours petits et le protopodite est suivi d'un seul filament imparfaitement articulé, qui semble représenter l'endopodite des autres appendices.

Chez le mâle, les appendices des premier et second somites abdominaux sont non seulement d'un volume relativement considérable, mais encore fort différents des autres, ceux du premier somite s'écartant plus du type général que ceux du second. Dans ces derniers (C, C') il y a un protopodite (*cxp, bp*) présentant la structure ordinaire, et suivi d'un endopodite (*en, p*) et d'un exopodite (*ex, p*) ; mais le premier de ces articles terminaux est singulièrement modifié. La partie basilaire indivise est grande, et prolongée du côté interne en une lamelle (*a*) qui s'étend légèrement au delà de l'extrémité de la portion articulée terminale (*b*). La moitié interne de cette lamelle est roulée sur elle-même, de façon à donner naissance à un cône creux, ressemblant un peu à un éteignoir (C'; *a*).

L'appendice du premier somite est un corps styliforme, non articulé, qui semble représenter le protopodite, la partie basilaire et le prolongement interne de l'appendice précédent. Sa partie terminale est, en effet, une large plaque, légèrement bifide au sommet, mais les côtés de la plaque sont enroulés en dedans, de façon que la moitié antérieure s'enroule à demi autour de la postérieure et l'enferme en partie, en formant ainsi un canal ouvert aux deux bouts, et fermé seulement en partie en arrière.

Ces deux paires d'appendices curieusement modifiés sont ordinairement tournées en avant et appliquées contre les sternums de la partie postérieure du thorax, dans l'intervalle qui se trouve entre les bases des membres thoraciques postérieurs (fig. 3, A). Ils servent de conduits, par où la matière spermatique du mâle est portée des ouvertures des canaux testiculaires jusqu'à sa destination.

Si nous limitons notre attention aux troisième, quatrième et cinquième métamères abdominaux de l'écrevisse, il est évident que ces divers somites et leurs appendices, et les différentes parties ou régions dans lesquelles on peut les diviser, correspondent, non seulement dans leur forme, mais aussi dans leurs relations, avec le plan général de l'abdomen entier. En d'autres termes, le plan diagrammatique d'un somite peut servir pour les trois, avec d'insignifiantes variations de détail. L'assertion que ces trois somites sont construits sur le même plan n'est pas plus hypothétique que celle d'un architecte qui établit que trois maisons sont bâties sur le même plan, bien que les façades et les décorations intérieures puissent différer plus ou moins.

Dans le langage de la morphologie, une pareille conformité du plan d'organisation est appelée *homologie*. Les divers métamères en question et leurs appendices sont donc *homologues* (les uns aux autres), tandis que les régions des somites et les parties de leurs appendices sont elles-mêmes *homologues*.

Si l'on étend la comparaison au sixième métamère, l'homologie des différentes parties avec celles des autres métamères est indéniable, nonobstant les grandes différences qu'elles présentent. Pour recourir à une comparaison déjà employée, le plan fondamental du bâtiment est le même, bien que les proportions aient varié. Il en est de même pour le premier et le second métamère. Dans la seconde paire d'appendices du mâle, la différence avec le type ordinaire des appendices est comparable à celle que produit l'adjonction au bâtiment d'un portique ou d'une tourelle ; tandis que, dans la première paire d'appendices de la femelle, c'est comme si l'on avait laissé, sans la bâtir, une des ailes de l'édifice ; et, dans celle du mâle, comme si toutes les pièces étaient réunies en une seule.

Il faut remarquer, en outre, que, de même que dans une ligne de maisons bâties sur le même plan, l'une peut être arrangée pour servir de maison d'habitation, une autre disposée en magasin et une troisième en salle de lecture ; de même les appendices homologues de l'écrevisse sont faits pour servir à des fonctions variées. Et de même que l'appropriation à leurs différents buts de la maison d'habitation, du magasin ou de la salle de lecture ne nous aiderait en rien à comprendre pourquoi tous sont bâtis sur le même plan général ; de même aussi l'adaptation des appendices abdominaux de l'écrevisse à l'accomplissement de leurs diverses fonctions ne nous explique pas pourquoi ces parties sont homologues. Il semblerait, au contraire, plus simple, que chaque partie eût été construite de façon à accomplir de la meilleure manière possible la fonction qui lui était dévolue, sans se rapporter en rien au reste. La manière d'agir d'un architecte qui insisterait pour bâtir toutes les constructions d'une ville sur le plan d'une cathédrale gothique ne saurait s'expliquer par des considérations de convenance.

Dans le céphalothorax, la division en somites n'est pas évidente tout d'abord ; car, ainsi que nous l'avons vu, la surface dorsale ou tergale est recouverte d'un bouclier continu, que le sillon cervical distingue seul en régions thoracique et céphalique. Cependant, même là, si l'on compare une section transversale du thorax avec celle de l'abdomen (fig. 15 et 36), il sera évident que les régions tergales et sternales des deux correspondent entre elles, tandis que les branchiostégites correspondent aux pleurons fortement développés ; et la paroi interne de la chambre branchiale, qui s'étend de la base des appendices à l'attache du branchiostégite, représente une région épimérale considérablement étendue.

Si l'on examine la face sternale du céphalothorax, les indices de division en somites deviennent évidents (fig. 3 et 39, A). Entre les deux derniers membres ambulatoires se trouve un sternum aisément reconnaissable (XIV), bien qu'il soit plus étroit qu'aucun de ceux des somites abdominaux, et qu'il diffère d'eux par sa forme.

Le repli transversal profond qui sépare le dernier sternum thoracique du reste de la paroi sternale du céphalothorax se continue en haut sur la paroi interne ou épimérale de la cavité branchiale, et les portions sternale et épimérale du somite thoracique postérieur sont ainsi séparées naturellement de celles des somites précédents.

La région épimérale de ce somite présente une structure très curieuse (fig. 38). Immédiatement au-dessus des cavités articulaires pour les appendices se trouve une plaque en forme de bouclier, dont le bord postérieur, convexe, est aigu, proéminent et garni de soies. Près de sa limite supérieure, cette plaque offre une perforation arrondie (pl. 6), au bord de laquelle s'attache la tige de la dernière pleurobranchie (fig. 4, *plb*, *14*), et, en avant de ce trou, elle se relie par un col étroit avec une pièce triangulaire allongée, qui prend une direction verticale, et se loge dans le pli qui sépare le somite thoracique postérieur de celui qui vient immédiatement au-devant de lui. La base de cette pièce s'unit avec l'épimère du pénultième somite. Son sommet est relié à l'extrémité antérieure du bras horizontal d'une barre calcifiée, en forme d'L (fig. 38, *a*) dont le bras supérieur est, à son extrémité, relié solidement, mais d'une façon mobile, avec le bord antéro-latéral du tergum du premier somite abdominal (*t*, XV). Le tendon de l'un des gros muscles extenseurs de l'abdomen s'attache tout à côté.

Le sternum et les plaques épimérales en forme de bouclier constituent un solide élément ventral du squelette, calcifié d'une façon continue, et auquel s'attache la dernière paire de pattes ; et, comme cette partie n'est réunie que par une cuticule molle aux somites situés en avant et en arrière, sauf toutefois là où la plaque en bouclier se relie, par l'intermédiaire de la pièce triangulaire, avec l'épimère située en avant d'elle, elle peut se mouvoir librement en avant et en arrière sur la charnière imparfaite ainsi constituée.

Le premier somite abdominal, et par suite l'abdomen tout entier, se meut de même sur les charnières formées par l'union des pièces en L et des pièces triangulaires.

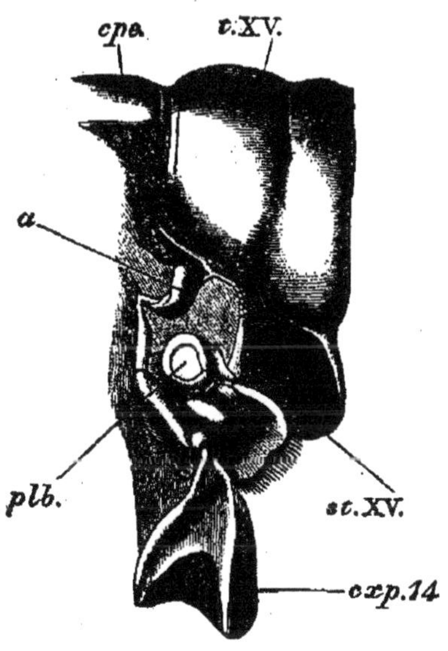

Fig. 38. — *Astacus fluviatilis.* — Mode de connexion entre le dernier somite thoracique et e premier somite abdominal (× 3); *a*, barre en forme de L; *cpe*, carapace; *cxp 14*, coxopodite de la dernière patte ambulatoire; *plb*, point d'attache de la pleurobranchie; *st*, xv, sternum, et *t*, xv, tergum du premier somite abdominal.

Dans le reste du thorax, les régions sternales et épimérales des divers somites sont toutes unies fermement les unes aux autres. Mais toutefois des sillons peu profonds répondent aux plis de la cuticule, et, dirigés des intervalles qui séparent les cavités articulaires des membres vers l'extrémité tergale de la paroi interne de la chambre branchiale, marquent les lignes de séparation des portions épimérales d'autant de somites qu'il y a de sternums.

Un peu au-dessus des cavités articulaires, un sillon transversal sépare du reste une aire presque carrée de la partie inférieure de l'épimère. Vers l'angle antéro-supérieur de cette aire se trouve, dans les deux somites situés immédiatement en avant du dernier, une petite ouverture ronde où s'attache la branchie rudimentaire. Ces aires des épimères correspondent, en réalité, avec les plaques en forme de boucliers du dernier somite. Dans le somite situé en avant de ceux-ci (et qui porte la première paire de pattes ambulatoires), on ne trouve qu'une petite élévation à la place de la branchie rudimentaire, et l'on ne voit rien de pareil dans les quatre somites thoraciques antérieurs.

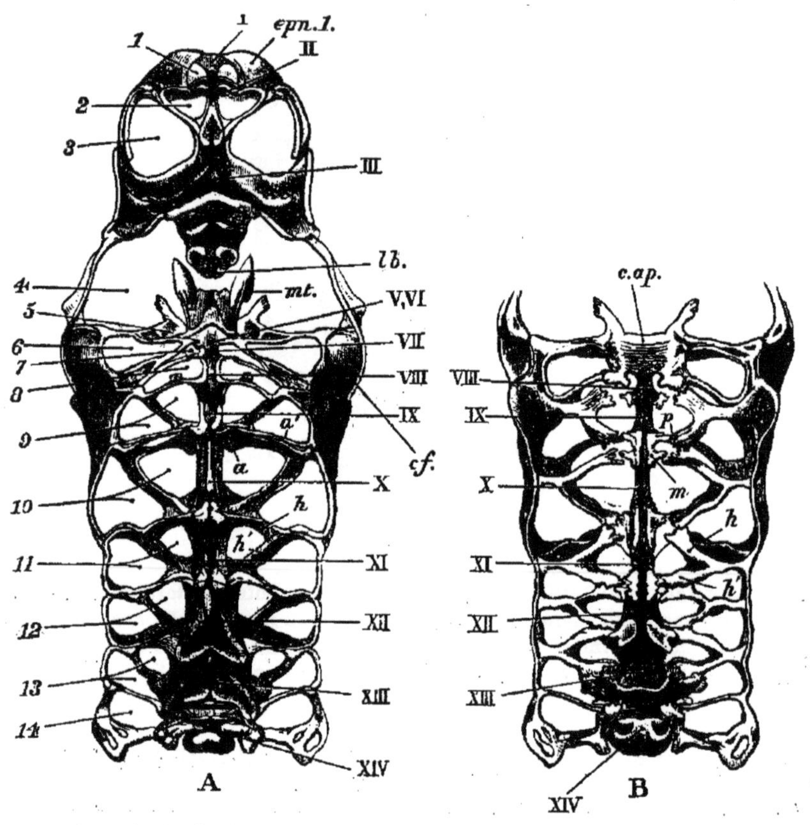

FIG. 39. — *Astacus fluviatilis*. — Sternums céphalothoraciques et système endophragmal (× 2) ; A, vu de dessous ; B, vu de dessus ; *a*, *a'*, arthrophragmes, ou partitions entre les cavités articulaires où s'attachent les membres ; *cap*, apodème céphalique ; *cf*, pli cervical ; *epn 1*, épimère du somite antennulaire ; *h*, apophyse horizontale antérieure, et *h'*, postérieure de l'endopleurite ; *lb*, labre ; *m*, mésophragme ; *mt*, métastome ; *p*, paraphragme ; I-XIV, sternums céphalothoraciques ; *1-14*, cavités articulaires des appendices céphalothoraciques. (Les sternums céphaliques antérieurs sont recourbés en bas (en A) de façon à les amener dans le même plan que les autres sternums céphalothoraciques ; en B, on ne les voit pas.)

Du côté ventral du thorax (fig. 3 et 39, A), un espace triangulaire est interposé entre les articles basilaires, ou coxopodites, des pénultième et antipénultième paires de pattes ambulatoires ;

tandis que les coxopodites des membres plus antérieurs sont fort rapprochés les uns des autres. L'aire triangulaire en question est occupée par deux sternums (fig. 39, A, XII, XIII) dont les bords s'élèvent en crête. Les deux sternums précédents (X, XI) sont plus longs, surtout celui qui est situé entre les pinces (X), mais ils sont fort étroits, et les prolongements latéraux sont réduits à de simples tubercules, situés à l'extrémité postérieure des sternums. Entre les trois paires de maxillipèdes, les sternums (VII, VIII, IX) sont encore plus étroits, et se raccourcissent graduellement, mais on peut encore discerner à leur extrémité postérieure les traces de tubercules. La plus antérieure de ces tiges sternales se continue en une plaque allongée transversalement, ayant la forme d'une large flèche (V, VI) et constituée par l'union des sternums des deux somites postérieurs de la tête.

En avant de cette pièce, entre elle et l'extrémité postérieure de l'ouverture allongée de la bouche, la région sternale n'est occupée que par une cuticule molle ou imparfaitement calcifiée, qui, de chaque côté de la partie postérieure de la bouche, se continue en un des lobes du métastome (*mt*). A la base de chacun de ces lobes se trouve une plaque calcifiée, unie par une suture oblique avec une autre plaque qui occupe toute la longueur du lobe et lui donne de la résistance. L'étroite lèvre molle qui constitue la limite latérale de l'ouverture orale, et qui est située entre elle et la mandibule, se continue en avant avec la face postérieure du labre (*lb*).

En avant de la bouche, la région sternale, qui appartient en partie aux antennes et en partie aux mandibules, apparaît comme une large plaque (III) que l'on nomme *épistome*. Le tiers moyen du bord postérieur de cet épistome donne naissance à une crête épaissie transversale, à extrémités arrondies légèrement excavées en arrière, et se continue dans le labre (*lb*), qui est fortifié par trois paires de calcifications arrangées en série longitudinale. Les côtés du bord antérieur de l'épistome sont excavés, et limitent les cavités articulaires des articles basilaires des antennes (*3*); mais, sur la ligne médiane, l'épistome se continue, en avant, en un prolongement en forme de tête de lance (fig. 39 et 40, II), à la formation duquel participe l'extrémité postérieure du sternum antennulaire. Ce sternum antennulaire est fort étroit, et son extrémité antérieure, ou supérieure, se poursuit en une épine médiane conique, petite mais distincte (fig. 40, *t*). Au-dessus vient une plaque non calcifiée, courbée en forme de demi-cylindre (I), qui est située entre les extrémités internes des pédoncules oculaires, et n'est réunie aux parties adjacentes que par une cuticule flexible, de sorte qu'elle peut se mouvoir librement. Cette plaque représente toute la région sternale, et même probablement plus, du somite ophthalmique.

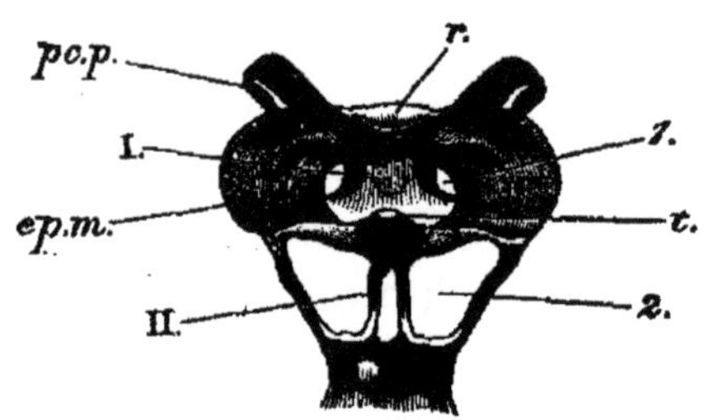

FIG. 40. — *Astacus fluviatilis.* — Somites ophthalmique et antennulaire (× 3); I, sternum ophthalmique; II, sternum antennulaire; *1*, surface articulaire pour le pédoncule de l'œil; *2*, id. pour l'antennule; *epm*, plaque épimérale; *pcp*, prolongement procéphalique; *r*, base du rostre; *t*, tubercule.

On peut ainsi déterminer, dans le céphalothorax, les sternums de quatorze somites. Les épimères correspondants sont représentés, dans le thorax, par les minces parois internes des chambres branchiales, les pleurons par les branchiostégites, et les tergums par la partie de la région médiane de la carapace, qui est située en arrière du sillon cervical. La partie de la carapace située en avant de ce sillon occupe la place des tergums de la tête, tandis que la crête basse qui entoure les régions orale et préorale, dans laquelle elle se termine latéralement, représente les pleurons des somites céphaliques.

Les épimères de la tête sont, pour la plupart, fort étroits ; mais ceux du somite antennulaire sont de larges plaques (fig. 40, *epm*) qui constituent la paroi postérieure des orbites. J'incline à penser qu'une crête transversale qui les réunit au-dessous de la base du rostre représente le tergum du somite antennulaire, et que le rostre lui-même appartient au somite suivant ou somite antennaire[1].

1. Chez de singuliers crustacés marins, les *squilles*, les somites ophthalmiques et antennaires sont libres et mobiles, tandis que le rostre s'articule avec le tergum du somite antennaire.

Le bord ventral du rostre, aigu et convexe, se prolonge en une seule épine, ou parfois en deux épines divergentes qui descendent, en avant du somite ophthalmique, vers le tubercule conique mentionné ci-dessus. Il forme ainsi une séparation imparfaite entre les orbites.

FIG. 41. — *Astacus fluviatilis.* — Rostre vu du côté gauche.

La face interne de la paroi sternale du thorax tout entier et de la partie postorale de la tête présente un arrangement compliqué de parties solides qui est connu sous le nom de *système endophragmal* (fig. 39, B, 42 et 43), et qui joue le rôle de squelette interne, en donnant attache aux muscles et servant à protéger d'importants viscères; en outre, cet appareil relie entre eux les divers somites et les unit en un tout solide. Mais toutefois les curieux piliers et les cloisons qui entrent dans la composition du système endophragmal ne sont que de simples replis de la cuticule, des *apodèmes*, et, comme tels, ils sont rejetés à l'époque de la mue, ainsi que les autres productions cuticulaires.

Sans entrer dans des détails inutiles, on peut établir comme suit le principe général de la construction du squelette endophragmal. Quatre apodèmes se développent entre chaque deux somites; et, comme chaque apodème est un pli de la cuticule, il suit de là que la paroi antérieure de chacun appartient au somite situé en avant, et sa paroi postérieure à celui situé en arrière. Tous ces quatre apodèmes sont situés dans la moitié ventrale du somite et forment une seule série transversale; il y en a donc deux plus près de la ligne médiane, ce sont les *endosternites*, et deux plus en dehors, nommés *endopleurites*. Les premiers sont situés à l'extrémité interne et les seconds à l'extrémité externe des partitions ou *arthrophragmes* (fig. 39, A, *a*, *a'*; fig. 42, *aph*), placées entre les cavités articulaires destinées aux articles basilaires des membres; et ils proviennent en partie de ces cloisons et en partie des sternums ou des épimères respectivement.

L'endosternite (fig. 42, *ens*) monte verticalement, en s'inclinant un peu en avant, et son sommet se rétrécit et prend la forme d'un pilier muni d'un chapiteau plat et allongé transversalement. Le prolongement interne du chapiteau est appelé *mésophragme* (*mph*) et l'externe *paraphragme* (*pph*). Les mésophragmes des deux endosternites d'un même somite s'unissent d'ordinaire par une suture médiane et forment ainsi une arche complète au-dessus du canal sternal (*sc*) qui est situé entre les endosternites.

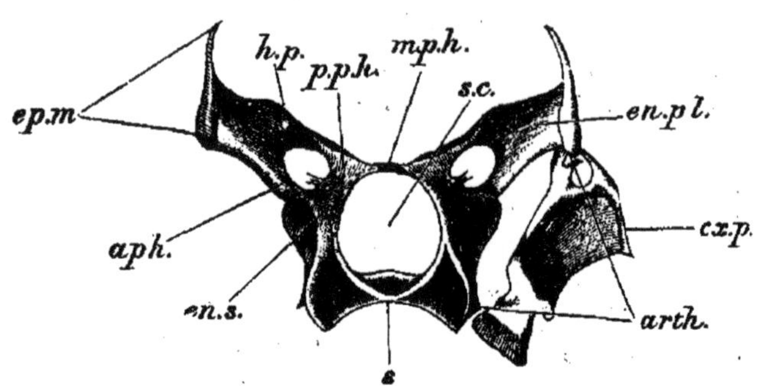

Fig. 42. — *Astacus fluviatilis*. — Segment du système endophragmal (× 3); *aph*, arthrophragme; *arth*, cavité arthrodiale ou articulaire; *cxp*, coxopodite de la patte ambulatoire; *enpl*, endopleurite; *ens*, endosternite; *epm*, épimère; *hp*, prolongement horizontal de l'endopleurite; *mph*, mésophragme; *pph*, paraphragme; *s*, sternum du somite; *sc*, canal sternal.

Les endopleurites (*enpl*) sont aussi des plaques verticales, mais relativement plus courtes, et leurs angles internes forment deux prolongements presque horizontaux, dont l'un se dirige obliquement en avant (fig. 39, B, *h*; fig. 42, *h*, *p*) et s'unit avec le paraphragme de l'endosternite du somite situé en avant, tandis que l'autre, se dirigeant obliquement en arrière (fig. 39, *h'*), s'unit de même avec l'endosternite du somite placé en arrière.

Les endopleurites du dernier somite thoracique sont rudimentaires, et les endosternites sont petits. D'autre part, les prolongements mésophragmaux des endosternites des deux somites postérieurs de la tête (fig. 39; B, *c.ap*), par lesquels le système endophragmal se termine en avant, sont particulièrement forts et étroitement unis ensemble. Ils forment ainsi, avec leurs endopleurites, une partition solide entre l'estomac, qui repose sur eux, et la masse résultant de la coalescence des ganglions thoraciques antérieurs et céphaliques postérieurs, qui est située au-dessous d'eux. De forts prolongements partent de leurs angles antérieurs et externes, s'incurvent autour des tendons des muscles adducteurs des mandibules, et donnent attache aux abducteurs.

Il n'existe pas, en avant de la bouche, un système endophragmal semblable à celui qui se trouve en arrière. Mais les muscles gastriques antérieurs s'insèrent sur deux plaques calcifiées, aplaties, qui paraissent situées dans l'intérieur de la tête (bien qu'elles soient, en réalité, situées dans sa paroi antéro-supérieure), de chaque côté de la base du rostre, et sont appelées *apophyses procéphaliques* (fig. 40, 43, *pcp*). Chacune de ces plaques constitue la paroi postérieure d'une cavité étroite qui s'ouvre à l'extérieur dans le toit de l'orbite, et que l'on a regardée (bien que, ce me semble, sans raison suffisante) comme un organe olfactif. Je suis disposé à croire, bien que je n'aie pu arriver à mettre complètement le fait en évidence, que les apophyses procéphaliques représentent les *lobes procéphaliques* qui terminent l'extrémité antérieure du corps chez l'embryon de l'écrevisse. En tout cas, elles occupent la même position relativement aux yeux et à la carapace, et la situation cachée de ces apophyses, chez l'adulte, paraît provenir de l'extension de la carapace à la base du rostre, sur la partie antérieure de la surface sternale, originellement libre, de la tête. La carapace a recouvert ainsi les apophyses procéphaliques par lesquelles se termine la paroi sternale du corps, et les cavités situées en avant d'elles sont uniquement les intervalles laissés entre la paroi inférieure ou postérieure du prolongement de la carapace et les faces externes primitivement exposées de ces régions du tégument céphalique.

Après avoir ainsi distingué quatorze somites dans le céphalothorax, et six étant évidents dans l'abdomen, il est clair qu'il existe un somite pour chaque paire d'appendices. Et si nous supposons la carapace divisée en segments répondant à ces sternums, le corps tout entier sera composé de vingt somites, chacun avec une paire d'appendices. Comme, toutefois, la carapace n'est pas divisée en tergums correspondants aux sternums qu'elle recouvre, tout ce que nous pouvons conclure avec sécurité des faits anatomiques, c'est que cette carapace représente la région dorsale des somites, mais non qu'elle est formée par la coalescence de tergums primitivement distincts. Dans la tête et dans la plus grande partie du thorax, les somites sont comme réunis ensemble, mais le dernier somite thoracique est en partie libre et mobile dans une légère étendue, tandis que les somites abdominaux sont tous libres et articulés entre eux d'une façon mobile. A l'extrémité antérieure du corps et, apparemment, du somite antennaire, la région tergale donne naissance au rostre qui se projette entre les yeux et au delà d'eux. A l'extrémité opposée, le telson est un accroissement médian cor-

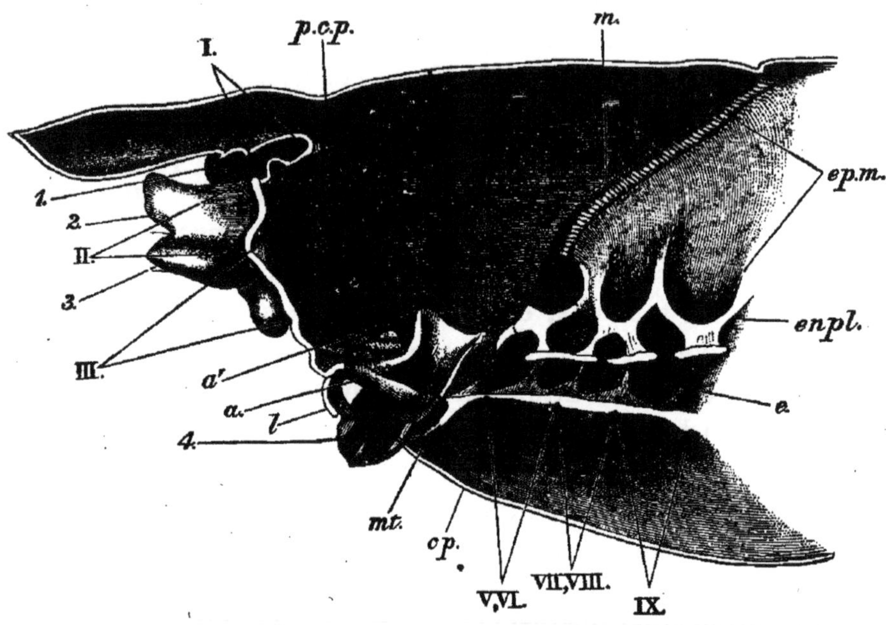

Fig. 43. — *Astacus fluviatilis.* — Section longitudinale de la partie antérieure du céphalothorax (× 3); I-IX, sternums des neuf premiers somites céphalothoraciques; 1, pédoncule oculaire; *2*, article basilaire de l'antennule; *3*, article basilaire de l'antenne; *4*, mandibule; *a*, division interne de la surface masticatoire de la mandibule; *a'*, apophyse de la mandibule, pour attache musculaire; *cp*, bord libre de la carapace; *e*, endosternite; *enpl*, endopleurite; *cpm*, plaque épimérale; *l*, labre; *m*, fibres musculaires reliant l'épimère avec l'intérieur de la carapace; *mt*, métastome; *pcp*, apophyse procéphalique.

respondant du dernier somite, qui s'est articulé avec lui d'une façon mobile. Le rétrécissement des moitiés sternales des somites thoraciques antérieurs, joint à l'élargissement soudain de ces mêmes parties dans les somites céphaliques postérieurs, donne naissance à la dépression latérale (fig. 39, *cf*) dans laquelle est logé le scaphognathite. La limite ainsi indiquée correspond avec celle que marque le sillon cervical sur la surface de la carapace, et sépare la tête du thorax. Les trois paires de maxillipèdes (*7*, *8*, *9*), la pince (*10*), les membres locomoteurs (*11–14*) et les huit somites dont ils sont les appendices (VII-XIV) sont situés en arrière de cette limite et appartiennent au thorax. Les deux paires de mâchoires (*5*, *6*), les mandibules (*4*), les antennes (*3*), les antennules (*2*), les pédoncules oculaires (*1*), et les six somites auxquels ils sont attachés, sont en avant de cette limite et composent la tête.

Un autre point important à remarquer, c'est que, en avant de la bouche, le sternum du somite antennaire (fig. 43, III) est incliné à un angle de 60° à 70° sur la direction générale des sternums situés en arrière de la bouche. Le sternum du somite antennulaire (II) est à angle droit sur ces derniers, et celui des yeux (I) regarde en haut et en avant. Il suit donc de là que la partie antérieure de la tête, au-dessous du rostre, est homologue, bien qu'elle regarde en avant ou même en haut, avec la face sternale des autres somites. C'est pour cette raison que les antennes et les pédoncules oculaires prennent une direction si différente de celle des autres appendices. Le changement de direction de la surface sternale en avant de la bouche est connu sous le nom de *courbure céphalique*.

Puisque le squelette qui revêt le tronc de l'écrevisse est formé de vingt somites homologues à ceux de l'abdomen, nous devons nous attendre à trouver les appendices du thorax et de la tête, quelque différents qu'ils puissent paraître de ceux de l'abdomen, réductibles toutefois au même plan fondamental.

Le troisième maxillipède est un des plus complets de ces appendices, et peut être pris avantageusement comme point de départ pour l'étude de toute la série.

En négligeant, pour le moment, les détails, on peut dire que l'appendice consiste en une portion basilaire (fig. 44, *cxp*, *bp*) et deux divisions terminales (*ip* à *dp*, et *ex*) dirigées en avant, au-dessous de la bouche, plus un troisième appendice, celui-ci latéral (*e*, *br*), qui monte, au-dessous de la carapace, dans l'intérieur de la chambre branchiale. Ce dernier est la branchie, ou podobranchie, attachée à ce membre, et n'est pas représenté dans les membres abdominaux. Mais, pour le reste du maxillipède, il est évident que la portion basilaire (*cxp*, *bp*) représente le protopodite, et les deux divisions terminales respectivement l'endopodite et l'exopodite. On a remarqué que, dans les appendices abdominaux, il y a des variations infinies quant à l'étendue dans laquelle s'opère la segmentation de parties homologues; un endopodite, par exemple, peut être une plaque continue, ou, au contraire, subdivisé en un grand nombre d'articles. Dans le maxillipède, la portion basilaire est divisée en deux articles, et comme dans le membre abdominal, le premier, ou celui qui s'articule avec le thorax, est appelé le *coxopodite* (*cxp*), tandis que le second est le *basipodite* (*bp*). L'endopodite

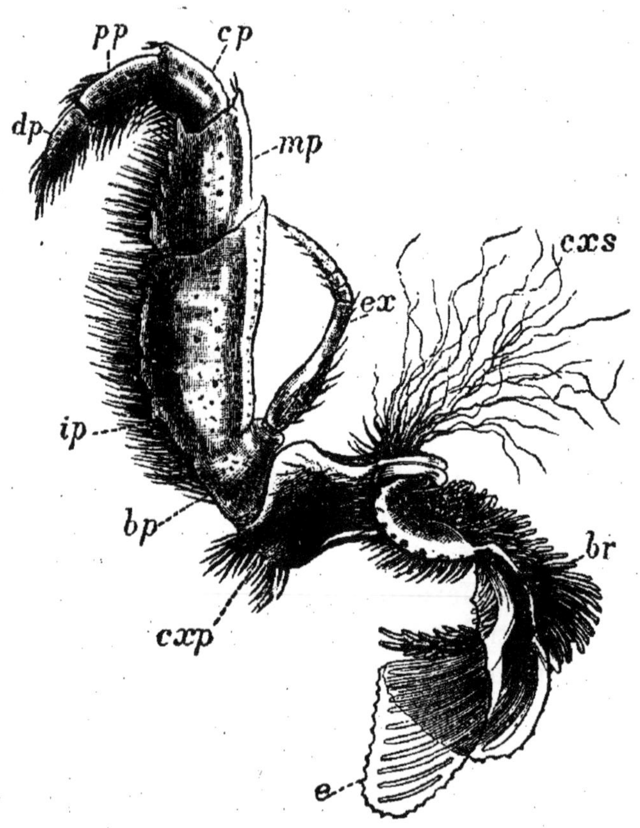

Fig. 44. — *Astacus fluviatilis*. — Troisième maxillipède, ou maxillipède externe du côté gauche (× 3); *e*, lame, et *br*, filaments branchiaux de la podobranchie; *cxp*, coxopodite; *cxs*, soies du coxopodite; *bp*, basipodite; *ex*, exopodite; *ip*, ischiopodite; *mp*, méropodite; *cp*, carpopodite; *pp*, propodite; *dp*, dactylopodite.

robuste, en forme de patte, semble être la continuation directe du basipodite, tandis que l'exopodite, grêle et beaucoup plus étroit, s'articule avec son côté externe. L'exopodite (*ex*) ne diffère en rien des exopodites des membres abdominaux, et consiste comme eux en une base indivise et un filament terminal multiarticulé. L'endopodite, au contraire, est fort et massif, et se divise en cinq articles, nommés, en allant de la base au sommet, *ischiopodite* (*ip*), *méropodite* (*mp*), *carpopodite* (*cp*), *propodite* (*pp*) et *dactylopodite* (*dp*).

Le second maxillipède (fig. 45, B) possède essentiellement la même composition que le premier, mais l'exopodite (*ex*) est relativement plus grand, l'endopodite (*ip–dp*) plus petit et plus mou ; et, tandis que l'ischiopodite (*ip*) est le plus long article du troisième maxillipède, c'est le méropodite qui est le plus allongé dans le second. Dans le premier maxillipède (fig. 45, A)

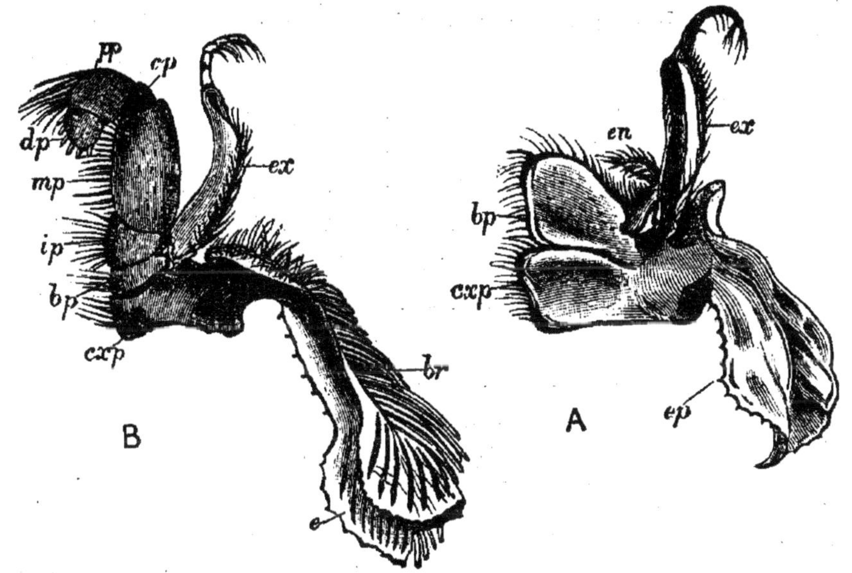

Fig. 45. — *Astacus fluviatilis*. A, premier, et B, second maxillipède du côté gauche (× 3) ; *cxp*, coxopodite ; *bp*, basipodite ; *e*, *br*, podobranchie ; *ep*, épipodite ; *en*, endopodite ; *ex*, exopodite ; *ip*, ischiopodite ; *mp*, méropodite ; *cp*, carpopodite ; *pp*, propodite ; *dp*, dactylopodite.

est survenue une grande modification. Le coxopodite (*cxp*) et le basipodite (*bp*) sont de larges plaques minces avec des bords tranchants munis de soies, tandis que l'endopodite (*en*) est court et à deux articles seulement, et que la portion indivise de l'exopodite (*ex*) est fort longue. La place de la podobranchie est occupée par une large plaque membraneuse molle, entièrement dépourvue de filaments branchiaux (*ep*). Ainsi, dans la série des membres thoraciques, en allant en avant du troisième maxillipède, nous trouvons que, bien que le plan des appendices demeure le même : 1° le protopodite augmente de dimensions relatives ; 2° l'endopodite diminue ; 3° l'exopodite s'accroît ; 4° la podobranchie prend finalement la forme d'une large plaque membraneuse et perd ses filaments branchiaux.

Ceux qui écrivent des ouvrages de zoologie descriptive donnent ordinairement aux diverses parties des maxillipèdes des noms différents de ceux employés ici. Le protopodite et l'endopodite sont appelés ensemble la *tige* du maxillipède, tandis que l'exopodite en est le *palpe*, et la podobranchie métamorphosée et dont la nature réelle n'est point reconnue en est appelée le *flagellum*.

Toutefois, lorsque la comparaison des maxillipèdes avec les membres abdominaux eut montré l'unité fondamentale de composition de ces deux sortes d'appendices, il devint désirable d'inventer une nomenclature capable d'une application générale. Les noms de protopodite, endopodite, exopodite, que j'ai adoptés comme équivalents de « tige » et de « palpe », furent proposés par Milne-Edwards, qui suggéra en même temps le terme *épipodite* pour le *flagellum*. Et l'apophyse lamellaire du premier maxillipède est généralement appelée aujourd'hui un épipodite, tandis que l'on parle des podobranchies, qui ont exactement les mêmes relations avec les membres suivants, comme si c'étaient des parties entièrement distinctes.

Le flagellum ou épipodite du premier maxillipède n'est toutefois rien autre chose que la tige légèrement modifiée d'une podobranchie qui a perdu ses filaments branchiaux; mais on peut très bien appliquer le terme d'*épipodite* à des podobranchies ainsi modifiées. Malheureusement le même nom est donné à certaines portions lamellaires des branchies d'autres crustacés, portions qui répondent aux lames des branchies de l'écrevisse, et il faut se rappeler cette cause d'erreur, bien qu'elle n'ait pas une grande importance.

En examinant un appendice de la partie du thorax située en arrière du troisième maxillipède, par exemple le sixième membre thoracique (seconde patte ambulatoire) (fig. 46), les deux articles du protopodite et les cinq de l'endopodite se reconnaissent tout d'abord, ainsi que la podobranchie, mais l'exopodite a complètement disparu. Dans le huitième ou dernier membre thoracique, la podobranchie a également disparu. Les cinquième et sixième membres diffèrent aussi des septième et huitième en ce qu'ils sont chélates, c'est-à-dire qu'un angle de l'extrémité du protopodite se prolonge et forme la branche fixe de la pince. L'angle prolongé est celui qui est tourné en bas lorsque le membre est complètement étendu (fig. 46). Dans les pattes

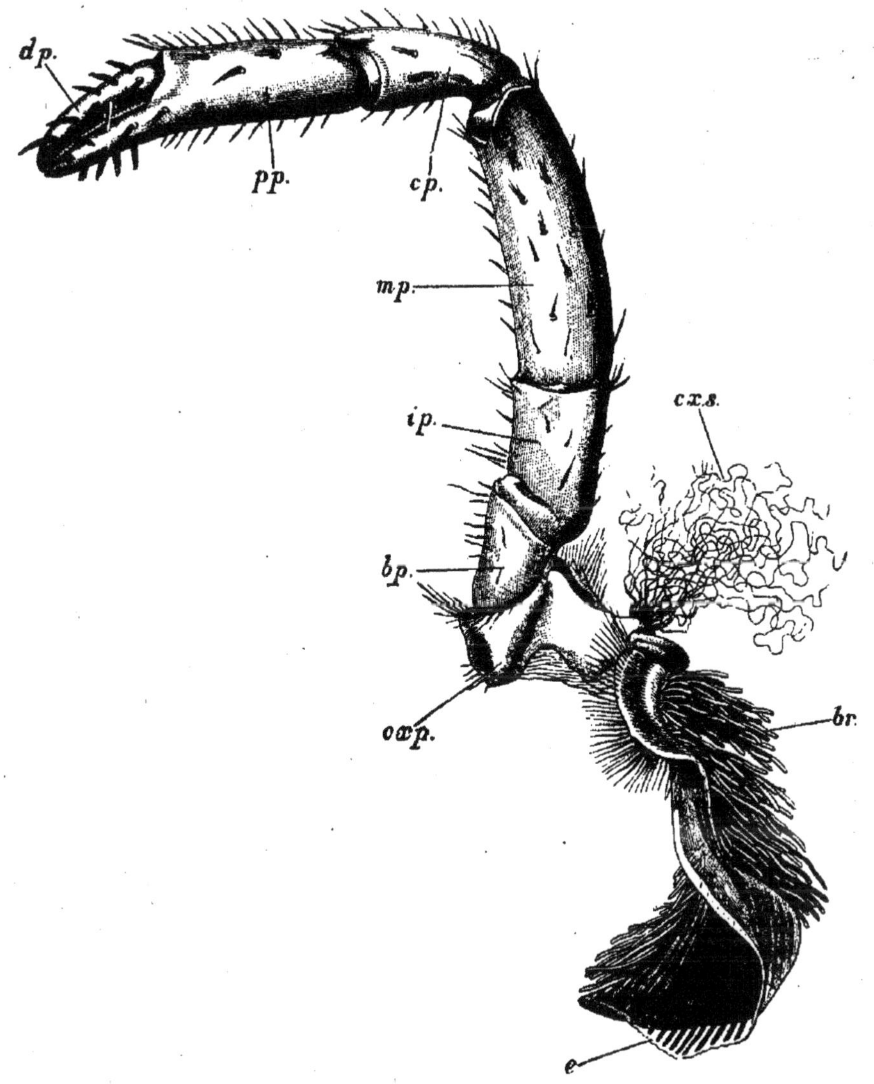

FIG. 46. — *Astacus fluviatilis.* — Seconde patte ambulatoire du côté gauche (× 3); *cxp*, coxopodite; *bp*, basipodite; *br*, branchie; *cxs*, soies du coxopodite; *e*, lame branchiale ou épipodite; *ip*, ischiopodite; *mp*, méropodite; *cp*, carpopodite; *pp*, propodite; *dp*, dactylopodite.

ravisseuses, la pince est formée exactement de la même manière; la seule différence importante est que, ainsi que dans le maxillipède externe, le basipodite et l'ischiopodite sont unis d'une manière fixe. Ainsi les membres thoraciques sont tous réductibles au même type que ceux de l'abdomen, si nous supposons que dans les cinq paires postérieures les exopodites sont supprimés et que dans tous, sauf le dernier, il est venu s'ajouter des podobranchies.

Quant aux appendices de la tête, la seconde mâchoire (fig. 47,

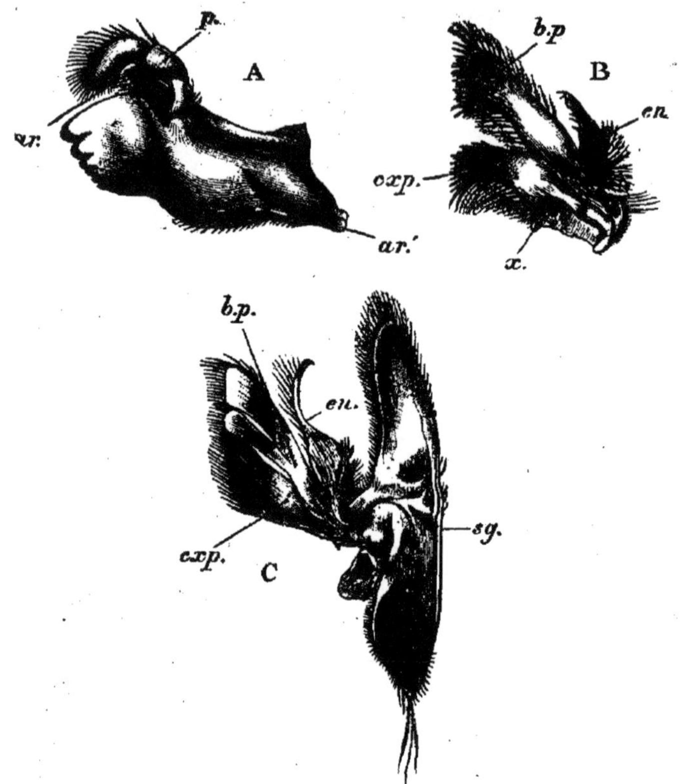

FIG. 47. — *Astacus fluviatilis.* — A, mandibule; B, première mâchoire; C, seconde mâchoire du côté gauche (× 3); *ar*, apophyse articulaire interne; et *ar'*, id. externe de la mandibule; *bp*, basipodite; *cxp*, coxopodite; *en*, endopodite; *p*, palpe de la mandibule; *sg*, scaphognathite; *x*, apophyse interne de la première mâchoire.

C) présente une autre modification dans la disposition des parties que nous avons vues dans le premier maxillipède. Le coxopodite (*cxp*) et le basipodite (*bp*) sont encore plus minces et plus lamellaires, et sont subdivisés par des fissures profondes qui partent de leur bord interne. L'endopodite (*en*) est très petit et indivis. A la place de l'épipodite et de l'exopodite, il n'y a qu'une seule grande plaque, le scaphognathite (*sg*), qui est peut-être un épipodite comme celui du premier maxillipède, avec son prolongement basilaire antérieur fort agrandi, ou représente, au contraire, à la fois l'exopodite et l'épipodite. Dans la première mâchoire (B), l'exopodite et l'épipodite ont disparu, et l'endopodite (*en*) est insignifiant et inarticulé. Dans les mandibules (A), le représentant du protopodite est fort et allongé transversalement. La large extrémité interne ou orale présente une surface masticatoire semi-circulaire, divisée par un sillon longitudinal profond en deux crêtes dentées. L'une de celles-ci suit le contour convexe, antérieur ou inférieur, de la surface masticatoire, se projette bien au delà de l'autre, et est pourvu d'un bord aigu, denté en scie; l'autre (fig. 43, *a*) donne naissance au contour

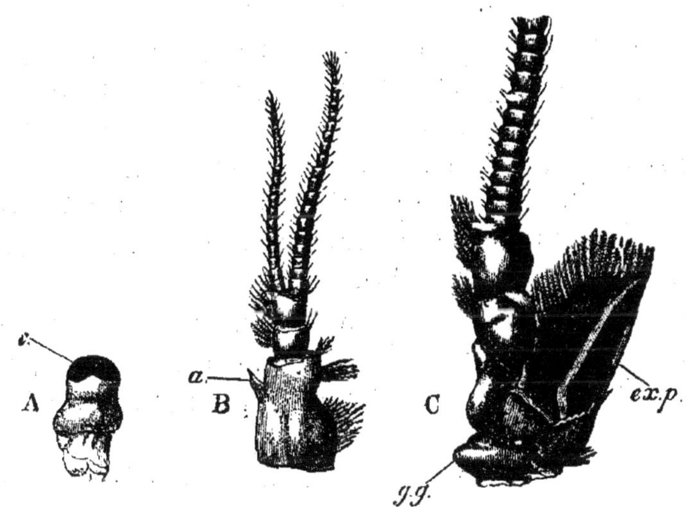

FIG. 48. — *Astacus fluviatilis.* — A, pédoncule de l'œil; B, antennule; C, antenne du côté gauche (× 3); *a*, épine de l'article basilaire de l'antennule; *c*, surface cornéenne de l'œil; *exp*, exopodite ou écaille de l'antenne; *gg*, ouverture du conduit de la glande verte.

postérieur ou supérieur droit de la surface masticatoire, et ne porte que des tubercules plus obtus. La crête interne se continue en avant en une apophyse, par laquelle la mandibule s'articule avec l'épistome (fig. 47, A; *ar*). L'endopodite est représenté par le *palpe* triarticulé (*p*), dont l'article terminal est ovale et couvert de nombreuses et fortes soies, abondantes surtout le long de son bord antérieur.

Dans l'antenne (fig. 48, C), le protopodite a deux articles. Le segment basilaire est petit et sa face ventrale présente la proéminence conique sur le côté postérieur de laquelle se trouve l'orifice du conduit de la glande rénale (*gg*). Le segment terminal est plus grand, et subdivisé par des plis longitudinaux profonds, un sur le côté dorsal et un sur la face ventrale, en deux moitiés plus ou moins mobiles l'une sur l'autre. En avant et du côté externe, il porte comme exopodite la large *écaille* plate (*exp*) de l'antenne. Du côté interne, la longue antenne annelée, qui représente l'endopodite, est reliée avec lui par deux segments basilaires robustes.

L'antennule (fig. 48, B) a une tige composée de trois articles et deux filaments terminaux annelés, dont l'externe est plus épais et plus long que l'interne, et situé plutôt en dessus, ainsi qu'en dehors, de ce dernier. La forme particulière du segment basilaire de la tige de l'antennule a déjà été signalée. Il est plus long que les deux autres ensemble, et, près de l'extrémité antérieure, son bord sternal est prolongé en une forte épine simple (*a*). La tige de l'antennule répond au protopodite des autres membres, bien que sa division en trois articles ne soit pas habituelle. Les deux filaments terminaux annelés représentent l'endopodite et l'exopodite.

Enfin le pédoncule oculaire (A) a exactement la même structure que le protopodite d'un membre abdominal, ayant un court article basilaire et un article terminal long et cylindrique.

D'après ce court énoncé des caractères que présentent les appendices, il est clair que du moment qu'il est permis de dire que les appendices abdominaux sont construits sur un seul plan, modifié par l'excès de développement d'une partie relativement à une autre, ou par la suppression de certaines parties, ou encore par la coalescence de plusieurs pièces; de même on peut dire que tous les appendices sont construits sur le même plan et modifiés conformément aux mêmes principes. Étant donné un type général d'appendice, formé d'un protopodite portant une podobranchie, d'un endopodite et d'un exopodite, tous les appendices que l'on trouve en réalité sont aisément dérivables de ce type.

Outre leur adaptation aux divers objets qu'elles remplissent, les parties du squelette de l'écrevisse montrent donc une telle unité dans la diversité que, si l'animal était un produit de l'art humain, cette similitude nous porterait à supposer que l'ouvrier était astreint non seulement à faire une machine capable d'accomplir certains travaux, mais encore de subordonner à certaines conditions architecturales fixées d'avance la nature et l'arrangement du mécanisme.

Ce que nous apprennent ainsi les organes squelettiques nous est répété et confirmé par l'étude des systèmes nerveux et musculaire. De même que le squelette du corps tout entier peut se résoudre dans les squelettes de vingt métamères séparés, diversement modifiés et combinés, de même la chaîne ganglionnaire tout entière se résout en vingt paires de ganglions de dimensions diverses, éloignés les uns des autres dans une région, et rapprochés dans une autre; et de même on peut concevoir le système musculaire du tronc comme la somme de vingt *myotomes* ou segments du système musculaire appartenant à un métamère, diversement modifiés suivant le degré de mobilité des différentes régions de l'organisme[1].

La construction du corps par la répétition et la modification d'un petit nombre des parties semblables, construction qui est est si évidente d'après l'étude de la forme générale des somites et de leurs appendices, est encore démontrée d'une manière plus remarquable si nous poursuivons plus loin nos investigations, et étudions la structure plus intime de ces parties. Le revêtement extérieur souple, que l'on a nommé la *cuticule*, est évidemment partout de même nature, sauf qu'il peut présenter divers degrés de dureté, dus à la présence ou à l'absence

1. Le fondateur de la morphologie des crustacés, M. Milne-Edwards, compte le telson comme un somite, et considère par conséquent que vingt et un somites entrent dans la composition du corps des *Podophthalmaires*. En outre, il assigne les sept antérieurs à la tête, les sept moyens au thorax et les sept postérieurs à l'abdomen. Il y a dans cet arrangement une apparence de symétrie qui tente l'esprit; mais pour les limites de la tête, la ligne naturelle de démarcation entre elle et le thorax me semble si clairement indiquée entre le somite qui porte les secondes mâchoires et celui qui porte les premiers maxillipèdes, chez les *Crustacés*, et entre les somites homologues, chez les insectes, que je n'hésite pas à maintenir ici le mode de groupement que j'ai adopté depuis nombre d'années. La nature exacte du telson a besoin d'être élucidée; mais je ne vois aucune raison de le regarder comme l'homologue d'un seul somite.

On remarquera que ces différences d'opinions ne touchent qu'une question de groupement et de nomenclature. Rien ne serait changé à l'argumentation générale si l'on admettait que le corps tout entier est composé de vingt et un somites et la tête de sept.

de sels calcaires; et si l'on fait macérer une écrevisse dans l'alcali caustique, qui détruit toutes les autres substances qui composent le corps, on verra assez aisément qu'une continuation de la couche cuticulaire entre par la bouche et par l'anus et revêt le canal alimentaire; on verra en outre que les prolongements de la cuticule qui recouvrent diverses parties du tronc et des membres s'étendent en dedans du corps, comme *apodèmes* et *tendons*, pour fournir des points d'insertion aux muscles. La substance cuticulaire qui entre si largement dans la composition du corps de l'écrevisse est ce qu'on appelle en langage technique un *tissu*.

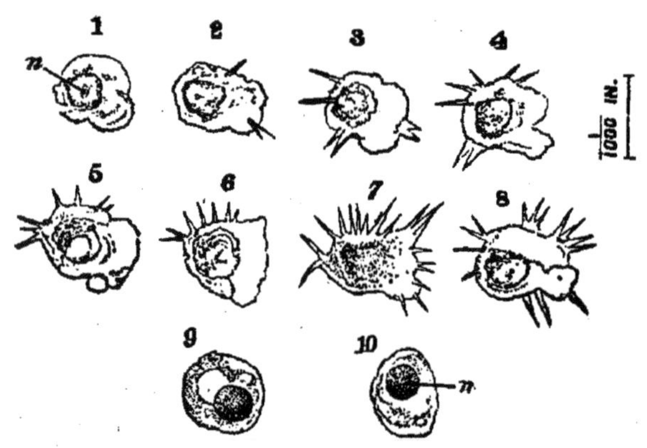

Fig. 49. — *Astacus fluviatilis*. — Corpuscules du sang fortement grossis. *1-8* montre les changements subis, dans l'espace d'un quart d'heure, par un même corpuscule; *n*, noyau; *9* et *10* sont des corpuscules tués par le carmin et dont le noyau est fortement teinté par la matière colorante.

La chair ou *muscle* est une autre sorte de tissu qui se distingue assez facilement à l'œil nu du tissu cuticulaire; mais, pour discerner complètement tous les différents tissus, il faut avoir recours au microscope, dont l'application à l'étude des caractères optiques ultimes des constituants morphologiques du corps a donné naissance à cette branche de la morphologie que l'on connaît sous le nom d'*histologie*.

Si nous regardons comme un tissu tout élément figuré du corps qui se sépare des autres par des caractères définis, il n'y a pas plus de huit sortes de tissus dans l'écrevisse, c'est-à-dire que tout élément solide faisant partie du corps se compose d'un ou plusieurs des huit groupes histologiques suivants :

1. Corpuscules du sang; 2. Épithélium; 3. Tissu connectif; 4. Muscle; 5. Nerf; 6. Œuf; 7. Spermatozoïde; 8. Cuticule.

1. Une goutte de sang d'écrevisse, fraîchement extraite, contient une multitude de petites particules, les *corpuscules du sang*, qui dépassent rarement 0^{m},038 et sont d'ordinaire d'environ 0^{m},027 de diamètre (fig. 49). Ils sont parfois pâles et délicats, mais généralement plus ou moins sombres, parce qu'ils renferment un certain nombre de petits granules fortement réfringents; ils sont ordinairement de formes très irrégulières. Si l'on observe l'un d'entre eux pendant deux ou trois minutes de suite, sa forme paraîtra subir les changements constants, bien que lents, auxquels on a déjà fait allusion en passant. L'un ou l'autre des prolongements irréguliers rentrera et un autre sortira ailleurs. Le corpuscule possède en effet une contractilité inhérente comme celle d'un de ces organismes inférieurs connus sous le nom d'*amibes*; c'est pour cela que l'on a donné à ces mouvements l'épithète d'*amiboïdes*. A l'intérieur du corpuscule, on peut voir un contour ovale mal marqué, indiquant la présence d'un corps sphéroïdal d'environ 0^{m},013 de diamètre, qui est le noyau du corpuscule (*n*). L'addition de quelques réactifs, comme l'acide acétique dilué, fait prendre immédiatement aux corpuscules une forme sphéroïdale et rend le noyau très apparent (fig. 49, *9* et *10*). Le corpuscule du sang est, en effet, une simple cellule nucléée, composée d'une masse protoplasmique contractile, entourant un noyau; il est suspendu librement dans le sang, et, quoiqu'il fasse aussi bien partie de l'organisme écrevisse que n'importe quel autre des éléments histologiques, il mène dans le fluide sanguin une existence presque indépendante.

2. On peut comprendre sous le nom général d'*épithélium* une forme de tissu qui est partout situé sous l'exosquelette (où il correspond à l'épiderme des animaux supérieurs) et le revêtement cuticulaire du canal alimentaire, et qui s'étend de là dans les cœcums hépatiques. On le rencontre en outre dans les organes générateurs et dans la glande verte. Là où il forme la couche sous-cuticulaire des téguments et du canal alimentaire, il consiste en une substance protoplasmique (fig. 50) dans laquelle sont enfouis des noyaux très rapprochés les uns des autres. Si l'on suppose qu'un certain nombre de corpuscules sanguins

soient réunis en un tout continu, ils donneraient naissance à un tissu analogue; et il ne peut y avoir de doute que ce soit en réalité une agrégation de cellules nucléées, bien que les limites entre les diverses cellules soient rarement visibles à l'état frais. Dans le foie cependant les cellules s'accroissent et se détachent les unes des autres dans les parties les plus larges et les plus inférieures des cœcums, et leur nature essentielle devient ainsi évidente.

3. Immédiatement au-dessous de la couche épithéliale vient un tissu disposé en bandes ou en lames, qui s'étend sur les parties sous-jacentes, les revêt et les relie les unes aux autres. C'est de là que vient son nom de *tissu connectif.*

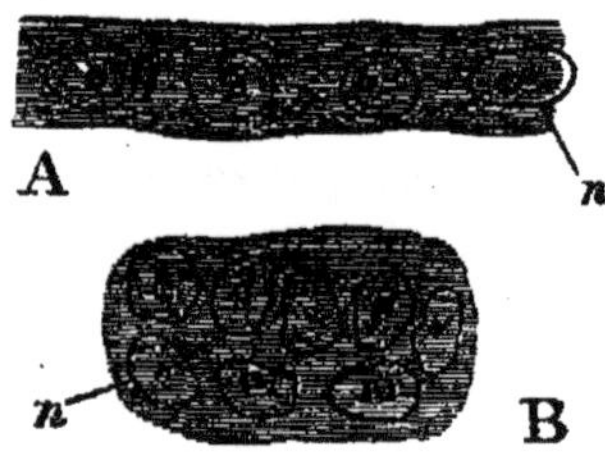

FIG. 50. — *Astacus fluviatilis.* — Épithélium provenant de la couche épidermique située sous la cuticule, fortement grossi; A, en section verticale; B, vu de la surface; *n*, noyaux.

Le tissu connectif se présente sous trois formes. Dans la première, c'est une gangue ou substance fondamentale transparente, d'apparence homogène, dans laquelle sont dispersés de nombreux noyaux. En réalité, cette forme de tissu connectif ressemble de très près au tissu épithélial, sauf que les intervalles entre les noyaux sont plus grands et que la substance dans laquelle ils sont enfoncés ne saurait se diviser en cellules séparées correspondantes à chacun des noyaux. Dans la seconde forme (fig. 51, A), la gangue montre des lignes parallèles fines et ondulées comme si elle était divisée en fibres imparfaites. Dans cette forme et dans celle qui va être décrite tout à l'heure, la gangue est creusée de cavités plus ou moins sphériques, contenant un fluide clair; et le nombre de ces cavités est parfois si grand que la gangue est proportionnellement très réduite et que le tissu acquiert ainsi un aspect ressemblant d'assez près à celui du parenchyme des plantes. Ceci est encore plus accentué dans la troisième forme, dans laquelle la gangue elle-même est divisée en masses allongées ou arrondies dont chacune possède un noyau à son intérieur (fig. 51, B). Sous une forme ou sous une autre, le tissu connectif s'étend dans le corps entier, engainant les divers organes, et formant les parois des sinus sanguins.

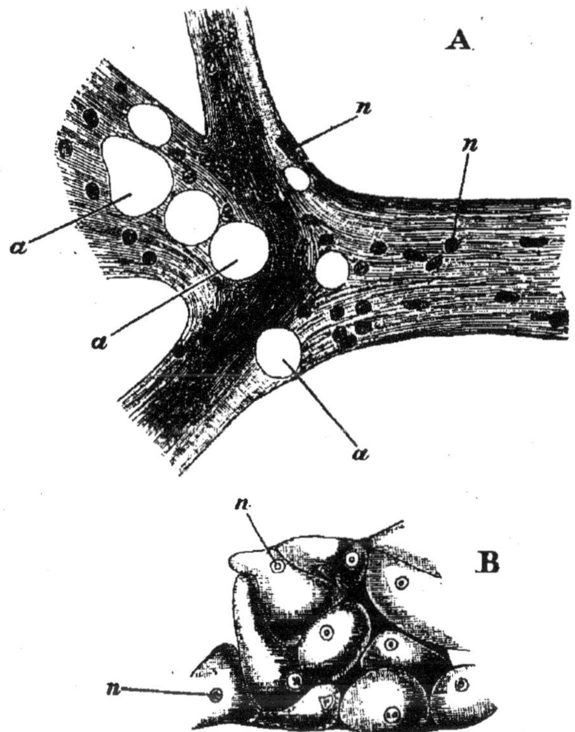

FIG. 51. — *Astacus fluviatilis.* — Tissu connectif; A, seconde forme; B, troisième forme; *a*, cavités; *n*, noyaux; fortement grossi.

La troisième forme est particulièrement abondante dans le revêtement externe du cœur, des artères, du canal alimentaire et des centres nerveux. Autour des ganglions cérébraux et thoraciques antérieurs, elle renferme ordinairement plus ou moins de matière grasse. Dans ces régions, un grand nombre de noyaux sont, en réalité, cachés par les granules de diverses tailles qui s'accumulent autour d'eux et sont composés les uns de graisse, les autres de substances protéiques. Ces agrégats de granules sont ordinairement sphéroïdaux; et, avec la gangue dans laquelle ils sont enfouis et le noyau qu'ils entourent, on peut souvent les détacher facilement en déchirant le tissu connectif, et on les connaît alors sous le nom de *cellules graisseuses*. D'après ce qui a été dit sur la répartition du tissu connectif, il est évident que, si l'on enlevait tous les autres tissus, celui-ci formerait un tout continu, représentant une sorte de modèle ou de moule du corps entier de l'écrevisse.

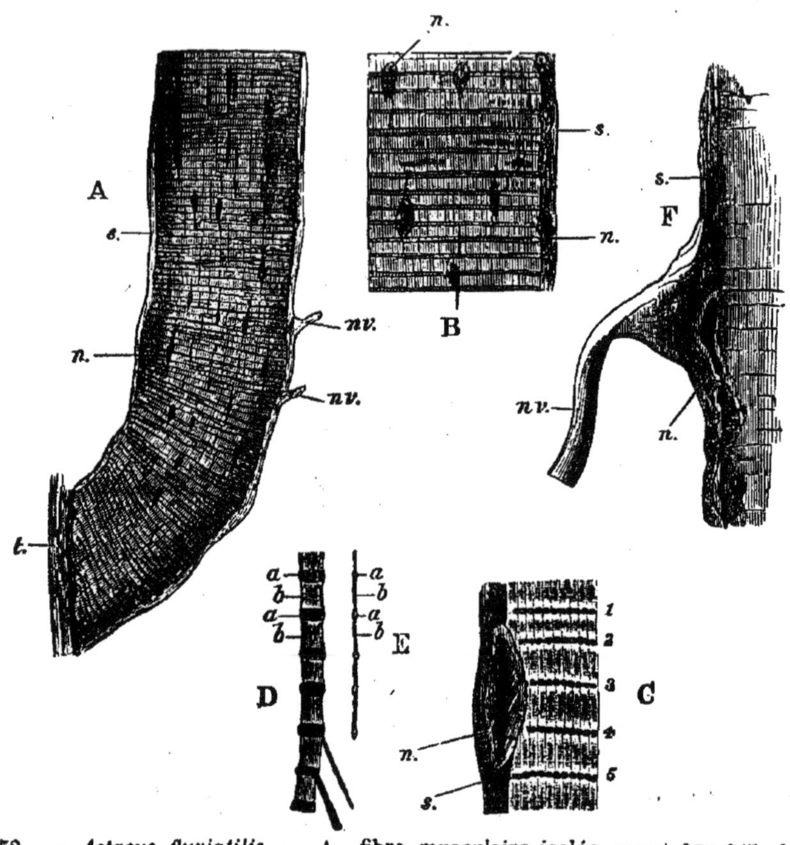

Fig. 52. — *Astacus fluviatilis*. — A, fibre musculaire isolée, ayant 0mm,245 de diamètre transversal ; B, portion de la même, plus fortement grossie ; C, une portion plus petite, traitée par l'alcool et l'acide acétique, et encore plus fortement grossie ; D et E, division en fibrilles d'une partie de la fibre traitée par le picro-carminate ; F, connexion d'une fibre nerveuse avec une fibre musculaire qui a été traitée par l'alcool et l'acide acétique ; *a*, portions plus sombres, et *b*, portions plus claires des fibrilles ; *n*, noyaux ; *nv*, fibre nerveuse ; *s*, sarcolemme ; *t*, tendon ; *1-5*, stries granuleuses sombres successives, répondant aux portions granuleuses *a* de chaque fibrille.

4. Le *tissu musculaire* de l'écrevisse a toujours la forme de bandes ou de fibres d'épaisseur très variable, marquées, quand on les regarde à la lumière transmise, de stries alternativement plus sombres et plus claires, transversales à l'axe des fibres (fig. 52, A). La distance entre les stries transversales varie, avec

la condition du muscle, de 0m,067 dans l'état de repos à 0m,009 dans celui de contraction extrême. Les fibres musculaires plus délicates, comme celles du cœur et de l'intestin, sont enfouies dans le tissu connectif de l'organe, mais n'ont pas de gaines spéciales. Celles qui constituent les muscles plus apparents du tissu et des membres sont au contraire beaucoup plus grosses et revêtues d'une gaine mince, transparente et amorphe, que l'on nomme *sarcolemme*. Des noyaux sont répandus par intervalles dans la substance striée du muscle ; et, dans les fibres musculaires plus grosses, une couche de protoplasme nucléé est située entre le sarcolemme et la substance striée.

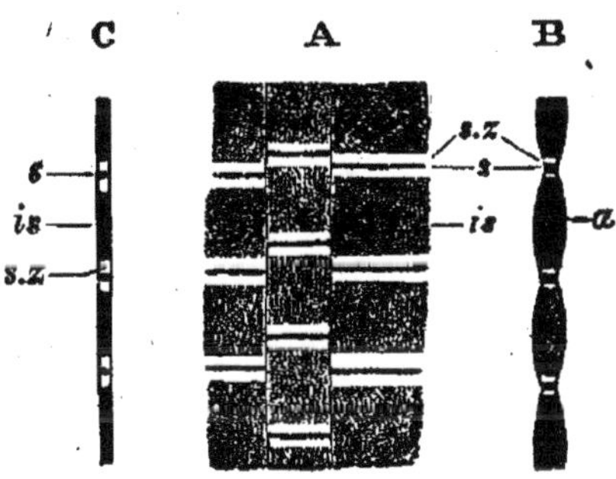

Fig. 53. — *Astacus fluviatilis*. — A, fibre musculaire vivante, très fortement grossie ; B, fibrille traitée par une solution de chlorure de sodium ; C, fibrille traitée par l'acide nitrique concentré ; *s*, lignes septales ; *sz*, zones septales ; *is*, zones interseptales ; *a*, ligne transversale dans la zone interseptale.

Tout ceci est facile à voir dans un spécimen de fibre musculaire empruntée à une partie quelconque du corps, et vivante ou même morte. Mais les résultats ultimes de l'analyse optique de ces apparences, et les conclusions qu'on en peut légitimement tirer relativement à la structure normale du muscle strié, ont été le sujet de beaucoup de controverses.

Si l'on observe à l'état de repos les fibres musculaires de la pince d'une écrevisse, tandis qu'elles sont encore vivantes, sans y ajouter aucun fluide étranger, et en employant un grossissement d'au moins 7 ou 800 diamètres, voici quel en sera l'aspect. Des lignes transversales fort délicates, mais sombres et bien définies, sont visibles à des intervalles d'environ 6 à 7 millièmes de millimètre ; et ces lignes, lorsqu'elles sont exactement au foyer, semblent perlées, comme si elles étaient composées de séries de granules fins, étroitement juxtaposés et n'ayant pas plus de 9 à 13 dix-millièmes de millimètre de diamètre. On peut nommer ces lignes, les *lignes septales* (fig. 52, D et E, *a;* C, 1-5; fig. 53, *s*). De chaque côté de chacune des lignes septales se trouve une bande fort étroite, parfaitement transparente, que l'on peut distinguer sous le nom de *zone septale* (fig. 53, *sz*). Puis vient une bande relativement large, d'une substance d'aspect semi-transparent comme du verre très finement dépoli, et qui par conséquent apparaît un peu sombre relativement à la zone septale. Après cette *zone interseptale* (*is*) vient une autre zone septale, puis une ligne septale, une autre zone septale, une zone interseptale, et ainsi de suite dans toute la longueur de la fibre.

Quand le muscle est parfaitement exempt d'altération, on n'y saurait distinguer d'autres marques transversales que celles-ci. Mais il est toujours possible d'observer certaines marques longitudinales, et celles-ci sont de trois sortes. D'abord les noyaux, qui, dans le muscle parfaitement frais, sont des corps ovales, délicats et transparents, logés dans des espaces qui se rétrécissent à chaque extrémité en étroites fentes longitudinales (fig. 52, A, B). Des prolongements de la gaine protoplasmique de la fibre s'étendent en dedans et remplissent ces fentes. En second lieu, on voit, interposées entre celles-ci, des fentes semblables, mais étroites, et simplement linéaires dans toute leur longueur. Parfois ces fentes contiennent de fins granules. En troisième lieu, même dans le muscle parfaitement frais, des stries longitudinales parallèles, extrêmement faibles et séparées d'environ 3 à 4 millièmes de millimètre, traversent les diverses zones, de façon que des segments plus longs ou plus courts des lignes septales successives sont enfermés entre elles. Une section transversale du muscle paraît divisée en aires arrondies ou polygonales du même diamètre, séparées ici et là les unes des autres par d'étroits interstices. En outre, si l'on examine avec un fort grossissement un muscle parfaitement frais, les lignes septales ne sont presque jamais droites que sur une faible longueur, mais sont au contraire brisées en courts segments qui répondent à une ou plusieurs divisions longitudinales, et sont situées à des hauteurs légèrement différentes.

La seule conclusion à tirer de ces apparences est, il me

semble, que la substance du muscle est composée de *fibrilles* distinctes, et que les stries longitudinales et les aires arrondies qu'offre la section transversale sont simplement les expressions optiques des limites de ces fibrilles. Mais toutefois, lorsque le tissu n'a encore éprouvé aucune altération, les fibrilles sont tellement serrées les unes contre les autres, que leurs limites sont à peine visibles.

Ainsi chaque *fibre* musculaire peut être regardée comme composée de faisceaux plus ou moins gros de *fibrilles* enfouies dans une charpente de protoplasme nucléé, qui engaine le tout et qui se trouve revêtu lui-même par le sarcolemme.

Lorsque la fibre meurt, les noyaux acquièrent des contours plus durs et plus sombres, et leur contenu devient granuleux, tandis que les fibrilles présentent en même temps des limites nettes et bien définies. On peut en effet, dès lors, déchirer aisément la fibre au moyen d'aiguilles, et isoler ainsi les fibrilles.

Dans le muscle qui a été traité par divers réactifs, tels que l'alcool, l'acide nitrique ou la solution de sel commun, les fibrilles elles-mêmes peuvent être fendues en filaments d'une ténuité extrême et dont chacun paraît répondre à l'un des granules des lignes septales. Un *filament musculaire* ainsi isolé semble un fil très fin portant, à intervalles réguliers, de petites perles.

Les lignes septales résistent à la plupart des réactifs et demeurent visibles dans les fibres musculaires qui ont subi divers modes de traitement; mais elles peuvent, suivant les circonstances, avoir l'apparence de barres continues ou se résoudre plus ou moins complètement en granules séparés. D'autre part, ce que l'on peut voir dans l'espace qui sépare deux lignes septales dépend du réactif employé. Avec des acides dilués et de fortes solutions de sel, la substance interseptale se gonfle et devient transparente au point de ne pouvoir plus être distinguée de la zone septale. En même temps une ligne transversale distincte, mais faible, peut apparaître au milieu de sa longueur. L'acide nitrique fort rend, au contraire, la substance interseptale plus opaque, et les zones septales paraissent en conséquence parfaitement définies.

Dans le muscle vivant ou mort récemment aussi bien que

dans les muscles qui ont été conservés dans l'alcool ou durcis à l'acide nitrique, les zones interseptales polarisent la lumière, et par conséquent, dans le champ sombre d'un microscope polarisant, la fibre paraît traversée de bandes brillantes, qui correspondent aux zones interseptales ou en tout cas à leur partie médiane. La substance qui forme les zones septales, au contraire, ne produit point un pareil effet et demeure par conséquent obscure, tandis que les lignes septales jouissent, elles aussi, bien qu'à un moindre degré, de la même propriété que la substance interseptale.

Dans les fibres sur lesquelles on a fait agir une solution de sel ou des acides dilués, les zones interseptales ont perdu leur propriété polarisatrice. Comme nous savons que les réactifs en question dissolvent la matière constituante particulière du muscle ou *myosine*, on doit en conclure que la substance interseptale est principalement composée de myosine.

Une fibrille peut donc être considérée comme composée de segments de matériaux divers, arrangés dans un ordre régulier; S-*sz*-IS-*sz*-S-*sz*-IS-*sz*-S : S représentant la ligne septale; *sz*, la zone septale; IS, la zone interseptale. De toutes ces parties, IS est le principal, sinon l'unique siège de la myosine; la composition de *sz* et de S demeure incertaine, mais il me paraît entièrement inadmissible que, dans le muscle vivant, *sz* soit un simple fluide.

Lorsque le muscle vivant se contracte, les zones interseptales deviennent plus courtes et plus larges et leurs bords plus sombres, tandis que les zones et les lignes septales tendent à s'effacer — simplement me semble-t-il — en conséquence du rapprochement des bords latéraux des zones interseptales. Il est probable que la substance de la zone intermédiaire est le principal, sinon l'unique siège de l'activité musculaire pendant la contraction.

5. Les éléments du tissu nerveux sont de deux sortes : les *cellules nerveuses* et les *fibres nerveuses;* on trouve les premières dans les ganglions et leur volume est très variable (fig. 54, B). Chaque corpuscule ganglionnaire consiste en un corps cellulaire muni d'un ou plusieurs prolongements qui, parfois, sinon toujours, se terminent en fibres nerveuses. Un gros noyau clair se voit dans l'intérieur de la cellule nerveuse, et au centre de

celui-ci se trouve une petite particule arrondie et bien définie, le *nucléole*. Lorsqu'on isole un corpuscule, il est souvent entouré d'une sorte de gaine de petites cellules nucléées.

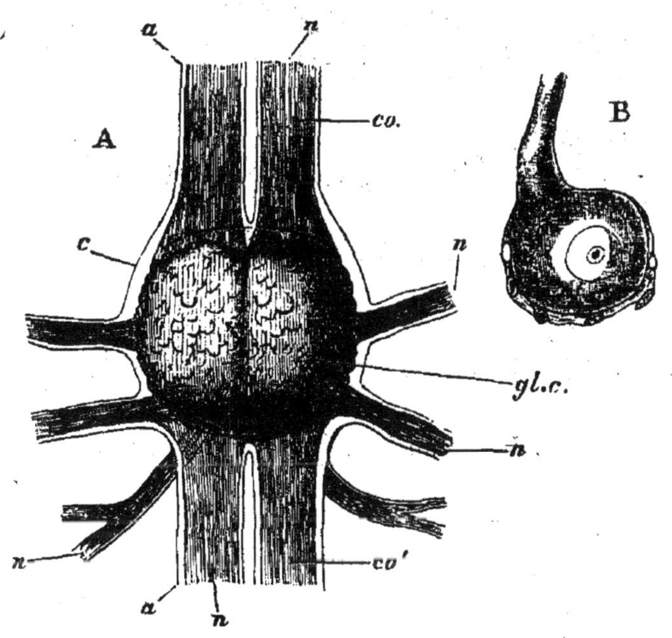

Fig. 54. — *Astacus fluviatilis*. — A, un des ganglions abdominaux (doubles) avec les nerfs qui s'y relient (× 25); B, une cellule nerveuse ou corpuscule ganglionnaire (× 250); *a*, gaine des nerfs; *c*, gaine du ganglion; *co*, *co'*, cordes commissurales reliant les ganglions avec ceux situés en avant et en arrière; *glc* indique les corpuscules ganglionnaires du ganglion; *n*, fibres nerveuses.

Les fibres nerveuses de l'écrevisse (fig. 55) sont remarquables par les fortes dimensions qu'atteignent quelques-unes d'entre elles. Dans le système nerveux central, quelques-unes arrivent à $0^{mm},135$ de diamètre, et les fibres de $0^{mm},090$ ou $0^{mm},067$ de diamètre ne sont point rares dans les principales branches. Chaque fibre est un tube formé d'une gaine forte et élastique, parfois fibrillaire, et dans laquelle des noyaux sont enfouis à intervalles irréguliers, et lorsque le tronc nerveux donne une branche, un plus ou moins grand nombre de ces tubes se divise en envoyant un prolongement dans chaque branche.

A l'état de fraîcheur parfaite, le contenu des tubes est parfaitement pellucide et sans le moindre indice de structure, et, d'après la manière dont ce contenu s'échappe par les extrémités coupées des tubes, il est évident que c'est un fluide de consis-

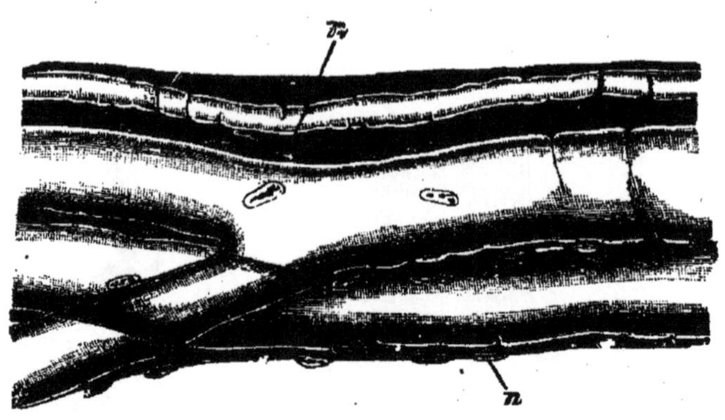

FIG. 55. — *Astacus fluviatilis*. — Trois fibres nerveuses, avec le tissu connectif dans lequel elles sont enfoncées (grossies d'environ 250 diamètres); *n*, noyaux.

tance gélatineuse. Lorsque la fibre meurt, et sous l'influence de l'eau et de beaucoup de réactifs, ce contenu se divise en globules, ou devient trouble et finement granuleux.

A l'endroit où les fibres motrices se terminent dans les muscles auxquels elles se distribuent, la gaine de chaque fibre se continue avec le sarcolemme du muscle, et le protoplasme subjacent s'élève d'ordinaire en une légère proéminence contenant plusieurs noyaux (fig. 52, F). C'est ce qu'on appelle les *plaques motrices* ou *terminales*.

6. 7. Les œufs et les spermatozoïdes ont été déjà décrits plus haut (pages 99 à 102).

On observera que les corpuscules du sang, les tissus épithéliaux, les corpuscules ganglionnaires, les œufs et les spermatozoïdes ne sont tous, ainsi qu'on l'a démontré, autre chose que des cellules nucléées, plus ou moins modifiées. La première forme de tissu connectif est tellement semblable au tissu épithélial, qu'elle peut être évidemment regardée comme un agrégat d'autant de cellules qu'elle présente de noyaux, la gangue représentant les corps cellulaires plus ou moins modifiés, ou des produits de ceux-ci. Mais, s'il en est ainsi, la seconde et la troisième forme possèdent une composition semblable, sauf que la gangue des cellules est devenue fibrillaire, ou creusée de vacuoles, ou bien encore divisée en masses correspondantes aux divers noyaux. Le tissu musculaire peut aussi, par un raisonnement semblable, être considéré comme un agrégat de cellules, dans lequel la substance internucléaire s'est convertie en muscle strié; tandis que, dans les fibres nerveuses, un processus semblable de métamorphoses peut avoir donné naissance à la substance nerveuse, gélatineuse et pellucide. Mais, si nous acceptons les conclusions que nous suggère la comparaison des divers tissus entre eux, il s'ensuit que tous les éléments histologiques mentionnés jusqu'ici ne sont que des cellules nucléées, simples ou modifiées, ou un agrégat cellulaire plus ou moins modifié. En d'autres termes, tout tissu peut se résoudre en cellules nucléées.

Les *tissus cuticulaires* font toutefois une importante exception à cette règle générale, et l'on n'y peut découvrir de composants cellulaires. Dans sa forme la plus simple, telle que la présente le revêtement de l'intestin, la cuticule est une membrane délicate, transparente, séparée de la surface des cellules sous-jacentes, soit par un processus exsudatif, soit par la transformation chimique de leur couche superficielle. On ne peut discerner de pores sur cette membrane, mais l'on voit, disséminés sur sa surface, des espaces ovales couverts de prolongements coniques aigus, excessivement petits et qui dépassent rarement $0^{mm},0054$ de longueur. Là où la cuticule est plus épaisse, comme dans l'estomac et l'exosquelette, elle présente une apparence stratifiée, comme si elle était composée d'un certain nombre de lames, d'épaisseur variable, séparées successivement des cellules sous-jacentes.

Là où la couche cuticulaire des téguments n'est point calcifiée, comme, par exemple, entre les sternums des somites abdominaux, elle présente une lame externe mince, dense et ridée, l'*épiostracum*, suivie d'une substance molle qui, sur une section verticale, présente de nombreuses bandes, alternativement plus transparentes et plus opaques, parallèles les unes aux autres et aux surfaces libres de la tranche (fig. 56, D). Ces bandes sont très serrées, et souvent à pas plus de 5 millièmes de millimètre de distance les unes des autres près des surfaces interne et externe; mais, vers le milieu de la section, elles s'écartent un peu plus.

Si l'on prend une tranche verticale mince de cuticule molle, et qu'on l'étire doucement avec des aiguilles, dans le sens de son épaisseur, elle s'étend jusqu'à huit ou dix fois sa dimension primitive; et les intervalles clairs entre les bandes sombres deviennent proportionnellement plus larges, surtout au milieu de la coupe, tandis que les bandes sombres paraissent devenir

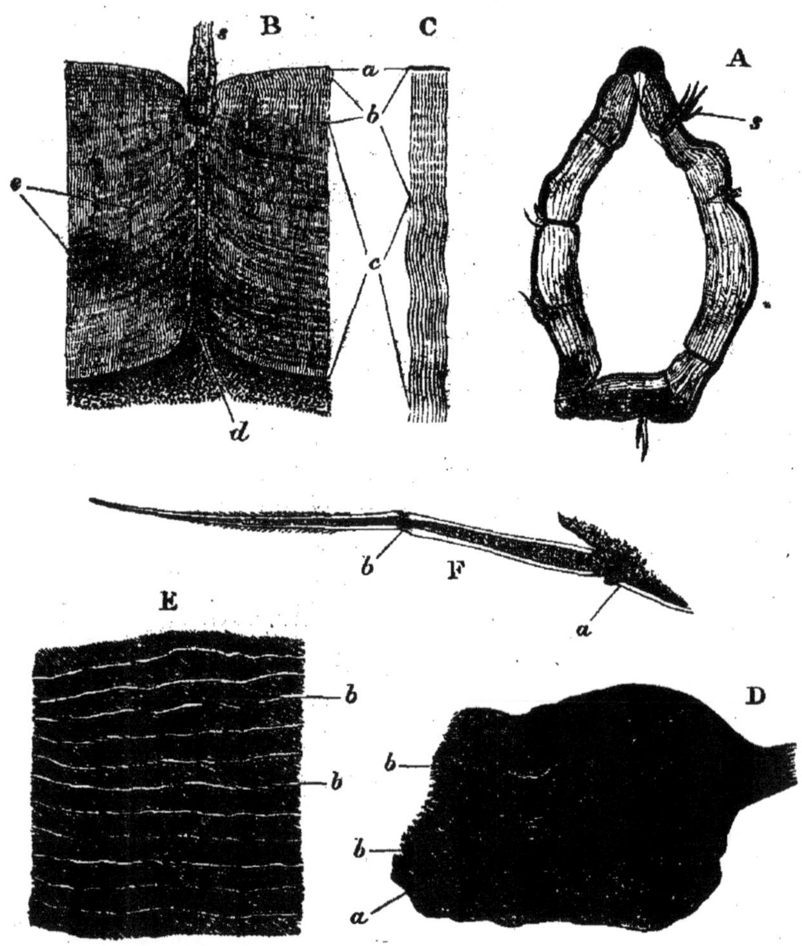

Fig. 56. — *Astacus fluviatilis.* — Structure de la cuticule. A, section transversale d'un article de la pince (× 4); *s*, soies; B, portion de la même (× 30); C, portion de B plus fortement grossie; *a*, épiostracum; *b*, ectostracum; *c*, endostracum; *d*, canal de la soie; *e*, canaux remplis d'air; *s*, soie; D, section d'une membrane intersternale de l'abdomen, la portion à droite dans sa condition naturelle, le reste étalé avec des aiguilles (× 20); E, petite portion de la même, fortement grossie; *a*, substance intermédiaire; *b*, lames; F, une soie fortement grossie; *a* et *b*, articulations.

elles-mêmes plus minces et plus nettement définies. Ces bandes sombres peuvent être aisément écartées jusqu'à 0mm,09 les unes des autres; mais, si l'on étire davantage la coupe, elle se fend le long d'une de ces lignes sombres ou tout près de l'une d'elles. La couche cuticulaire tout entière est teintée par des matières colorantes comme l'hématoxyline, et ce traitement rend très manifeste la stratification transversale, car les bandes sombres se colorent plus que la substance intermédiaire transparente.

Quand on l'examine avec un fort grossissement, on voit que cette substance transparente est traversée par des lignes verticales, peu marquées et fort serrées, et que les bandes sombres sont produites par les surfaces de section de lames délicates, paraissant finement striées, comme si elles étaient composées de fibrilles onduleuses, parallèles et délicates.

On peut distinguer de même, dans les parties calcifiées de l'exosquelette, un épiostracum mince, ferme et ridé (fig. 56, B, *a*) et, au-dessous de lui, un certain nombre de couches alternativement plus claires et plus sombres, bien que toutes les lames, sauf la plus interne, soient durcies par un dépôt de sels calcaires, uniformément répandus en général, mais prenant quelquefois la forme de masses arrondies à contours irréguliers.

Immédiatement au-dessous de l'épiostracum vient une zone qui peut occuper le sixième ou le septième de l'épaisseur totale, qui est souvent plus transparente que le reste, et présente souvent à peine quelque trace de striation verticale ou horizontale. Lorsqu'elle paraît laminée, les couches sont très minces. On peut distinguer cette zone, sous le nom d'*ectostracum* (*b*), de l'*endostracum* (*c*) qui constitue le reste de l'exosquelette. Dans la partie externe de l'ectostracum, les couches sont distinctes et peuvent avoir jusqu'à $0^{mm},054$ d'épaisseur; mais dans la partie interne elles deviennent très minces, et les lignes qui les séparent peuvent n'être écartées que de $0^{mm},0034$. Des stries verticales (*e*) fines, parallèles et serrées, traversent toutes les couches de l'endostracum et peuvent être suivies d'ordinaire jusque dans l'ectostracum, bien qu'elles soient toujours faibles et souvent à peine visibles dans cette région. En employant un fort grossissement, on voit que ces stries, écartées d'environ $0^{mm},0038$, ne sont point droites, mais présentent de courtes ondulations régulières, dont les convexités et les concavités correspondent respectivement aux bandes claires et aux bandes sombres.

Si l'on a laissé dessécher en partie ou entièrement l'exosquelette dur, avant de pratiquer la coupe, celle-ci paraîtra blanchie par la lumière réfléchie, et noire par la lumière transmise, la place des stries étant occupée par des rangées de bulles d'air d'une ténuité si grande, qu'elles peuvent ne mesurer pas plus de $0^{mm},0009$ de diamètre. On doit donc conclure que ces stries sont les indications optiques de canaux ondulés, parallèles, traversant les couches successives de la cuticule, et ordinairement occupés par un fluide. Lorsque la cuticule se dessèche, l'air ambiant pénètre et remplit plus ou moins complètement les tubes. On peut prouver qu'il en est bien réellement ainsi en faisant de très fines coupes, parallèles à la surface de l'exosquelette. Ces coupes montrent, en effet, d'innombrables petites perforations, régulièrement espacées à des distances correspondant aux intervalles que l'on observe entre les stries sur la coupe verticale, et parfois les contours des aires qui séparent les ouvertures sont si bien définis qu'ils font songer à un pavage composé de petits blocs angulaires dont les coins ne se rencontreraient pas tout à fait.

Lorsqu'on décalcifie une portion de l'exosquelette dur, il reste une substance chitineuse qui présente la même structure que celle qui vient d'être décrite, sauf que l'épiostracum est plus distinct, tandis que l'ectostracum paraît composé de lames très minces, et que les tubes sont représentés par des stries délicates qui paraissent plus grosses dans la région des zones sombres. Comme les parties naturellement molles de l'exosquelette, la cuticule décalcifiée peut être fendue en lames, et l'on voit alors que les pores sont disposés en aires distinctes, circonscrites par des bords polygonaux clairs. Ces aires perforées paraissent correspondre aux cellules de l'ectoderme, et les canaux répondre ainsi aux « pores canaux » communs dans les tissus cuticulaires et dans les parois de beaucoup de cellules limitant des surfaces libres.

L'exosquelette tout entier de l'écrevisse est, en réalité, produit par les cellules situées au-dessous de lui, soit qu'elles exsudent d'une substance chitineuse qui se durcit ensuite, soit, ce qui est plus probable, que la zone superficielle du corps cellulaire subisse une métamorphose chimique qui la transforme en chitine. Quoi qu'il en soit, les produits cuticulaires des cellules adjacentes forment d'abord une pellicule simple, mince et continue. La continuation du processus qui lui a donné naissance augmente l'épaisseur de la cuticule; mais les matériaux ainsi ajoutés à la surface interne de celle-ci ne sont pas toujours de même nature, mais, au contraire, alternativement plus denses et plus mous. La matière plus dense donne naissance aux lames fermes, et la plus molle à la substance intermédiaire transparente. Mais cette dernière est d'abord en très petite quantité, et de là vient que les lames les plus externes sont fort rapprochées les unes des autres. Par la suite, la quantité de substance intermédiaire s'accroît, et donne naissance à la stratification épaisse de la région moyenne, tandis qu'elle reste insignifiante dans la région interne de l'exosquelette.

Les tissus cuticulaires de l'écrevisse diffèrent des ongles, des poils, des sabots et autres parties dures semblables des animaux supérieurs, en ce que ces dernières consistent en un agrégat de cellules dont les corps ont été métamorphosés en substance cornée. La cuticule et toutes ses dépendances, au contraire, bien que leur existence dépende aussi de cellules, sont des produits dérivés dont la formation n'entraîne pas la métamorphose complète, et conséquemment la destruction, des cellules auxquelles ils doivent leur origine.

Les sels calcaires qui durcissent les parties calcifiées de l'exosquelette ne peuvent être fournis que par l'infiltration d'un fluide dans lequel ils sont dissous, et qui les emprunte au sang; tandis que les caractères distinctifs que présente la structure de l'épiostracum, de l'ectostracum et de l'endostracum sont les résultats d'un processus de métamorphose qui marche de front avec cette infiltration. Dans quelle mesure cette métamorphose est-elle, à proprement parler, un processus vital, et dans quelle mesure est-elle explicable par les propriétés physiques et chimiques ordinaires que possèdent, d'une part, la membrane animale, et de l'autre, les sels minéraux? C'est là un problème curieux et, jusqu'à présent, non résolu.

La surface externe de la cuticule est rarement lisse. En général elle est, d'une façon plus ou moins apparente, couverte de crêtes ou de tubercules, et présente, en outre, des prolongements piliformes, plus ou moins fins, qui offrent toutes les gradations depuis un duvet microscopique jusqu'à de fortes épines. Comme ces prolongements, si semblables qu'ils soient aux poils par leur aspect général, sont essentiellement différents de ce que l'on entend par poils chez les animaux supérieurs, il vaut mieux les nommer *soies*.

Ces soies (fig. 56, F) sont parfois des filaments courts, grêles, coniques, à surface tout à fait lisse ; mais parfois cette surface est prolongée en fines dentelures, ou en proéminences squamiformes, disposées sur deux rangs ou plus ; dans d'autres soies, l'axe émet des branches latérales grêles ; et, dans la forme la plus compliquée, ces branches sont elles-mêmes ornées de petits rameaux latéraux. Sur une certaine longueur, à partir de la base de la soie, sa surface est ordinairement lisse, même lorsque le reste de son étendue est ornementé d'écailles ou de branches. La partie basilaire de la soie est, en outre, séparée de sa moitié apicale par une sorte d'articulation, indiquée par une légère constriction ou par une particularité qu'offre, dans ce point, la structure de la cuticule. Une soie prend presque toujours son origine au fond d'une dépression, ou fosse, de la couche cuticulaire où elle se développe ; et elle est généralement mince et flexible à son union avec celle-ci, de façon à se mouvoir aisément dans son alvéole. Chaque soie renferme une cavité dont les limites suivent généralement les contours extérieurs de la soie. Toutefois, dans un grand nombre de cas, les parois s'épaississent près de la base de la soie, au point d'oblitérer presque, ou même complètement, la cavité centrale. Quelque épaisse que puisse être la cuticule au point où la soie prend son origine, elle est toujours traversée par un canal en entonnoir (fig. 56, B, *d*) qui s'étend d'ordinaire au-dessous de la base de la soie. L'ectoderme sous-jacent s'étend à travers ce canal jusqu'à la base de la soie, et l'on peut même le suivre sur une certaine distance dans son intérieur.

On a déjà dit que les apodèmes et les tendons des muscles sont des replis de la cuticule, embrassés et sécrétés par des involutions correspondantes de l'ectoderme [1].

Ainsi le corps d'une écrevisse peut se résoudre, d'abord en

1. En traitant de l'histologie de l'écrevisse, j'ai dû me contenter d'établir les faits comme ils me paraissent à moi. Il faudrait un volume entier pour discuter les interprétations que donnent à ces faits d'autres observateurs, surtout pour les tissus comme le muscle, où l'on n'est point encore parfaitement d'accord, même sur les faits d'observation.

une répétition des segments semblables, les *métamères*, dont chacun se compose d'un somite et de deux appendices; les métamères sont constitués par quelques *tissus* simples, et finalement ces tissus sont, soit des agrégats de *cellules* nucléées, plus ou moins modifiées, soit des produits de cellules semblables. Il suit de là que, en dernière analyse morphologique, l'écrevisse est le multiple de l'unité histologique, la cellule nucléée.

Ce qui est vrai pour l'écrevisse l'est certainement aussi pour tous les autres animaux, sauf les plus inférieurs. Et même l'on ne saurait considérer comme certain que la généralisation ne puisse s'étendre aux plus simples manifestations de la vie animale, puisque des investigations récentes ont démontré la présence d'un noyau dans des organismes où, jusqu'ici, il avait paru faire défaut.

Quoi qu'il en soit, il n'y a pas de doute que, s'appliquant à l'homme et à tous les animaux vertébrés, à tous les arthropodes, mollusques, échinodermes, vers et organismes inférieurs, jusqu'aux éponges les plus simples, l'analyse morphologique arrive au même résultat que chez l'écrevisse. Le corps est formé de tissus, et ceux-ci sont évidemment composés de cellules nucléées; ou bien, d'après la présence de noyaux, on peut les envisager comme les résultats de la métamorphose de pareilles cellules; ou bien encore ce sont des formations cuticulaires.

Le caractère essentiel de la cellule nucléée est qu'elle se compose d'une substance protoplasmique dont une partie diffère un peu du reste par des caractères physiques et chimiques et constitue le noyau. Quel rôle joue le noyau relativement aux fonctions, ou aux activités vitales de la cellule, c'est ce qui est encore inconnu; mais il est suffisamment clair qu'il est le siège d'opérations d'un caractère différent de celles qui se passent dans le corps de la cellule. Car, ainsi que nous l'avons vu, quelque différents que puissent être les divers tissus, les noyaux qu'ils contiennent sont très semblables; d'où il suit que si tous ces tissus étaient primitivement composés de simples cellules nucléées, ce doit être le corps des cellules qui a subi une métamorphose, tandis que les noyaux sont demeurés relativement sans changement.

D'autre part, lorsque les cellules se multiplient comme elles le font dans toutes les parties qui s'accroissent, par la division en deux d'une cellule, les signes du processus de ce changement interne, qui aboutit à la scission, sont apparents dans le noyau avant de se manifester dans le corps cellulaire, et la division du premier précède d'ordinaire celle du second. Un seul corps cellulaire peut ainsi posséder deux noyaux et peut se diviser en deux cellules par l'agrégation subséquente des deux moitiés de sa substance protoplasmique autour de chacun des deux noyaux comme centre.

Dans quelques cas, des changements très singuliers de structure se présentent dans les noyaux au cours de la division cellulaire. Le contenu granuleux ou fibrillaire du noyau, dont la paroi devient moins distincte, s'arrange en forme de fuseau ou d'un double cône, formé de filaments extrêmement délicats et, dans le plan de la base du double cône, les filaments présentent des nœuds ou des épaississements, comme si c'était autant de fils dont chacun portât une perle en son milieu. Lorsque l'on regarde de côté le fuseau nucléaire, ces perles ou épaississements donnent l'apparence d'un disque traversant le centre du fuseau. Bientôt chaque perle se sépare en deux, et les deux parties s'écartent, bien que restant unies par un mince filament. Ainsi, de la forme d'un double cône avec un disque médian, le noyau a passé à celle d'un court cylindre avec un disque et un cône à chaque extrémité. Mais, à mesure que s'accroît la distance entre les deux disques, les filaments qui les unissent perdent leur parallélisme, convergent vers le milieu, et finalement se séparent de façon à présenter deux doubles cônes séparés, au lieu d'un seul. En même temps que ces changements ont lieu dans le noyau, d'autres se produisent dans le protoplasme du corps cellulaire; et ses parties montrent ordinairement une tendance à s'arranger en rayons convergeant vers les extrémités des cônes, tandis que, à mesure que s'achève la séparation des deux noyaux fusiformes secondaires, le corps cellulaire se divise graduellement de dehors en dedans à angle droit sur l'axe commun des fuseaux et entre leurs sommets. Deux cellules sont ainsi formées, là où il n'en existait d'abord qu'une, et les noyaux fusiformes de chacune reviennent bientôt à la forme globuleuse et présentent de nouveau l'arrangement confus de leur contenu, qui caractérise les noyaux dans leur état ordinaire. La formation de ces fuseaux nucléaires se voit parfaitement dans les cellules épithéliales du testicule de l'écrevisse (fig. 33), mais je n'ai pu arriver à la voir distinctement ailleurs que chez cet animal, et bien que l'on ait aujourd'hui prouvé que ce processus se présente aussi dans toutes les divisions du règne animal, il semblerait que les noyaux puissent subir la division et qu'ils le fassent en réalité fort souvent sans se convertir en fuseaux.

Le plus rapide examen de l'une quelconque des plantes les plus élevées en organisation montre que le végétal est, ainsi que l'animal, composé de diverses sortes de tissus : moelle, fibres ligneuses, vaisseaux spiralés, canaux, etc. Mais les formes, même les plus modifiées, des tissus végétaux diffèrent si peu du type de la cellule simple, que la réduction de toutes ces formes à un type commun s'offre à l'esprit avec bien plus de force encore que lorsqu'il s'agit d'un organisme animal. Des recherches récentes ont, en outre, montré que, au cours de la multiplication par scission des cellules végétales, les fuseaux nucléaires peuvent apparaître et subir tous les changements si remarquables que l'on observe chez les animaux.

La question de la présence universelle de noyaux dans les cellules ne peut encore être résolue pour les plantes, non plus que pour les animaux; mais, généralement parlant, on peut affirmer que la cellule nucléée est la base morphologique des deux divisions du monde vivant; et la grande idée générale de Schleiden et Schwann qu'il existe un accord fondamental pour la structure et le développement entre les plantes et les animaux, — cette idée a été confirmée et démontrée par les travaux du demi-siècle qui s'est écoulé depuis sa promulgation.

Non seulement il est vrai que la structure intime de l'écrevisse est la même, en principe, que celle de n'importe quel autre animal ou n'importe quelle plante, quelque différents que puissent être les détails; mais chez tous les animaux (sauf quelques formes exceptionnelles) au-dessus des êtres les plus inférieurs, le corps est semblablement composé de trois couches : ectoderme, mésoderme et endoderme, disposées autour d'une cavité alimentaire centrale. L'ectoderme et l'endoderme gardent toujours leur caractère épithélial; tandis que le mésoderme, insignifiant chez les organismes inférieurs, devient chez les animaux supérieurs infiniment plus compliqué encore qu'il ne l'est chez l'écrevisse.

Bien plus, chez tous les arthropodes et tous les vertébrés, pour ne rien dire des autres groupes animaux, le corps est susceptible d'être, ainsi que chez l'écrevisse, distingué en une série de segments plus ou moins nombreux et composés de parties homologues. Dans chaque segment, ces parties sont modifiées conformément aux besoins physiologiques; et la coalescence ou la séparation, le changement de volume relatif et de position des parties distingue, dans le corps, des régions bien caractérisées. Il est remarquable que la morphologie des plantes démontre exactement les mêmes principes. Une fleur avec ses cycles de sépales, de pétales, d'étamines et de carpelles, est à une tige avec ses cycles de feuilles, comme la tête d'une écrevisse est à son abdomen, ou comme le crâne d'un chien est à son thorax.

On peut objecter toutefois que les généralisations morphologiques, auxquelles on est arrivé maintenant, sont en grande partie d'une nature spéculative; et que, pour ce qui est de notre écrevisse, les faits ne garantissent que cette assertion : c'est que la structure de cet animal peut être interprétée en supposant que le corps est composé de somites et d'appendices homologues, et que les tissus sont le résultat de la modification d'éléments histologiques homologues, de cellules; et cette objection est parfaitement valable.

On ne saurait douter que les corpuscules du sang, les cellules hépatiques et les œufs soient tous des cellules nucléées; ni que les 3e, 4e et 5e somites de l'abdomen soient construits sur le même plan; car ces propositions sont simplement l'énoncé de faits anatomiques. Mais lorsque, de la présence de noyaux dans le tissu connectif et les muscles, nous concluons que ces tissus sont composés de cellules modifiées; ou lorsque nous disons que les membres ambulatoires du thorax sont du même type que les membres abdominaux, en supprimant l'exopodite, cette assertion n'est point actuellement évidente, et n'est rien de plus qu'une manière commode d'interpréter les faits. Reste donc cette question : Le muscle a-t-il été réellement formé de cellules nucléées? Le membre ambulatoire a-t-il jamais possédé, puis perdu, un exopodite?

C'est dans l'étude du développement individuel et du développement ancestral qu'il faut chercher la réponse à ces questions.

Un animal non seulement est, mais devient; l'écrevisse est le produit d'un œuf dans lequel il n'existe rien de ce que l'on voit chez l'animal adulte; les différents tissus et les organes apparaissent dans cet œuf par un processus graduel d'évolution; et l'étude de ce processus peut seule nous dire si l'unité de composition qui nous est suggérée par l'étude des parties à l'état adulte est appuyée ou non par les faits que présente leur développement dans l'individu. L'hypothèse que le corps de l'écrevisse est composé de somites et d'appendices homologues, et que tous les tissus sont composés de cellules nucléées, pourrait n'être permise que comme un moyen utile de réunir les faits anatomiques. Les investigations sur le mode réel suivant lequel s'est opérée l'évolution du corps de l'écrevisse sont les seuls moyens de s'assurer si cette hypothèse est quelque chose de plus; et, dans ce sens, le développement est le critérium de toute spéculation morphologique.

Le premier changement apparent qui ait lieu dans un œuf fécondé est la division du vitellus en parties plus petites dont chacune est pourvue d'un noyau et porte le nom de *blastomère*. Dans un sens général morphologique, un blastomère est une cellule nucléée, et ne diffère d'une cellule ordinaire que par son volume et par l'abondance ordinaire, bien que variable, de son contenu granuleux; et les blastomères passent insensiblement à l'état de cellules ordinaires, à mesure que le vitellus se divise en parties de plus en plus petites.

Dans un très grand nombre d'animaux, la séparation en blastomères s'opère de telle façon que le vitellus est tout d'abord divisé en masses égales ou presque égales; que chacune de celles-ci se divise à son tour en deux, et que le nombre de blastomères s'accroît ainsi suivant une progression géométrique, jusqu'à ce que le vitellus entier soit converti en un corps mûriforme, appelé *morula*, et composé d'un grand nombre de petits blastomères ou cellules nucléées. L'organisme entier est ensuite constitué par la multiplication, le changement de position et la métamorphose de ces produits de la segmentation du vitellus.

Dans ce cas, la segmentation du vitellus est dite *complète* ou *totale*. Une modification non essentielle de la segmentation totale se voit lorsqu'au début les blastomères, produits par la segmentation, sont de volumes inégaux, ou lorsqu'ils deviennent inégaux par suite d'une subdivision plus rapide chez les uns que chez les autres.

Chez beaucoup d'animaux, surtout ceux dont les œufs sont gros, l'inégalité de la division est poussée si loin qu'une portion seulement du vitellus est affectée par le processus de segmentation, tandis que le reste sert simplement, comme *vitellus nutritif*, à nourrir les blastomères ainsi produits. Sur une étendue plus ou moins grande de la surface de l'œuf, la substance protoplasmique du vitellus se sépare du reste, et, constituant une *couche germinative*, se segmente en blastomères qui se multiplient aux dépens du vitellus nutritif, et produisent le corps de l'embryon. Ce processus est appelé *segmentation partielle* ou *incomplète* du vitellus.

L'écrevisse est un des animaux dans les œufs desquels le vitellus subit la segmentation partielle. Les premières phases de ce processus n'ont point encore été absolument élucidées; mais leur résultat se voit dans les œufs récemment pondus (fig. 57, A). Dans ces œufs, la plus grande masse de la substance vitelline est destinée à jouer le rôle de vitellus nutritif; et elle est disposée en masses coniques qui rayonnent d'une portion sphéroïdale centrale à la périphérie du vitellus (*v*). Correspondant à la base de chaque cône, se trouve une plaque protoplasmique claire, qui renferme un noyau; et, comme ces corps sont tous en contact par leurs bords, ils forment un revêtement complet, bien que mince, au vitellus nutritif. C'est ce qu'on nomme le *blastoderme* (*bl*).

Chaque plaque protoplasmique nucléée adhère solidement au cône correspondant du vitellus nutritif granuleux; et suivant toute probabilité, les deux ensemble représentent un blastomère; mais, comme les cônes ne servent qu'indirectement à la croissance de l'embryon, tandis que les plaques périphériques nucléées forment un sac sphérique indépendant, duquel se

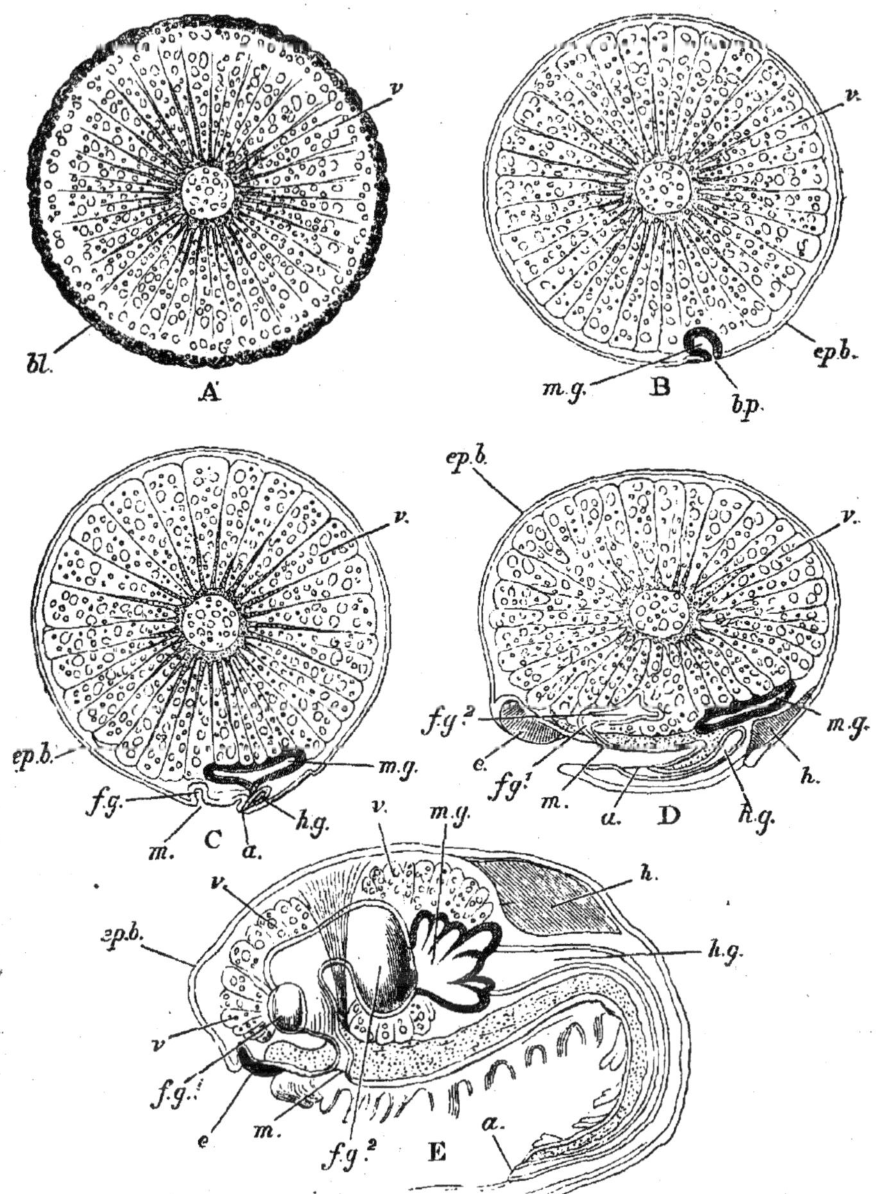

Fig. 57. — *Astacus fluviatilis*. — Coupes diagrammatiques d'embryons; en partie d'après Reichenbach, en partie originales (× 20); A, un œuf dans lequel le blastoderme vient à peine de se former; B, un œuf dans lequel s'est produite l'invagination du blastoderme, qui constitue l'hypoblaste ou rudiment de l'intestin moyen (ceci répond à peu près à la phase représentée dans la figure 58, A); C, coupe longitudinale d'un œuf dans lequel ont apparu les rudiments de l'abdomen, de l'intestin postérieur et de l'intestin antérieur (cette coupe répond à peu près à la phase représentée dans la figure 58, E); D, coupe semblable d'un embryon, à peu près à la même phase de développement que celui représenté en C (fig. 59); E, embryon qui vient d'éclore, en coupe longitudinale; *a*, anus; *bl*, blastoderme; *bp*, blastopore; *e*, œil; *epb*, épiblaste; *fg*, intestin antérieur; *fg*¹, sa portion œsophagienne; *fg*², sa portion gastrique; *h*, cœur; *hg*, intestin postérieur; *m*, bouche; *mg*, hypoblaste, archentère, ou intestin moyen; *v*, vitellus; les parties ponctuées en D et en E représentent le système nerveux.

forme graduellement le corps de la jeune écrevisse, il sera mieux de parler séparément de ces dernières.

Ainsi, à cette période, le corps de l'écrevisse en cours de développement n'est rien qu'un sac sphérique, dont les minces parois sont composées d'une seule couche de cellules nucléées, tandis que sa cavité est remplie de vitellus nutritif. La première modification qui s'effectue dans le blastoderme vésiculaire se manifeste sur sa face tournée vers le pédoncule de l'œuf. En cet endroit, la couche de cellules s'épaissit sur une aire ovale d'environ 1 millimètre de diamètre. Aussi, lorsqu'on regarde l'œuf à la lumière réfléchie, voit-on en cet endroit une tache blanchâtre de forme et de dimensions correspondantes. C'est ce qu'on peut appeler *disque* ou *aire germinative*. Son grand axe correspond à celui de l'écrevisse future.

Ensuite apparaît une dépression (fig. 58, A, *bp*) dans le tiers postérieur de l'aire germinative, par suite de la croissance en dedans de cette partie du blastoderme, et de la production, par ce fait, d'une petite poche à large ouverture, qui se projette dans le vitellus nutritif dont est remplie la cavité du blastoderme (fig. 57, B, *mg*). A mesure que se produit ce reploiement ou cette invagination du blastoderme, la poche ainsi produite s'accroît, tandis que son ouverture extérieure, nommée *blastopore* (fig. 57, B, et 58, A–E, *bp*), diminue de dimensions. Le corps de l'embryon devient ainsi, au lieu d'un simple sac, un sac double comme celui qu'on produirait en enfonçant avec le doigt la paroi d'un ballon de caoutchouc incomplètement gonflé. Et si l'intérieur de ce ballon contenait du potage, celui-ci représenterait très bien le vitellus nutritif.

Cette invagination marque un pas très important dans le développement de l'écrevisse ; car, bien que la poche ne soit rien de plus qu'une involution d'une partie du blastoderme, les cellules, dont sa paroi est composée, montrent dès lors des tendances différentes de celles que possède le reste de ce blastoderme. C'est, en effet, l'appareil alimentaire primitif, ou *archentère ;* et ses parois portent le nom d'*hypoblaste*. Le reste du blastoderme, au contraire, est l'épiderme primitif, et reçoit le nom d'*épiblaste*. Si le vitellus nutritif disparaissait, et que l'archentère s'élargisse, jusqu'à ce que l'hypoblaste vienne s'appliquer contre l'épiblaste, le corps tout entier formerait un

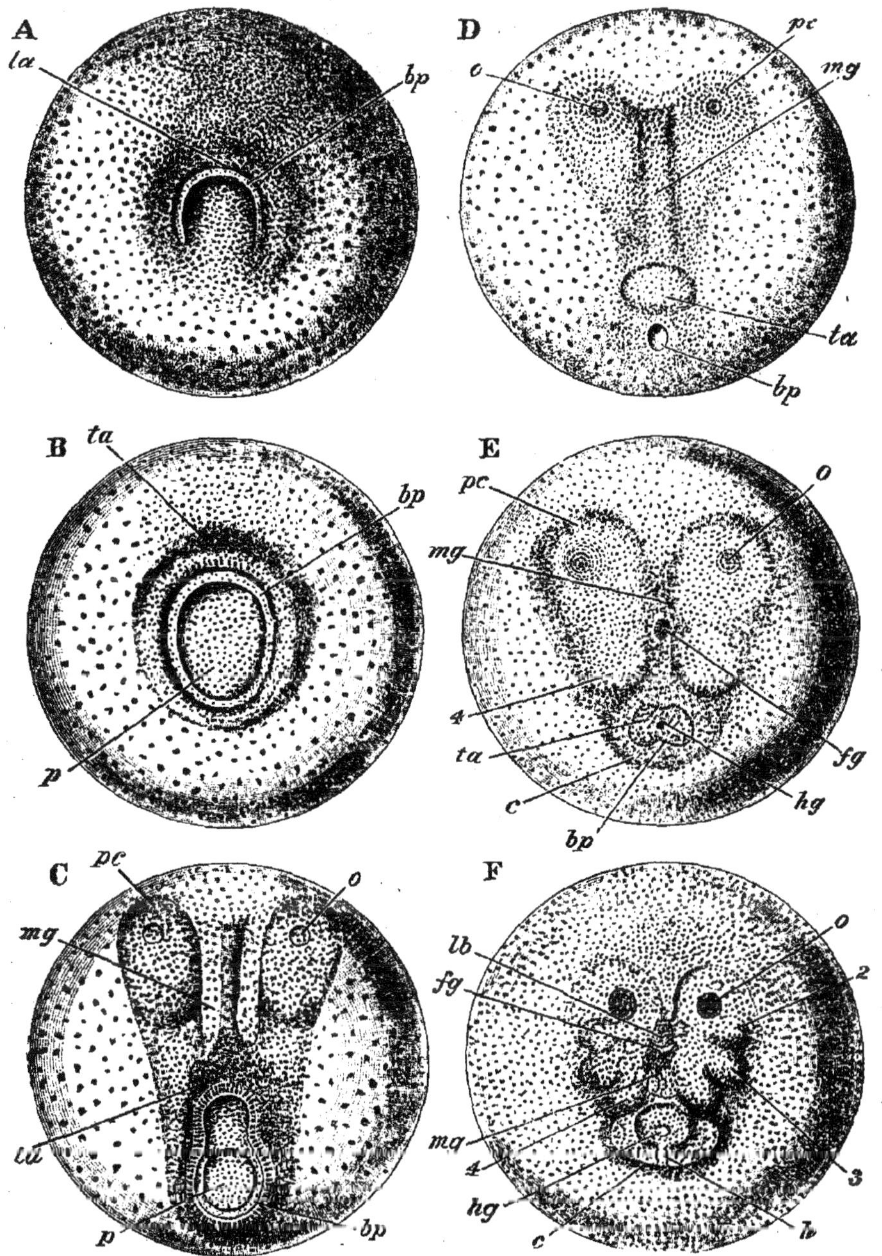

FIG. 58. — *Astacus fluviatilis.* — Vues de face des premières phases du développement de l'embryon, depuis l'apparition du blastopore (A) jusqu'à ce que l'embryon revêt la forme de nauplius (F) (d'après Reichenbach, × environ 23); *bp,* blastopore; *c,* carapace; *fg,* involution de l'intestin antérieur; *h,* cœur; *hg,* involution de l'intestin postérieur; *lb,* labre; *mg,* sillon médullaire; *o,* fosse optique; *p,* tampon endodermique remplissant en partie le blastopore; *pc,* prolongements procéphaliques; *ta,* élévation abdominale; *2,* antennules; *3,* antennes; *4,* mandibules.

sac à double paroi contenant une cavité alimentaire avec une ouverture extérieure unique. Ceci est la phase *gastrula* de l'embryon, et quelques animaux, tels que l'hydre d'eau douce commune, ne sont guère plus que des gastrulas permanentes.

Bien que la gastrula n'ait pas la moindre ressemblance avec l'écrevisse, cependant, aussitôt que l'hypoblaste et l'épiblaste sont ainsi différenciés, les fondements sont jetés des plus importants systèmes d'organes du crustacé futur. L'hypoblaste donnera naissance au revêtement épithélial de l'intestin moyen; l'épiblaste (qui répond à l'ectoderme de l'adulte), aux épithéliums des intestins antérieur et postérieur, à l'épiderme et au système nerveux central.

Les formations mésodermiques, c'est-à-dire le tissu connectif, les muscles, le cœur et les vaisseaux, et les organes reproducteurs, qui sont situés entre l'ectoderme et l'endoderme, ne dérivent directement ni de l'épiblaste ni de l'hypoblaste, mais ont une origine *presque* indépendante, et sont formés par une masse de cellules qui apparaît d'abord dans le voisinage du blastopore, entre l'hypoblaste et l'épiblaste, bien qu'elle dérive probablement du premier. Cette masse cellulaire s'étend graduellement, à partir de cette région, d'abord sur le côté sternal, puis sur le côté dorsal de l'embryon, et constitue le *mésoblaste*.

Épiblaste, hypoblaste et mésoblaste sont d'abord constitués de même, uniquement de cellules nucléées, et leurs dimensions s'accroissent par la scission et la croissance continuelles de ces cellules. Ces diverses couches se façonnent graduellement en les organes qu'elles constituent, avant que les cellules subissent aucune modification notable qui les transforme en tissus. Un membre, par exemple, est tout d'abord une simple excroissance celluleuse, un bourgeon composé d'un revêtement externe d'épiblaste et d'un axe de mésoblaste, et ce n'est que plus tard que les cellules composantes se métamorphosent en cellules épidermiques bien définies, en tissu connectif, en vaisseaux et en muscles.

L'embryon d'écrevisse ne demeure que peu de temps à la phase de gastrula; car le blastopore se ferme bientôt, et l'archentère prend la forme d'un sac aplati entre l'épiblaste et le vitellus nutritif, avec lequel ses cellules sont en contact immédiat (fig. 57, C et D)[1]. Et en réalité, à mesure que le développement s'avance, les cellules de l'hypoblaste se nourrissent réellement de la substance du vitellus nutritif, et le mettent ainsi à profit pour la nutrition générale du corps.

L'aire sternale de l'embryon s'accroît graduellement jusqu'à occuper un hémisphère du vitellus; en d'autres termes, l'épaississement de l'épiblaste s'étend graduellement par sa périphérie. Juste en avant du blastopore, et au moment où celui-ci se referme, le milieu de l'épiblaste s'accroît en une élévation arrondie (fig. 58, *ta*; fig. 59, *ab*) qui augmente rapidement de longueur, et tourne en même temps en avant. C'est le rudiment de l'abdomen entier de l'écrevisse. Plus en avant apparaissent deux épaississements larges et allongés, mais plus aplatis, un de chaque côté de la ligne médiane (fig. 58, *pc.*). De même que l'extrémité libre de la papille abdominale marque l'extrémité postérieure de l'embryon, ces deux élévations qu'on appelle les lobes procéphaliques définissent son extrémité antérieure.

Un sillon longitudinal étroit apparaît à la surface de l'épiblaste, sur la ligne médiane, entre les lobes procéphaliques et la base de la papille abdominale (fig. 58, C-F, *mg*). A peu près vers le centre, ce sillon se déprime davantage par involution de l'épiblaste, qui constitue son plancher, et donne naissance à un sac tubulaire court qui est le rudiment de l'intestin antérieur tout entier (fig. 57, C, et fig. 58, E, *fg*). Cette involution de l'épiblaste ne communique pas, tout d'abord, avec l'archentère, mais, au bout d'un certain temps, son extrémité aveugle se combine avec la partie antéro-inférieure de l'hypoblaste et il se forme une ouverture par laquelle la cavité de l'intestin antérieur communique avec celle de l'intestin moyen (fig. 57, E). Ainsi sont constitués un œsophage et un estomac ou plutôt les parties qui finissent par leur donner naissance. Il est important de remarquer qu'ils sont d'abord fort petits, en comparaison de l'intestin moyen.

L'épiblaste qui couvre la face sternale de la papille abdominale subit de même une invagination et se convertit en un tube étroit qui est l'origine de tout l'intestin postérieur (fig. 57, C et

1. On peut encore regarder comme pendante la question de savoir si, comme le disent quelques observateurs, les cellules hypoblastiques croissent sur le vitellus nutritif et l'enveloppent. Je n'ai pu m'assurer moi-même de ce fait.

fig. 58, E, *hg*). Celui-ci, comme l'intestin antérieur, est d'abord aveugle, mais l'extrémité antérieure fermée s'appliquant bientôt à la paroi postérieure du sac archentérique, il s'établit une coalescence et les deux cavités s'ouvrent l'une dans l'autre (fig. 57, E). Ainsi est constitué le canal alimentaire complet qui est composé d'un intestin antérieur et d'un intestin postérieur, étroits et tubulaires et dérivés de l'épiblaste, et d'un intestin moyen plus large, en forme de sac, et constitué par l'hypoblaste tout entier.

Les lobes procéphaliques deviennent plus convexes, tandis que, en arrière d'eux, la surface de l'épiblaste s'élève en six mamelons, disposés par paires de chaque côté du sillon médian. Les mamelons postérieurs, situés sur les côtés de la bouche, sont les rudiments des mandibules (fig. 58, E et F, *4*) ; les deux autres paires deviennent les antennes (*3*) et les antennules (*2*); tandis que, à une période plus tardive, des prolongements des lobes procéphaliques donnent naissance aux pédoncules oculaires.

A une courte distance en arrière de l'abdomen, l'épiblaste s'élève en une crête transversale, concave en avant, et dont les extrémités se prolongent de chaque côté presque jusqu'à la bouche. C'est le commencement du bord libre de la carapace (fig. 58, E et F, et fig. 59, A, *c*), dont les parties latérales, en s'agrandissant beaucoup, deviennent les branchiostégites (fig. 59, D, *c*).

Dans beaucoup d'animaux alliés à l'écrevisse, lorsque le jeune a atteint une phase de développement correspondant à ceci, il subit des changements rapides dans sa forme extérieure et dans sa structure interne, sans qu'il y ait aucun accroissement essentiel du nombre des appendices. Les appendices qui représentent les antennules, les antennes et les mandibules, s'allongent et deviennent des organes locomoteurs en forme de rames ; un œil médian unique se développe, et le jeune animal quitte l'œuf sous forme d'une larve active, qui est connue sous le nom de *Nauplius*. L'écrevisse est, au contraire, absolument incapable, à cette phase, de mener une existence indépendante, et continue sa vie embryonnaire en dedans de la coque de l'œuf; mais une circonstance remarquable, c'est que les cellules de l'épiblaste sécrètent une cuticule délicate, qui est ensuite rejetée. C'est comme si l'animal symbolisait l'état de nauplius par le développement de cette cuticule, comme le fœtus de la baleine symbolise un état denté, en développant des dents qui sont ensuite perdues, et ne remplissent jamais aucune fonction.

En effet, chez l'écrevisse, l'état de nauplius est bientôt dépassé; le disque sternal s'étend de plus en plus sur le vitellus ; à mesure que s'allonge la région située entre la bouche et la racine de l'abdomen, de légères dépressions transversales indiquent les limites des somites céphalique postérieur et thoraciques; et des paires de mamelons semblables aux rudiments des antennules et des antennes apparaissent sur eux, en ordre régulier d'avant en arrière (fig. 59, C).

En même temps, l'extrémité de l'abdomen s'aplatit et prend la forme d'une plaque ovale dont le bord postérieur est légèrement tronqué ou échancré en son milieu, tandis qu'enfin des constrictions transversales limitent, en avant d'elle, six segments, les somites de l'abdomen. En même temps que ces changements se produisent, quatre paires de tubercules croissent sur les faces sternales des quatre somites abdominaux médians, et constituent les rudiments des quatre paires médianes d'appendices abdominaux. Le premier somite abdominal ne montre que deux élévations à peine perceptibles, au lieu des appendices qu'offrent les autres, et le sixième semble tout d'abord n'en pas avoir. Toutefois les appendices de ce sixième somite sont déjà formés, bien qu'ils soient assez singulièrement situés au-dessous de la cuticule du telson et ne soient mis en liberté qu'après la première mue.

Le rostre croît entre les lobes procéphaliques; il demeure relativement très court jusqu'à l'époque où la jeune écrevisse quitte l'œuf, et se dirige plutôt en bas qu'en avant. Les portions latérales de la crête de la carapace se convertissent, en s'enfonçant davantage, en branchiostégites; et les cavités, dont elles forment la voûte, sont les chambres branchiales. La portion transversale de la crête demeure, au contraire, relativement courte, et constitue le bord libre postérieur de la carapace.

Pendant que ces changements s'effectuent, l'abdomen et la région sternale s'accroissent constamment proportionnellement au reste de l'œuf; et le vitellus nutritif, situé dans le céphalothorax, diminue *pari passu*. Le céphalothorax devient donc relativement de plus en plus petit et la face tergale de la carapace moins sphérique; bien que, même lorsque la jeune écrevisse est sur le point d'éclore, la différence soit très sensible entre elle et l'adulte, quant à la forme de la région thoracique et aux dimensions de celle-ci relativement à l'abdomen.

Les simples excroissances en forme de bourgeons qu'offrent les somites, et d'où les appendices tirent leur origine, se métamorphosent rapidement. Les pédoncules oculaires (fig. 59, *1*) atteignent bientôt une dimension relativement considérable. Les extrémités des antennules (*2*) et des antennes (*3*) se bifurquent et les deux divisions de l'antennule demeurent larges, épaisses, et presque de la même dimension jusqu'à la naissance. D'autre part, la division interne ou endopoditique de l'antenne s'allonge immensément et devient en même temps annelée, tandis que la division externe ou exopoditique demeure relativement courte et acquiert sa forme écailleuse caractéristique.

Le labre (*lb*) naît comme un prolongement de la région sternale moyenne en avant de la bouche, tandis que le métastome bilobé est une excroissance de la région sternale en arrière de la bouche.

Les appendices céphalique postérieur et thoraciques *(5-14)* s'allongent et approchent graduellement de la forme qu'ils possèdent chez l'adulte. Je n'ai pu réussir à découvrir, à aucune période du développement, une division externe ou exopodite à aucun des cinq membres thoraciques postérieurs. C'est une circonstance très remarquable; car un tel exopodite existe à l'état larvaire chez le homard, allié de si près à l'écrevisse; et l'on trouve à ces membres un exopodite complet ou rudimentaire, même à l'état adulte, chez plusieurs types à forme de salicoques.

Lorsque l'écrevisse vient d'éclore (fig. 60), elle diffère de l'adulte sous beaucoup de rapports; non seulement le céphalothorax est plus convexe et plus grand proportionnellement à l'abdomen, mais le rostre est court et dirigé en bas entre les yeux. Les sternums du thorax sont relativement plus larges, et, par suite, l'intervalle entre les bases des pattes est plus grand que chez l'adulte. Les dimensions relatives des membres, les uns par rapport aux autres et par rapport avec le corps, sont à peu près les mêmes que chez l'adulte, mais les pinces des pattes ravisseuses sont plus grêles. Les pointes de la pince

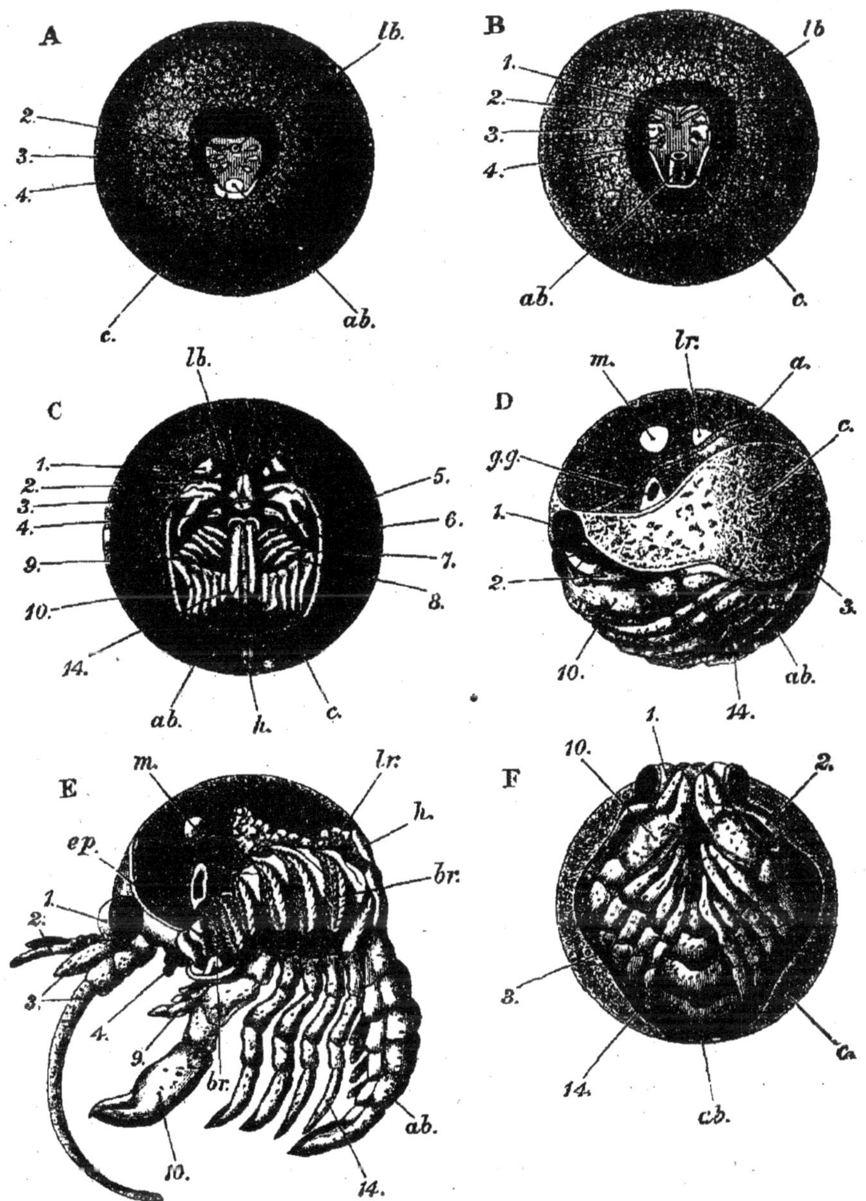

FIG. 59. — *Astacus fluviatilis.* — Vues ventrales (A, B, C, F) et latérales (D, E) de l'embryon à des phases successives de développement (d'après Rathke × 15); A est un peu plus avancé que l'embryon représenté fig. 58, F; D, E et F sont des vues de la jeune écrevisse presque sur le point d'éclore; en E, la caparace est enlevée et les membres et l'abdomen étalés; *1-14*, appendices céphaliques et thoraciques; *ab*, abdomen; *br*, branchies; *c*, carapace; *ep*, épipodite du premier maxillipède; *gg*, glande verte; *h*, cœur; *lb*, labre; *lr*, foie; *m*, muscles mandibulaires.

sont fortement recourbées (fig. 8, B) et les dactylopodites des deux membres thoraciques postérieurs sont en forme de crochet. Les appendices du premier somite abdominal ne sont point développés, et ceux du dernier sont renfermés dans le telson, qui a, comme on l'a déjà dit, la forme d'un large ovale, ordinairement un peu échancré au milieu de son bord postérieur, et sans aucune indication de division transversale. Ses bords sont prolongés en une seule série de pointes coniques courtes, et la disposition des canaux vasculaires, dans son intérieur, le fait paraître couvert de stries rayonnantes.

Les soies, si abondantes chez l'adulte, sont fort rares chez le jeune animal nouvellement éclos, et la grande majorité de celles qui existent est formée par de simples prolongements coniques de la cuticule non calcifiée; leur base n'est point enfoncée dans des fossettes, et elles sont dépourvues d'écailles et de prolongements latéraux.

Les jeunes animaux sont fermement attachés aux appendices abdominaux de la mère, comme cela a été déjà décrit. Ils sont fort paresseux, bien qu'ils remuent lorsqu'on les touche; et à cette époque ils ne mangent pas, mais se nourrissent du vitellus nutritif, dont il reste encore une grande provision dans le céphaothorax.

J'imagine qu'ils sont mis en liberté pendant la première mue et que les appendices du sixième somite abdominal s'étalent à ce moment-là; mais on ne sait rien jusqu'ici d'une manière déterminée sur ces changements[1].

L'esquisse précédente de la nature générale des changements qui ont lieu dans l'œuf de l'écrevisse suffit à montrer que le développement de cet œuf est un processus évolutif dans le sens le plus strict du mot. L'œuf est une masse relativement

1. La remarque faite dans la dernière note s'applique avec plus de force encore à l'histoire du développement de l'écrevisse. Malgré le mémoire magistral de Ratke, qui forme la base de toutes nos connaissances sur le sujet, les investigations subséquentes de Lereboullet, et les travaux plus récents et encore plus minutieux et approfondis de Reichenbach et Bobretsky, un grand nombre de points demandent encore de nouvelles recherches. J'ai des raisons de croire que l'exposé, donné dans le texte, du processus de développement, est exact dans tous les traits les plus importants.

homogène de protoplasma vivant, renfermant beaucoup de matériaux nutritifs; et le développement de l'écrevisse comprend la conversion graduelle de ce corps, relativement simple, en un organisme d'une grande complexité. Le vitellus se différencie en portion formatrice et portion nutritive. La portion formatrice se subdivise en unités histologiques; celles-ci s'arrangent dans une vésicule blastodermique. Le blastoderme se différencie en épiblaste, hypoblaste et mésoblaste; et la simple vésicule passe à l'état de gastrula. Les couches de la gastrula se façon-

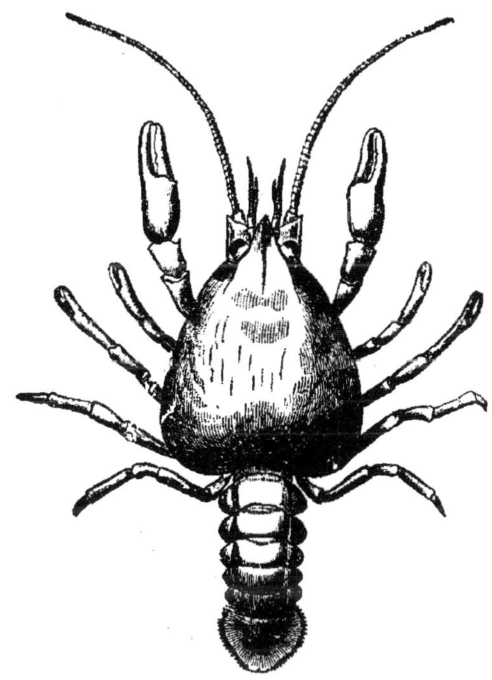

Fig. 60. — *Astacus fluviatilis.* — Jeune nouvellement éclos (× 6).

nent en le corps et les appendices de l'écrevisse; tandis que, en même temps, les cellules qui composent toutes ces parties se transforment elles-mêmes en tissus, dont chacun a ses propriétés particulières. Et tous ces changements merveilleux sont les conséquences nécessaires des actions réciproques des forces moléculaires qui résident dans la substance de l'œuf fécondé, et des conditions auxquelles il se trouve exposé; de même que les formes développées par un liquide cristallisant dépendent de la composition chimique de la matière dissoute, et de l'influence des conditions ambiantes.

Sans entrer dans des détails en dehors du cadre de cet

ouvrage, il faut dire quelque chose de la manière dont l'organisation interne, si compliquée, de l'écrevisse se développe en partant du double sac celluleux de l'état de gastrula.

On a vu que l'intestin antérieur est d'abord une insignifiante involution tubulaire de l'épiblaste dans la région de la bouche. C'est, en réalité, une partie de l'épiblaste tournée en dedans, et les cellules dont elle est composée sécrètent une mince couche cuticulaire, ainsi que le fait le reste de l'épiblaste qui donne naissance à la partie ectodermale ou épidermique des téguments. A mesure que l'embryon grandit, l'intestin antérieur augmente beaucoup plus vite que l'intestin moyen et s'accroît en hauteur et d'avant en arrière, tandis que ses parois latérales demeurent parallèles et ne sont séparées que par une étroite cavité. A la longue, il prend la forme d'un sac triangulaire (fig. 57, D, *fg*), attaché par son extrémité étroite autour de la bouche et immergé dans le vitellus nutritif qu'il divise graduellement en deux lobes, un à droite, l'autre à gauche. En même temps une plaque verticale de tissu mésoblastique, d'où se développent ensuite les grands muscles antérieurs et postérieurs, le relie au toit et à la paroi antérieure de la carapace. Se rétrécissant en son milieu, l'intestin antérieur paraît ensuite formé de deux dilatations de dimensions à peu près égales, reliées par un passage plus étroit (fig. 57, E, fg^1, fg^2). La dilatation antérieure devient l'œsophage et la portion cardiaque de l'estomac, la dilatation postérieure devient la portion pylorique. Deux petites poches se forment, peu après la naissance, sur les côtés de l'extrémité antérieure de la portion cardiaque; dans chacune de ces poches a lieu un dépôt chitineux, épais et lamineux, qui constitue un petit gastrolithe ou œil d'écrevisse. Ce corps a la même structure chez l'adulte, mais il est plus profondément calcifié. Ce fait est d'autant plus remarquable, qu'à cette époque l'exosquelette ne contient encore que très peu de dépôts calcaires. Dans la position qu'occuperont les dents gastriques, il se forme des replis de la paroi cellulaire de forme correspondante, et la cuticule chitineuse, dont se composent les dents, semble se mouler sur ces replis.

L'intestin postérieur occupe toute la longueur de l'abdomen et ses cellules s'arrangent de bonne heure en six crêtes, et sécrètent une couche cuticulaire.

L'intestin moyen ou sac hypoblastique émet de très bonne heure des prolongements petits et nombreux de chaque côté de son extrémité postérieure, et ces prolongements deviennent les cœcums du foie (fig. 57, E, *mg*). Les cellules de sa paroi tergale sont en contact immédiat avec les masses adjacentes du vitellus nutritif, et il est probable que l'absorption graduelle de ce vitellus est principalement effectuée par ces cellules. Toutefois les lobes latéraux du vitellus nutritif sont encore gros à l'époque de la naissance, et ils occupent l'espace que laissent entre eux l'estomac et le foie d'une part et le tégument céphalique de l'autre.

Les cellules mésoblastiques donnent naissance à la couche de tissu connectif qui forme la portion profonde du tégument, et à celle qui revêt le canal alimentaire; elles produisent aussi tous les muscles, le cœur, les vaisseaux et les corpuscules du sang. Le cœur apparaît de très bonne heure, comme une masse solide de cellules mésoblastiques, dans la région tergale du thorax immédiatement en avant de l'origine de l'abdomen (fig. 3, 57, 58, 59, *h*). Bientôt il devient creux et ses parois montrent des mouvements rythmiques.

Les branchies sont d'abord de simples papilles du tégument de la région où elles prennent naissance. Ces papilles s'allongent en tiges qui émettent des filaments latéraux. Les podobranchies sont d'abord semblables aux arthrobranchies; mais une excroissance se montre bientôt près de l'extrémité libre de la tige, et devient la lame, tandis que l'extrémité attachée s'élargit en base.

On s'est assuré que l'organe rénal naît par une involution tubulaire de l'épiblaste qui s'enroule bientôt et donne naissance à la glande verte.

Le système nerveux central est entièrement un produit de l'épiblaste. Les cellules situées sur les côtés du sillon longitudinal déjà mentionné (fig. 58, *mg*) croissent en dedans et donnent naissance à deux cordons qui sont d'abord séparés l'un de l'autre et continus avec le reste de l'épiblaste. Une dépression apparaît à l'extrémité antérieure du sillon, et ces cellules forment une masse qui relie entre eux ces deux cordons en avant de la bouche et donne naissance aux ganglions cérébraux. Les revêtements épiblastiques de deux petites fossettes (fig. 58, *o*), qui paraissent de très bonne heure à la surface des lobes procéphaliques, s'enfoncent de la même manière et, s'unissant avec les précédents, produisent les ganglions optiques.

Les cellules des cordons longitudinaux se différencient en fibres nerveuses et cellules nerveuses; et ces dernières, se réunissant en certains points, donnent naissance à des ganglions qui finissent par se réunir sur la ligne médiane. L'involution de cellules épiblastiques, qui donne naissance à toutes ces parties, se sépare graduellement et complètement de l'épiblaste, et est entourée de cellules mésoblastiques.

Le système nerveux central est donc d'abord, chez l'écrevisse comme chez l'animal vertébré, une partie de l'ectoderme, ne faisant morphologiquement qu'un avec l'épiderme; et la position profonde et protégée qu'il occupe chez l'adulte n'est que la conséquence du mode suivant lequel la portion nerveuse de l'ectoderme croît en dedans et se sépare de la portion épidermique.

Les bâtonnets visuels de l'œil ne sont que des cellules modifiées de l'ectoderme. Le sac auditif est formé par une involution de l'ectoderme de l'article basilaire de l'antennule. A la naissance, c'est une dépression peu profonde, à large orifice, et ne renfermant pas d'otolithes.

Enfin les organes reproducteurs résultent de la séparation et de la modification spéciale de cellules du mésoblaste, en arrière du foie. Rathke établit que les ouvertures sexuelles ne sont visibles que lorsque l'écrevisse atteint un pouce de long, et que la première paire d'appendices abdominaux du mâle apparaît encore plus tard, sous forme de deux papilles qui s'allongent graduellement et prennent leur forme caractéristique.

CHAPITRE V

MORPHOLOGIE COMPARÉE DE L'ÉCREVISSE. STRUCTURE ET DÉVELOPPEMENT DE L'ÉCREVISSE COMPARÉS A CEUX DES AUTRES ETRES VIVANTS

Jusqu'ici notre attention a été dirigée presque exclusivement sur l'écrevisse commune d'Angleterre, et, sauf qu'elle dépend pour sa subsistance d'autres animaux ou de plantes, nous pourrions avoir ignoré l'existence de tout autre être vivant que cette écrevisse. Mais il est à peine nécessaire de remarquer que des troupes innombrables d'autres formes vivantes non seulement occupent les eaux et la terre ferme, mais se pressent jusque dans l'air, et que toutes les écrevisses du monde constituent une fraction à peine appréciable de l'ensemble de sa population vivante.

L'observation vulgaire nous amène à voir que ces innombrables êtres vivants diffèrent sous beaucoup de rapports des choses inanimées, et lorsque nous poussons aussi loin que cela nous est possible à présent l'analyse de ces différences, cette analyse nous montre que tous les êtres vivants ressemblent à l'écrevisse, et diffèrent des choses inanimées, par les mêmes particularités. Ainsi que l'écrevisse, ils s'usent constamment par oxydation et réparent leurs pertes en faisant entrer dans leur substance les matières qui leur servent de nourriture; comme l'écrevisse, ils se forment d'après un type défini de forme extérieure et de structure interne; comme elle encore, ils produisent des germes qui croissent et se développent en prenant les formes caractéristiques de l'adulte. Aucune matière minérale ne se maintient de cette façon, et ne s'accroît de cette manière;

aucune ne subit ce genre de développement, et ne multiplie son espèce par un processus analogue de reproduction.

En outre, l'observation vulgaire nous amène de bonne heure à distinguer les êtres vivants en deux grandes divisions. Personne ne confond les animaux ordinaires avec les plantes ordinaires, et ne doute que l'écrevisse appartienne à la première catégorie et l'herbe aquatique à la seconde. Si un être vivant se meut et possède une cavité digestive, on le tient pour un animal; s'il ne se meut pas pas et tire directement sa nourriture des substances qui sont en contact avec sa surface externe, on le regarde comme une plante. Nous n'avons pas besoin de chercher à présent jusqu'où est vraie cette définition grossière des différences qui séparent les animaux et les plantes. Si nous l'acceptons pour le moment, il est évident que l'écrevisse est indiscutablement un animal; tout autant que la perche et le limaçon des étangs, qui habitent les mêmes eaux. En outre, non seulement l'écrevisse a en commun avec ces animaux les pouvoirs moteurs et digestifs, caractéristiques de l'animalité, mais tous possèdent comme elle un canal alimentaire complet, un appareil spécial pour la circulation et l'aération du sang, un système nerveux et des organes des sens, des muscles et des mécanismes moteurs, des organes de reproduction. Envisagés comme appareils physiologiques, il y a entre tous les trois une ressemblance frappante. Mais, ainsi qu'on l'a déjà donné à entendre dans le chapitre précédent, si nous les examinons au point de vue purement morphologique, les différences entre l'écrevisse, la perche et le limnée paraissent à première vue si grandes qu'il peut être difficile d'imaginer que le plan de structure de la première puisse avoir une relation quelconque avec celui d'aucun des deux autres. Si, d'autre part, on compare l'écrevisse avec l'hydrophile, si grandes que soient les différences, de nombreux points de ressemblance se manifesteront entre les deux, tandis que si l'on met un petit homard à côté de l'écrevisse, un observateur peu exercé, bien qu'apercevant de suite que les deux animaux sont un peu différents, pourra rester longtemps à déchiffrer la nature exacte de leurs différences.

Il existe donc chez les animaux des degrés de ressemblance et de dissemblance, relativement à leur forme extérieure et à leur structure interne, ou en d'autres termes à leur morphologie. Le homard est très semblable à l'écrevisse, l'hydrophile présente une ressemblance lointaine, le limnée et la perche sont extrêmement différents. Des faits de cet ordre s'expriment communément dans le langage des zoologistes en disant que le homard et l'écrevisse sont des formes alliées de près, que le scarabée et l'écrevisse présentent une affinité éloignée, et qu'il n'existe pas d'affinités entre l'écrevisse et le limmée ou l'écrevisse et la perche.

L'exacte détermination des ressemblances et des différences des formes animales, par la comparaison de la structure et du développement de l'une avec ceux de l'autre, tel est l'objet de la morphologie comparée. La comparaison morphologique pleinement effectuée nous fournit les moyens d'estimer la position qu'un animal occupe relativement à tous les autres, tandis qu'elle nous montre à quelles formes cet animal est allié de près ou de loin. Appliquée à tous les animaux, elle nous fournit une sorte de carte sur laquelle ces animaux sont arrangés dans l'ordre de leurs affinités respectives ou une classification dans laquelle ils sont groupés dans cet ordre. Pour développer les résultats de la morphologie comparative dans le cas de l'écrevisse, il sera utile de grouper sommairement les points de forme et de structure, dont beaucoup ont été déjà mentionnés, et qui la caractérisent comme espèce distincte.

Les écrevisses anglaises qui ont atteint toute leur croissance mesurent environ 95 millimètres de l'extrémité du rostre, en avant, à celle du telson, en arrière; le plus gros spécimen que j'ai rencontré mesurait 108 millimètres[1]. Les mâles sont ordinairement un peu plus gros; et presque toujours ils ont les pinces plus longues et plus fortes que celles des femelles. La couleur générale du tégument varie d'un brun rougeâtre clair à un vert olive foncé; et la teinte de la face tergale du corps et des membres est toujours plus foncée que celle de la face

1. Les dimensions aux âges successifs, données p. 23, et commençant aux mots : « à la fin de l'année, » se rapportent à l'écrevisse *à pieds rouges* de France et non à l'écrevisse anglaise, qui est considérablement plus petite. Le degré d'accroissement proportionnel est sans doute à peu près le même dans les deux espèces; mais on ne s'en est pas encore assuré pour l'écrevisse anglaise.

sternale, qui est souvent d'un vert jaunâtre clair, et plus ou moins rouge à l'extrémité des pinces. La teinte verdâtre de la face sternale peut passer au jaune sur le thorax et au bleu sur l'abdomen.

La distance de l'orbite au bord postérieur de la carapace est presque égale à celle du bord postérieur de la carapace à la base du telson, quand l'abdomen est complètement étendu; mais cette mesure de la carapace est ordinairement plus grande que celle de l'abdomen chez les mâles, et moindre chez les femelles.

Le contour général de la carapace (fig. 61), sans le rostre, est un ovale tronqué aux deux extrémités, avec l'antérieure plus étroite que la postérieure. La surface est uniformément arquée d'un côté à l'autre. La plus grande largeur de la carapace est à moitié chemin entre le sillon cervical et le bord postérieur. Sa plus grande hauteur verticale est au niveau de la portion transverse du sillon cervical.

La longueur du rostre, mesurée de l'orbite à son extrémité, est plus grande que la moitié de la distance entre l'orbite et le sillon cervical. La section est triangulaire et son extrémité libre légèrement recourbée en haut (fig. 41). Il se rétrécit graduellement sur environ les trois quarts de sa longueur totale. En ce point il a un peu moins de la moitié de la largeur qu'il possède à la base (fig. 61, A) et ses bords élevés, granuleux, et parfois distinctement dentés en scie, se prolongent en deux épines dirigées obliquement, une de chaque côté. Au delà de celles-ci, le rostre se rétrécit rapidement en une pointe fine, et cette partie du rostre est égale en longueur à l'écartement des deux épines.

La surface tergale du rostre est aplatie et légèrement excavée d'un côté à l'autre, sauf dans sa moitié antérieure, où elle présente une crête granuleuse ou finement dentée qui se continue graduellement en une légère saillie sur la moitié postérieure et peut être ainsi généralement suivie jusqu'à la région céphalique de la carapace. Les faces inclinées du rostre se rejoignent du côté ventral en un bord aigu, convexe d'avant en arrière; la moitié postérieure de ce bord donne naissance à une petite épine, ordinairement bifurquée, qui descend entre les pédoncules oculaires (fig. 41). Les bords latéraux, élevés et granuleux du rostre, se continuent en arrière sur la carapace sur une courte distance comme deux crêtes linéaires (fig. 61, A). Parallèlement à chacune de ces crêtes, et tout près d'elle, se voit une autre élévation longitudinale (*ab*) dont l'extrémité antérieure se soulève en une épine proéminente (*a*) située immédiatement en arrière de l'orbite, et peut être par conséquent appelée *épine post-orbitaire*. L'élévation elle-même peut être distinguée comme *crête post-orbitaire*. La surface aplatie de cette crête est marquée d'une dépression ou sillon longitudinal, et l'extrémité de la crête se continue en une élévation un peu plus large et moins marquée, et se termine alors en un point situé à moitié distance entre l'orbite et le sillon cervical. Cette élévation postérieure apparaît généralement comme une simple continuation de la crête post-orbitaire, mais elle en est parfois séparée par une dépression distincte. Je n'ai jamais vu aucune épine proéminente sur l'élévation postérieure, bien qu'elle soit parfois finement spinuleuse. Les crêtes post-orbitaires de chaque côté forment ensemble une marque caractéristique en forme de lyre sur la région céphalique de la carapace.

Une dépression linéaire courbe, faiblement marquée, court d'abord directement en bas, à partir de l'extrémité postérieure de la crête post-orbitaire, puis elle se replie en arrière jusqu'au sillon cervical. Elle correspond à la limite antérieure et inférieure de l'attache du muscle adducteur de la mandibule.

Au-dessous de son niveau, et immédiatement en arrière du sillon cervical, se trouvent ordinairement trois épines arrangées en une série qui suit le sillon cervical. Les pointes de toutes ces épines sont dirigées obliquement en avant, et la plus basse est la plus volumineuse. Il n'existe parfois qu'une seule épine proéminente, avec une ou deux fort petites; parfois aussi il peut y avoir jusqu'à cinq de ces *épines cervicales*.

La région cardiaque est indiquée par deux sillons qui courent en arrière du sillon cervical (fig. 61, A, *c*) et se terminent à une distance considérable du bord postérieur de la carapace. Chaque sillon court d'abord obliquement en dedans, puis se dirige en ligne droite parallèlement à son homologue. L'aire ainsi limitée est appelée l'*aréole;* sa largeur est égale au tiers environ du diamètre total de la carapace à ce niveau.

Il n'y a pas de lignes semblables indiquant les limites latérales de la région située en avant du sillon cervical et répondant à l'estomac. Mais la partie médiane de la carapace, ou celle qui est comprise entre les régions gastrique et cardiaque, a sa surface sculptée d'une manière différente de celle des branchiostégites et des régions latérales de la tête. Dans la pre-

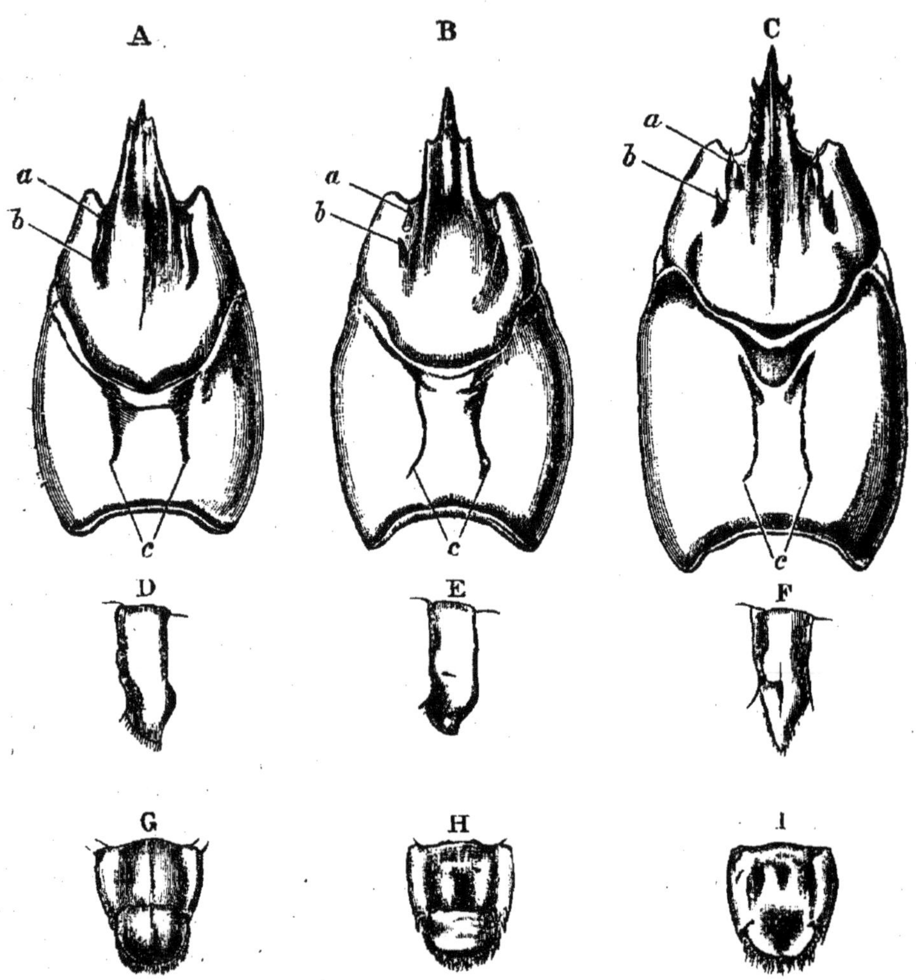

FIG. 61. — A, D et G, *Astacus torrentium*; B, E et H, *A. nobilis*; C, F et I, *A. nigrescens* (gr. nat.); A-C, vues dorsales des carapaces; D-F, vues latérales des troisièmes somites abdominaux; G-I, vues dorsales des telsons; *a*, *b*, crête post-orbitaire et épines; *c*, sillon branchio-cardiaque renfermant l'aréole.

mière, la surface est excavée en fossettes peu profondes, séparées par des crêtes relativement larges et à sommets aplatis. Dans les autres, les crêtes deviennent plus proéminentes, et prennent la forme de tubercules à sommets dirigés en avant.

Le branchiostégite a un rebord épaissi plus fort en dessous

et en arrière (fig. 1); le bord libre de ce rebord est frangé de soies très rapprochées.

Les pleurons du second et du sixième somite abdominal sont largement lancéolés, et en pointe obtuse à leurs extrémités libres (fig. 61, D). Le bord antérieur est plus long et plus convexe que le bord postérieur. Chez les femelles, les pleurons sont plus grands et dirigés plus en dehors et moins en bas que chez les mâles. Les pleurons du second somite sont beaucoup plus grands que les autres et recouvrent les pleurons très petits du premier (fig. 1). Les pleurons du sixième somite sont étroits et leurs bords extérieurs concaves.

Les fossettes et les soies de la cuticule qui revêt la surface tergale des somites abdominaux sont en si petit nombre et si espacées, que cette surface paraît presque lisse. Dans le telson toutefois, et surtout dans sa division postérieure, les impressions sont plus grossières et les soies plus apparentes.

Le telson (fig. 61, G) présente une division antérieure carrée et une postérieure semi-ovale, dont le bord libre courbé est garni de longues soies et parfois légèrement échancré au milieu. La division postérieure peut se mouvoir librement sur l'antérieure en raison de la minceur et de la flexibilité de la cuticule le long d'une ligne transversale, qui joint les angles postéro-externes de la division antérieure; chacun de ces angles est prolongé en deux fortes épines dont l'externe est la plus longue.

Sur la face inférieure de la tête, les articles basilaires des antennules sont visibles en dedans de ceux des antennes, mais l'attache de ces dernières est en arrière et au-dessous de celles des premières (fig. 3, A). En arrière de celles-ci, et en avant de la bouche, l'épistome (fig. 39, A, II, III) présente une large surface de forme pentagonale. La limite postérieure de cette surface est formée par deux crêtes transversales épaissies, qui se rencontrent sur la ligne médiane en formant un angle très ouvert, à sommet tourné en avant. Les bords postérieurs de ces crêtes se continuent avec le labre. Le bord antérieur est prolongé, en son milieu, en une pointe en forme de fleurs de lis, dont le sommet se termine entre les antennules. Sur les côtés de ce prolongement, le bord antérieur de l'épistome est profondément excavé pour recevoir les articles basilaires des antennes. En suivant les contours de ces bords excavés, la surface de l'épistome présente deux convexités latérales. La partie la plus large et la plus proéminente de ces convexités est située vers le bord externe de l'épistome, et prolongée en une épine conique. Il y a parfois une seconde épine plus petite outre la principale. Entre les deux convexités se trouve une aire triangulaire médiane déprimée.

La distance du sommet du prolongement antérieur médian à la crête postérieure, est égale à un peu plus de la moitié de la largeur de l'épistome.

La surface cornéenne de l'œil est allongée transversalement et réniforme, et son pigment est noir. Les pédoncules oculaires sont beaucoup plus larges à leur base qu'à leur extrémité cornèenne (fig. 48, A). Les antennules sont environ deux fois aussi longues que le rostre. La surface tergale de l'article basilaire trièdre de l'antennule, sur lequel repose le pédoncule oculaire, est concave ; sa surface externe est convexe, l'interne est plate (fig. 26, A, et 48, B). Près de l'extrémité antérieure du bord sternal qui sépare ces deux dernières faces, se trouve une forte épine courbée et dirigée en avant (fig. 48, B, *a*). Lorsqu'on enlève les soies qui garnissent le bord externe de l'ouverture auditive et cachent cette ouverture, on voit que c'est une large fente, un peu triangulaire, occupant la plus grande partie de la moitié postérieure de la surface tergale dè l'article basilaire (fig. 26, A).

Les exopodites, ou écailles des antennes, s'étendent jusqu'au niveau de la pointe du rostre, ou se projettent même au delà, lorsqu'elles sont tournées en avant, tandis qu'elles atteignent le commencement du filament de l'endopodite (frontispice). L'écaille est au moins deux fois aussi longue que large avec une convexité générale de sa surface tergale et une concavité de sa surface sternale. Le bord externe est droit et épais ; l'interne, frangé de longues soies, est convexe et mince (fig. 48, C). Au point où ces deux bords se rejoignent en avant, l'écaille est prolongée en une forte épine. Une portion externe plus épaisse de l'écaille est séparée de la portion interne plus mince, par un sillon longitudinal sur la face dorsale, et par une forte crête sur la face sternale. Une ou deux petites épines se projettent généralement de l'angle postéro-externe de l'écaille, mais elles peuvent être fort petites ou même absentes sur certains spécimens.

immédiatement au-dessous de celles-ci, l'angle externe de l'article suivant est prolongé en une forte épine. Si l'abdomen est étendu, et si les antennes sont retournées en arrière, aussi loin qu'elles peuvent aller sans être endommagées, les extrémités de leurs filaments atteignent d'ordinaire le tergum du troisième somite abdominal (frontispice). Je n'ai observé, sous ce rapport, aucune différence entre les sexes.

Le bord interne de l'ischiopodite du troisième maxillipède est fortement denté et plus large en avant qu'en arrière (fig. 44); le mésopodite possède quatre ou cinq épines dans la même région, et il y a une ou deux épines à l'extrémité du carpopodite. Lorsqu'ils sont étendus, les maxillipèdes s'étendent jusqu'au bout du rostre ou même au delà.

Le bord interne ou sternal de l'ischiopodite de la pince est denté en scie; celui du méropodite présente deux rangs d'épines: les internes, petites et nombreuses; les externes, grosses et en petit nombre. Il y a plusieurs fortes épines à l'extrémité antérieure de la face externe ou tergale de cet article. Le carpopodite a deux fortes épines sur sa surface inférieure ou sternale; tandis que son bord interne aigu présente des épines fortes et nombreuses. Sa surface supérieure est marquée d'une dépression longitudinale et recouverte de tubercules aigus. La longueur du propodite, de sa base à l'extrémité du mors fixe de la pince, est un peu moins de deux fois la largeur extrême de sa base, dont l'épaisseur est de moins d'un tiers de cette longueur (fig. 20). Le prolongement angulaire externe, ou mors fixe, est de la même longueur que la base, ou un peu plus court. Son bord interne est tranchant et épineux, et l'externe plus arrondi et simplement tuberculé. Le sommet de la griffe est prolongé en une épine légèrement recourbée. Son bord interne décrit une courbe sinueuse, convexe en arrière et concave en avant, et porte une série de tubercules arrondis, dont l'un, situé près du sommet de la convexité, et un autre près de la pointe de la griffe, sont les plus saillants.

Le sommet du dactylopodite, comme celui du propodite, est formé par une seule épine légèrement recourbée (fig. 20), tandis que son bord externe tranchant présente une courbe inverse de celle du bord de la griffe fixe contre lequel il est appliqué. Ce bord est couvert de tubercules arrondis, dont les plus proéminents sont, l'un au commencement, et l'autre à l'extrémité de la moitié postérieure et concave du bord. Lorsque le dactylopodite est amené contre le mors fixe de la pince, ces tubercules sont situés, l'un en avant et l'autre en arrière du tubercule principal de la partie convexe de ce mors. La surface entière du propodite et du dactylopodite est couverte de petites élévations, celles de la surface supérieure beaucoup plus saillantes que celles de la face inférieure.

La longueur de la patte ravisseuse entièrement étendue égale généralement la distance entre le bord postérieur de l'orbite et la base du telson chez les mâles bien caractérisés, et sur certains exemplaires elle est même plus grande ; elle peut, au contraire, chez les femelles, n'être pas plus grande que la distance entre les orbites et le bord postérieur du quatrième somite abdominal; pour la massivité et la force, les grandes pinces présentent, dans les deux sexes, une différence encore plus remarquable (fig. 2). En outre, la forme et la dimension des pinces chez divers spécimens de mâles présentent d'assez nombreuses variations. Il n'y a pas de différence importante entre les pinces droite et gauche.

Les ischiopodites des quatre membres thoraciques suivants sont dépourvus, dans les deux sexes, d'épines recourbées (frontispice, fig. 46). La première paire est la plus forte, la seconde la plus longue, et lorsque cette dernière est étendue en faisant avec le corps un angle droit, la distance des extrémités des dactylopodites des deux pattes, égale ou même dépasse, chez les deux sexes, l'extrême longueur du corps, du sommet du rostre au bord postérieur du telson. Chez les deux sexes aussi, la longueur des pattes natatoires excède à peine la moitié du diamètre transverse des somites auxquels elles sont attachées.

Les exopodites des appendices du sixième somite abdominal (dont l'extrême longueur est plutôt plus grande que celle du telson) sont divisés en une portion basilaire plus grosse, et une extrémité plus petite (fig. 37, F). Cette dernière est environ à moitié aussi longue que la base, et son bord libre arrondi porte des soies comme celui du telson. Il y a entre les deux portions une articulation flexible complète, et le bord libre et recouvrant de la portion basilaire est légèrement concave et garni d'épines coniques dont les plus externes sont les plus longues. L'endopodite a une épine à la jonction de son bord externe droit et de son bord terminal convexe et garni de soies. Une crête médiane longitudinale faiblement marquée, ou quille, se termine près du bord en une petite épine. L'extrémité tergale du propodite est profondément bilobée et le lobe interne se termine en deux épines, tandis que le lobe externe, plus court et plus large, est finement denté.

Outre les caractères distinctifs des sexes qui ont été déjà détaillés, on voit une différence marquée dans la forme des sternums des trois somites thoraciques postérieurs, suivant que l'on regarde un mâle ou une femelle. Si l'on compare un mâle et une femelle de même taille, l'aire triangulaire des pénultièmes et antépénultièmes membres thoraciques est considérablement plus large, à la base, chez la femelle. Dans les deux sexes, la partie postérieure du pénultième sternum est une crête transversale arrondie, séparée par un sillon de la partie antérieure; mais cette crête est beaucoup plus grande et plus proéminente chez la femelle que chez le mâle, et elle est souvent obscurément divisée en deux lobes par une division médiane. En outre, il n'y a que peu de soies sur cette région chez la femelle, tandis que chez le mâle les soies sont longues et nombreuses.

Le sternum du dernier somite thoracique de la femelle est divisé par un sillon transversal en deux parties, dont la partie postérieure, vue du côté sternal, a la forme d'une crête transversale allongée se rétrécissant à chaque extrémité, modérément convexe au milieu et presque libre de soies. Chez le mâle, la division postérieure correspondante du dernier sternum thoracique est prolongée, en bas et en avant, en une éminence arrondie qui donne attache à une sorte de pinceau de longues soies (fig. 35).

L'importance de cette longue énumération de détails minutieux apparaîtra bientôt[1]. C'est simplement la constatation des caractères externes les plus apparents que possèdent toutes les écrevisses anglaises adultes que j'ai observées. Il n'était pas un des individus qui fût exactement semblable à un autre, et

1. Celui qui étudie la zoologie systématique s'apercevra que la comparaison d'un homard et d'une écrevisse, sur tous les points mentionnés, est un excellent moyen d'exercer ses facultés d'observation.

pour donner une description d'une quelconque des écrevisses qui existent dans la nature, il faudrait ajouter ses particularités spéciales à la liste de caractères donnée ci-dessus, et qui, si l'on considère en même temps les faits de structure discutés dans les chapitres précédents, constitue une définition ou diagnose de la sorte ou *espèce* d'écrevisse anglaise. Il suit de là que l'espèce, regardée comme la somme des caractères morpho logiques en question, et rien de plus, n'existe pas dans la nature; mais qu'elle est une abstraction obtenue en séparant les caractères de structure communs aux êtres véritables — aux individus écrevisses — de ceux par lesquels ces individus diffèrent, et en négligeant les derniers.

On pourrait construire un diagramme comprenant la totalité des caractères de structure ainsi reconnus par l'observation comme appartenant à toutes nos écrevisses; mais cela ne peindrait rien qui ait jamais existé dans la nature, bien que cela puisse servir comme un plan très complet de la structure de toutes les écrevisses que l'on pourrait trouver dans ce pays. La définition morphologique d'une espèce n'est, en effet, que la description du plan de structure qui caractérise tous les individus de cette espèce.

La Californie est séparée des îles où nous sommes par un tiers de la circonférence du globe, et la moitié de l'intervalle est occupé par le large océan Atlantique du Nord. Les eaux douces de Californie contiennent toutefois des écrevisses si semblables aux nôtres, qu'il est nécessaire de comparer les deux types sur chacun des points mentionnés dans la description précédente, pour arriver à estimer la valeur des différences qu'elles présentent. Ainsi, en prenant une des espèces d'écrevisses que l'on trouve en Californie et qui a été appelée *Astacus nigrescens*, on peut décrire la structure générale de l'animal exactement dans les mêmes termes qui nous ont servi pour l'écrevisse d'Angleterre. Les branchies mêmes ne présentent pas de différences importantes, sauf que les pleurobranchies rudimentaires sont un peu plus apparentes, et qu'il y en a une troisième, petite, en avant des deux qui correspondent à celles que possède l'écrevisse anglaise.

L'écrevisse de Californie est plus grosse, et colorée un peu différemment, la face inférieure des pinces, particulièrement, présentant une teinte rougeâtre. Les membres, et spécialement les pattes ravisseuses des mâles, sont relativement plus longs; et les pinces de ces pattes ont des proportions plus grêles; l'aréole est plus étroite relativement au diamètre transversal de la carapace (fig. 61, C). On peut trouver des distinctions plus nettes dans le rostre, qui est presque à côtés parallèles sur les deux tiers de sa longueur, émet alors deux fortes épines latérales, et se rétrécit brusquement jusqu'à sa pointe. En arrière de ces épines, les bords latéraux, élevés, du rostre, présentent cinq ou six autres épines qui diminuent de volume d'avant en arrière. L'épine postorbitaire est très proéminente; mais la crête est représentée en avant par la base de cette épine, qui est légèrement sillonnée, et en arrière par une épine distincte, moins forte que l'épine postorbitaire. Il n'y a pas d'épines cervicales; et la partie médiane du sillon cervical forme un angle en arrière au lieu d'être transversale.

Les pleurons abdominaux sont étroits, équilatéraux, et en pointe aiguë chez les mâles (fig. 61, F); légèrement plus larges, plus obtus, et à bord antérieur un peu plus convexe que le postérieur, chez les femelles. La surface tergale du telson n'est pas divisée en deux parties par une suture (fig. 61, I). Le prolongement antérieur de l'épistome est de forme rhomboïdale, large et sans épines latérales distinctes.

L'écaille de l'antenne n'est point si large relativement à sa longueur; son bord interne est moins convexe, et son bord externe est légèrement concave; l'angle basilaire externe est aigu, mais non prolongé en épine. Les bords opposés des mors fixe et mobile de la pince de la patte ravisseuse sont presque droits, et ne présentent pas de tubercules remarquables. Chez les mâles, les pinces sont beaucoup plus grosses que chez les femelles; et les deux griffes de la pince sont arquées de façon à laisser entre elles un large intervalle lorsque leurs sommets sont appliqués l'un contre l'autre; chez la femelle, les branches de la pince sont droites, et leurs bords s'ajustent sans laisser d'intervalle. Les surfaces supérieure et inférieure des pinces sont presque lisses. La crête médiane de l'endopodite du sixième appendice abdominal est plus marquée, et se termine près du bord en une petite épine proéminente.

Chez les femelles, la division postérieure du sternum du pénultième somite thoracique est proéminente et profondément bilobée; et il y a quelques petites différences de formes dans les appendices abdominaux des mâles. En particulier, le prolongement interne enroulé de l'endopodite du second appendice (fig. 62, F, *f*) est disposé très obliquement; et sa bouche ouverte est au niveau de la base de la partie articulée de l'en-

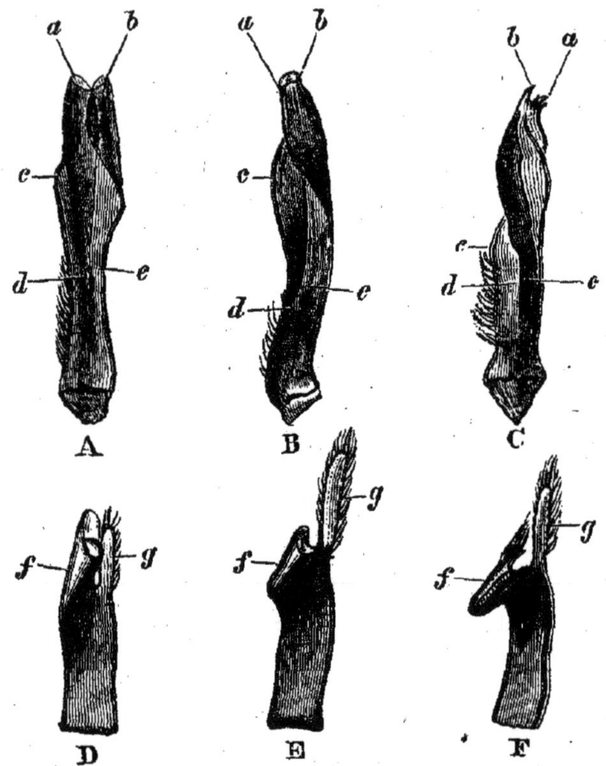

Fig. 62. — A et D, *Astacus torrentium;* B et E, *A. nobilis;* C et F, *A. nigrescens;* A-C, premier appendice abdominal du mâle; D-F, endopodite du second appendice (× 3); *a*, bord antérieur, et *b*, bord postérieur enroulé; *c*, *d*, *e*, parties correspondantes des appendices dans chaque espèce; *f*, plaque roulée de l'endopodite; *g*, division terminale de l'endopodite.

dopodite (*g*), au lieu d'atteindre à peu près l'extrémité libre de ce dernier et d'être presque parallèle avec lui. Dans le premier appendice (C), le bord antérieur roulé (*a*) embrasse plus étroitement le postérieur (*b*), et le sillon est plus complètement converti en tube.

On remarquera que les différences entre les écrevisses d'Angleterre et de Californie sont fort peu de chose; mais, en supposant que ces différences soient constantes et que l'on ne puisse rencontrer des formes de transition entre ces deux types, on dit que les individus qui présentent les particularités caractéristiques de l'écrevisse de Californie forment une espèce dis-

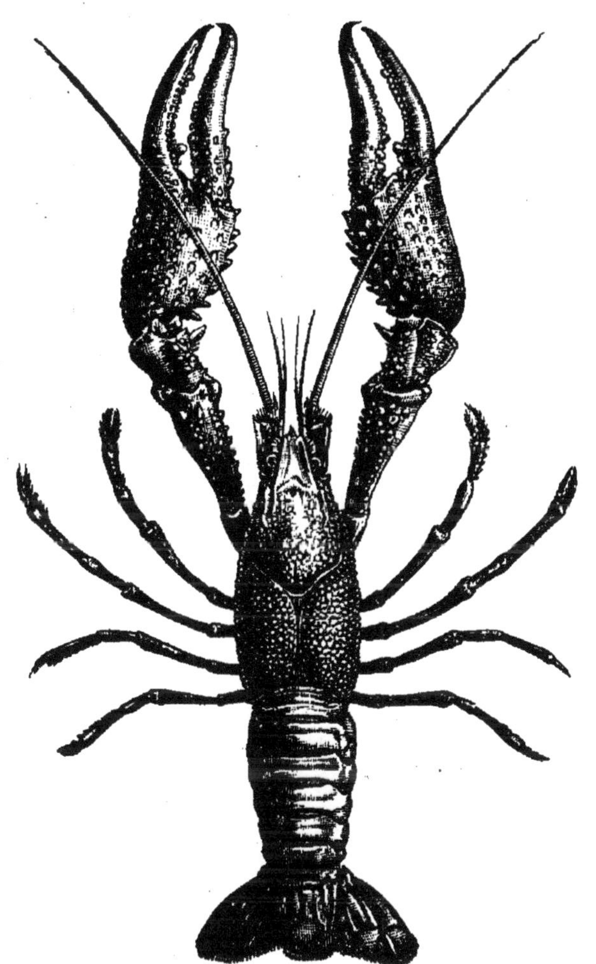

Fig. 63. — *Cambarus Clarkii*, mâle, demi-grandeur nature, d'après Hagen.

tincte, *Astacus nigrescens*; et la définition de cette espèce est, comme celle de l'espèce anglaise, une abstraction morphologique, résumant une énumération des caractères de cette espèce, en ce qu'ils ont de distinct de ceux des autres écrevisses.

Nous verrons tout à l'heure qu'il y a plusieurs autres sortes d'écrevisses, qui ne diffèrent pas plus des écrevisses anglaises et californiennes que celles-ci ne diffèrent l'une de l'autre; c'est pourquoi on les groupe toutes comme espèces d'un même genre *Astacus*.

Si, en quittant la Californie, nous traversons les montagnes Rocheuses, et si nous entrons dans les États de l'est et de l'Union, nous verrons abonder de nombreuses sortes d'écrevisses, qui

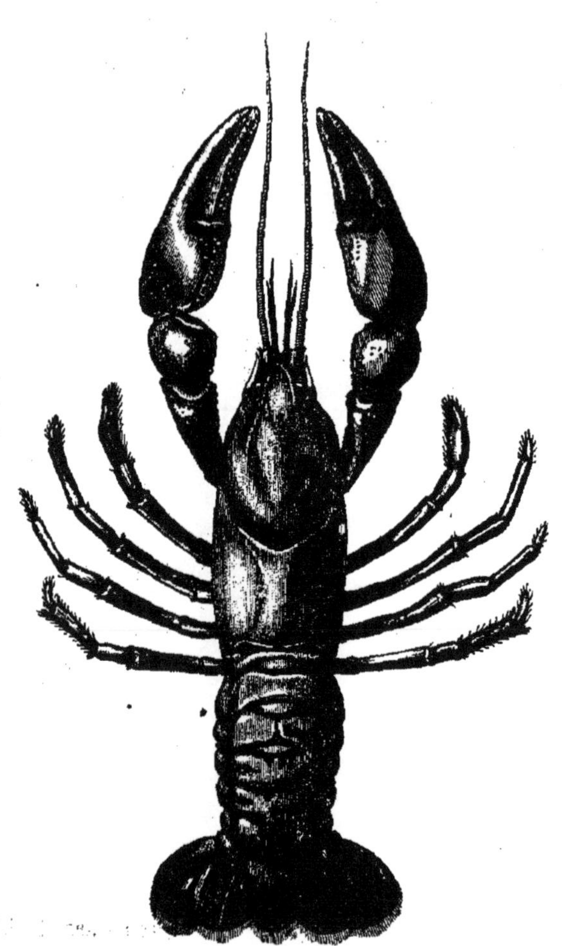

Fig. 64. — *Parastacus brasiliensis*, demi-grandeur nature, du Brésil austral.

seraient tout d'abord reconnues pour telles par un visiteur anglais. Mais un examen attentif montrera qu'elles diffèrent toutes, et de l'écrevisse anglaise, et de l'*Astacus nigrescens*, beaucoup plus qu'elles ne diffèrent entre elles. Les branchies sont, en effet, réduites à dix-sept de chaque côté, par suite de l'absence de la pleurobranchie du dernier somite thoracique;

il existe quelques autres différences qu'il n'est pas nécessaire de décrire à présent. Il convient de distinguer ces écrevisses à

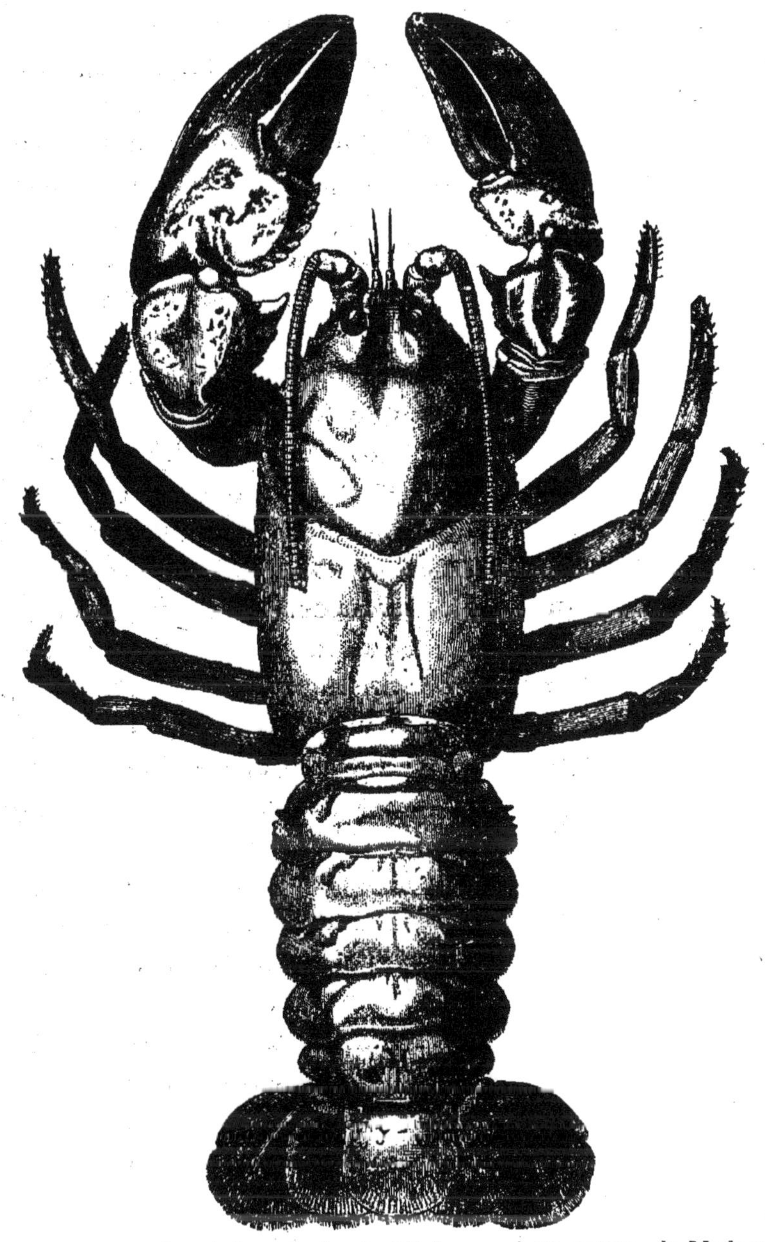

Fig 65. — *Astacoïdes madagascariensis*, 2/3 de grandeur nature, de Madagascar.

dix-sept branchies de celles à dix-huit branchies ; et ceci s'effectue en changeant le nom générique. On ne les appelle donc plus *Astacus*, mais *Cambarus* (fig. 63).

Tous les individus dont nous avons parlé jusqu'ici ont donc été arrangés d'abord en groupes nommés *espèces*; puis ces espèces ont été réparties en deux divisions appelées *genres*. Chaque genre est une abstraction, formée en réunissant les caractères communs des espèces qu'il renferme, de même que l'espèce est une abstraction formée des caractères des individus qu'elle comprend; et l'un n'a pas plus que l'autre d'existence dans la nature. La définition du genre n'est que l'exposé du plan de structure commun à toutes les espèces comprises dans le genre, de même que la définition de l'espèce est l'exposé du plan commun de structure qui se rencontre chez tous les individus composant l'espèce.

On trouve également des écrevisses dans les eaux douces de l'hémisphère austral; et presque tout ce qui a été dit sur la structure des écrevisses anglaises peut s'appliquer également à celles-là; en d'autres termes, leur plan général est le même. Mais, chez ces écrevisses australes, les podobranchies n'ont pas de lames distinctes; et le premier somite de l'abdomen est, chez les deux sexes, dépourvu d'appendices. Les écrevisses australes, comme celles de l'hémisphère boréal, sont divisibles en beaucoup d'espèces et ces espèces sont susceptibles d'être groupées en six genres,— *Astacoïdes* (fig. 65), *Astacopsis*, *Chœraps*, *Parastacus* (fig. 64), *Engœus* et *Paranephrops*, — d'après le même principe que celui qui a conduit à grouper les formes boréales en deux genres. Mais les mêmes raisons qui nous ont amenés à associer en genres des groupes d'espèces semblables ont donné naissance à la combinaison de genres alliés en groupes d'un ordre plus élevé, que l'on appelle *familles*. Il est évident que la définition de la famille, étant un exposé des caractères communs à un certain nombre de genres, est une autre abstraction morphologique, qui est à l'abstraction générique ce que celle-ci est à l'abstraction spécifique. La définition de la famille est en outre l'exposé du plan de tous les genres qu'elle renferme.

La famille des écrevisses du Nord est appelée *Potamobiidæ*, celle des écrevisses du Sud, *Parastacidæ*. Mais ces deux familles ont en commun tous ces caractères de structure qui ne sont spéciaux à aucune d'elles, et pour pousser à un degré de plus la nomenclature métaphorique du zoologiste, nous pouvons dire que les deux forment une *tribu*, dont la définition décrit le plan commun aux deux familles.

En mettant ces résultats sous une forme graphique, on est

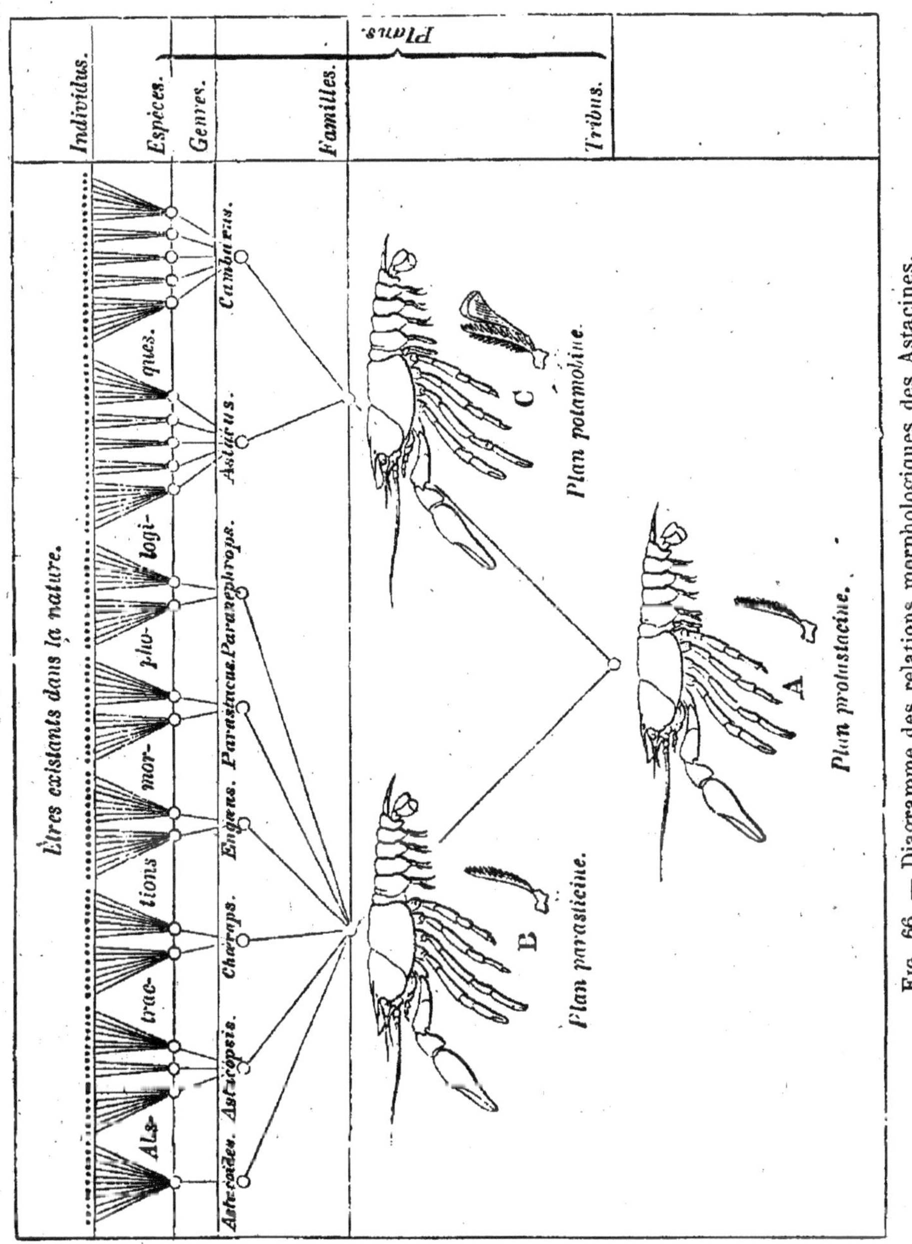

Fig. 66. — Diagramme des relations morphologiques des Astacines.

amené à les comprendre plus aisément. Dans la figure 66, A, est un diagramme représentant le plan d'un animal dans lequel sont grossièrement esquissées toutes les parties que l'on voit à l'extérieur, plus ou moins modifiées, dans les objets naturels que nous appelons écrevisses. Ce diagramme représente le plan d'une tribu. B est un autre diagramme, montrant la modification qui fait de A le plan commun de toute la famille des *Parastacidæ*. C fait de même pour les *Potamobiidæ*. Pour terminer complètement ce plan, il aurait fallu mettre des diagrammes représentant les particularités de forme qui caractérisent chaque genre et chaque espèce, au lieu des noms de genre et des cercles qui représentent les espèces. Toutes ces figures représenteraient des abstractions, des images mentales, qui n'ont pas d'existence en dehors de l'esprit. Les faits réels ne commenceraient qu'avec les dessins représentant les individus que nous pouvons supposer occuper la place des points situés au-dessus de la ligne supérieure du diagramme.

Que toutes les écrevisses puissent être regardées comme des modifications du plan commun A, ce n'est point là une hypothèse, mais une généralisation obtenue en comparant ensemble les observations faites sur la structure des individus. C'est simplement une manière graphique de représenter les faits que l'on énonce ordinairement sous forme d'une définition de la tribu des écrevisses ou *Astacina*.

Voici cette définition :

Animaux multicellulaires, pourvus d'un canal alimentaire et d'un exosquelette cuticulaire chitineux; d'un système nerveux central ganglionné, traversé par l'œsophage; et possédant un cœur et des organes respiratoires branchiaux.

Le corps présente la symétrie bilatérale, et se compose de vingt métamères (ou somites munis de leurs appendices), dont six sont associés pour former une tête, huit pour un thorax, et six pour un abdomen. Un telson est attaché au dernier somite abdominal.

Les somites de la région abdominale sont tous libres; ceux de la tête et du thorax, excepté le postérieur qui est en partie libre, sont unis en un céphalothorax dont la paroi tergale a la forme d'une carapace continue. La carapace se prolonge en avant en un rostre, et sur les côtés en branchiostégites.

Les yeux sont placés aux extrémités de pédoncules mobiles. Les antennules se terminent en deux filaments. L'exopodite de l'antenne a la forme d'une écaille mobile. La mandibule a un palpe. La première et la seconde mâchoire sont foliacées, et la seconde pourvue d'un grand scaphognathite. Il y a trois paires de maxillipèdes, et les endopodites de la troisième paire sont étroits et allongés. La paire suivante d'appendices thoraciques est beaucoup plus grosse que le reste, et armée de pinces, ainsi que les deux paires suivantes, qui sont des pattes ambulatoires grêles. Les deux paires postérieures d'appendices thoraciques sont, comme les précédentes, des pattes ambulatoires, mais sans pinces. Les appendices abdominaux sont de petites pattes natatoires, sauf la sixième paire, qui est fort grande, et dont l'exopodite est divisé par une articulation transversale.

Toutes les écrevisses ont une armature gastrique complexe. Les sept membres thoraciques antérieurs sont pourvus de podobranchies, mais la première de celles-ci est toujours plus ou moins complètement réduite à un épipodite. Il existe toujours un plus ou moins grand nombre d'arthrobranchies. Des pleurobranchies peuvent exister ou faire défaut.

Il y a, dans cette tribu des *Astacina,* deux familles : les *Potamobiidæ* et les *Parastacidæ;* et la définition de chacune de ces familles se forme en ajoutant, à la définition de la tribu, l'énoncé des particularités spéciales à sa famille.

Ainsi les *Potamobiidæ* sont les *Astacina* chez lesquelles les podobranchies des deuxième, quatrième, cinquième et sixième appendices thoraciques sont toujours pourvues d'une lame plissée, et celle du premier est un épipodite dépourvu de filaments branchiaux. Le premier somite abdominal porte toujours des appendices chez le mâle, et ordinairement dans les deux sexes. Chez le mâle, ces appendices sont styliformes, et ceux du second somite sont toujours modifiés d'un façon particulière. Les appendices des quatre somites suivants sont relativement petits. Le telson est très ordinairement divisé par une charnière transversale incomplète. Aucun des filaments branchiaux ne se termine en crochet; aucune des soies coxopoditiques, ou longues soies des podobranchies, n'est non plus armée d'un crochet, bien qu'il y ait des tubercules crochus sur la tige et les lames de ces dernières. Les soies coxopoditiques sont toujours longues et tortueuses.

Chez les *Parastacidæ,* au contraire, les podobranchies ne portent qu'un rudiment de lame, bien que leur tige puisse être ailée. La podobranchie du premier maxillipède a la forme d'un épipodite; mais, dans presque tous les cas, elle porte un cer-

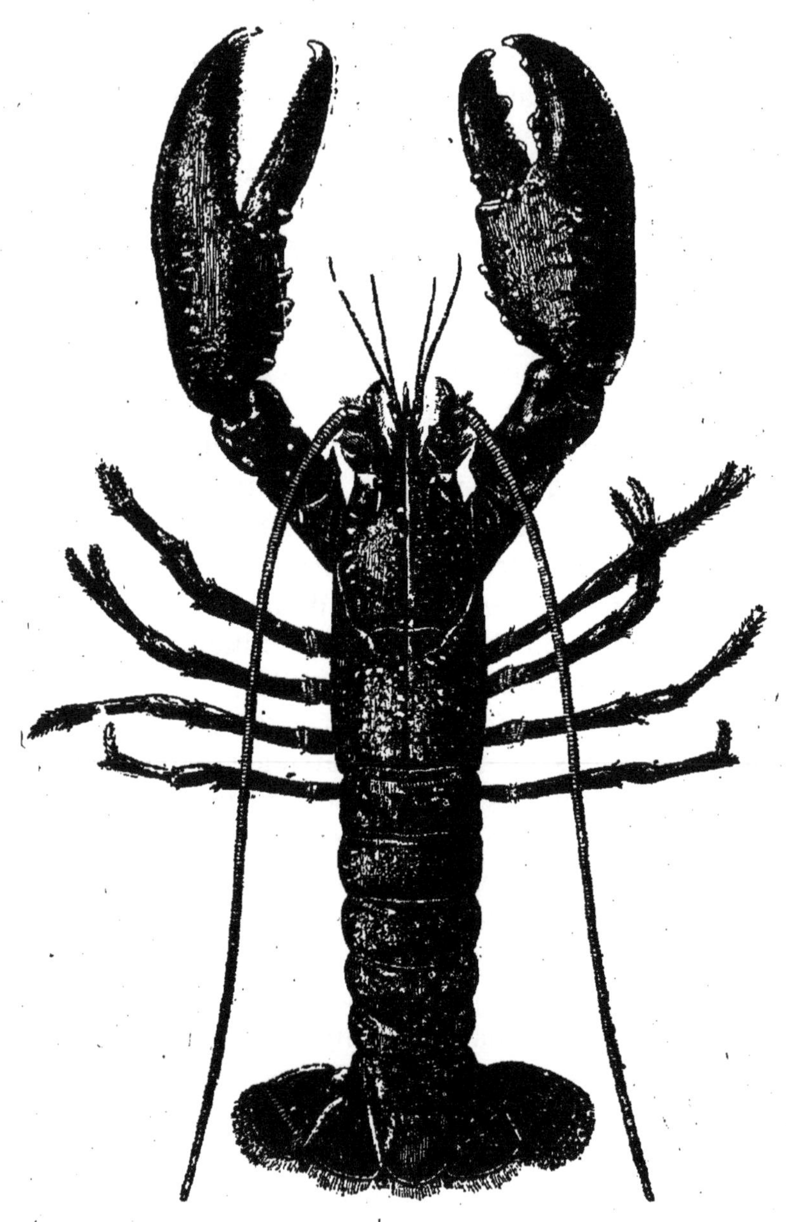

FIG. 67. — *Homarus vulgaris* (1/3 de grandeur nature).

tain nombre de filaments branchiaux bien développés. Le premier somite abdominal ne présente pas d'appendices, dans aucun des deux sexes, et les appendices des quatre somites suivants sont grands. Le telson n'est jamais divisé par une charnière transversale. Un plus ou moins grand nombre des filaments branchiaux des podobranchies se termine en courtes épines crochues; et les soies des coxopodites, aussi bien que celles qui couvrent les tiges des podobranchies, ont leur pointe en crochet.

On aurait de même les définitions des genres en ajoutant les caractères distinctifs de chaque genre aux définitions de la famille, et ceux de chaque espèce en ajoutant ses caractères à ceux du genre. Mais il n'est pas nécessaire, à présent, d'insister davantage sur ce sujet.

On ne saurait prendre pour des écrevisses d'autres habitants des eaux douces ou de la terre ferme; mais certains animaux marins familiers à tout le monde, leur ressemblent d'une manière si frappante, que l'un d'entre eux fut d'abord compris dans le même genre *Astacus*, tandis qu'un autre est très souvent désigné sous le nom d'*écrevisse de mer*. Ce sont le « Homard commun », le « Homard de Norwège » et le « Homard de roche », « Homard épineux » ou « Langouste ».

Le homard commun (*Homarus vulgaris*, fig. 67) présente les caractères distinctifs suivants : le dernier somite thoracique est uni fermement au reste; l'exopodite de l'antenne est si petit qu'il paraît comme une simple écaille mobile; tous les appendices abdominaux sont bien développés dans les deux sexes; et, chez les mâles, les deux paires antérieures sont un peu comme celles de l'*Astacus* mâle, mais moins modifiées.

La différence principale qui les sépare des *Astacina* est dans les branchies, dont il existe vingt de chaque côté, soit : six podobranchies, dix arthrobranchies et quatre pleurobranchies bien développées. En outre, les filaments branchiaux sont beaucoup plus raides et plus serrés que dans la plupart des écrevisses. Mais la distinction la plus importante est présentée par les podobranchies, dont la tige est comme fendue complètement en deux moitiés longitudinales (comme dans la fig. 68, B), une moitié (*ep*) correspondant à la lame de la branchie de l'écrevisse, et l'autre (*pl*) avec sa plume. De là vient que la base (*b*) de la podobranchie porte la branchie en avant, tandis qu'elle se continue en arrière en une large plaque épipoditique (*ep*), légèrement repliée sur elle-même, mais non plissée comme chez l'écrevisse.

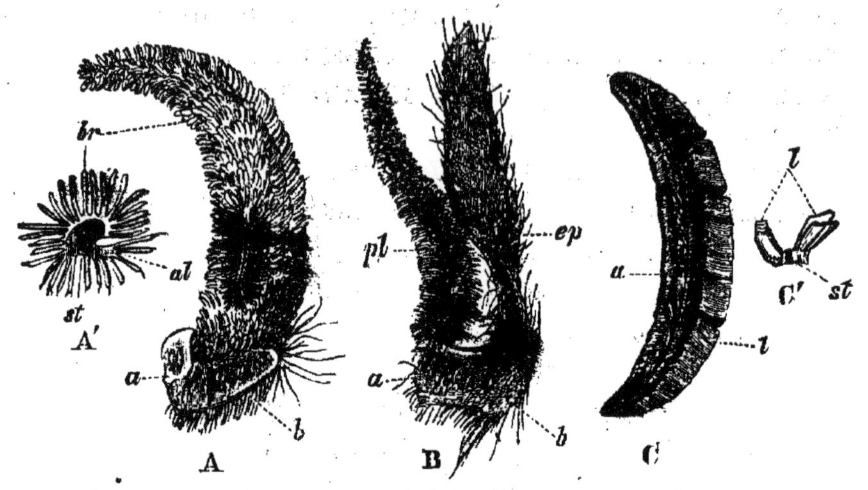

Fig. 68. — Podobranchies de A, *Parastacus*; B, *Nephrops*; C, *Palæmon*; A' et C', coupes transversales de A et de C; *a*, point d'attache; *al*, expansion aliforme de la tige; *b*, base; *br*, filaments branchiaux; *ep*, épipodite; *l*, lames branchiales; *pl*, plume; *st*, tige.

Le homard de Norwège (*Nephrops norvegicus*, fig. 69) ressemble au homard par les caractères qui distinguent celui-ci de l'écrevisse; mais les écailles des antennes sont grandes, et, en outre, la plume branchiale de la podobranchie du second maxillipède est fort petite, ou manque, de sorte que le nombre des branchies fonctionnelles est réduit à dix-neuf de chaque côté.

Ces deux genres, *Homarus* et *Nephrops*, représentent donc une famille des *Homarina*, construite sur le même plan commun que les écrevisses, mais différant assez des *Astacina* par la structure des branchies et quelques autres points, pour qu'on doive les en distinguer en les plaçant dans une tribu différente. Il est évident que les caractéristiques du plan des *Homarina* les font ressembler beaucoup plus à celui des *Potamobiidæ* qu'à celui des *Parastacidæ*.

La langouste (*Palinurus*, fig. 70) diffère beaucoup plus des écrevisses que ne le font le homard commun ou le homard de Norwège. Ainsi, pour ne rapporter que les distinctions les plus importantes, les antennes sont énormes; aucune des cinq paires postérieures de membres thoraciques n'est armée de pinces, et la première paire n'est point aussi grosse, proportionnellement aux autres, que chez les écrevisses et les homards. Les ster-

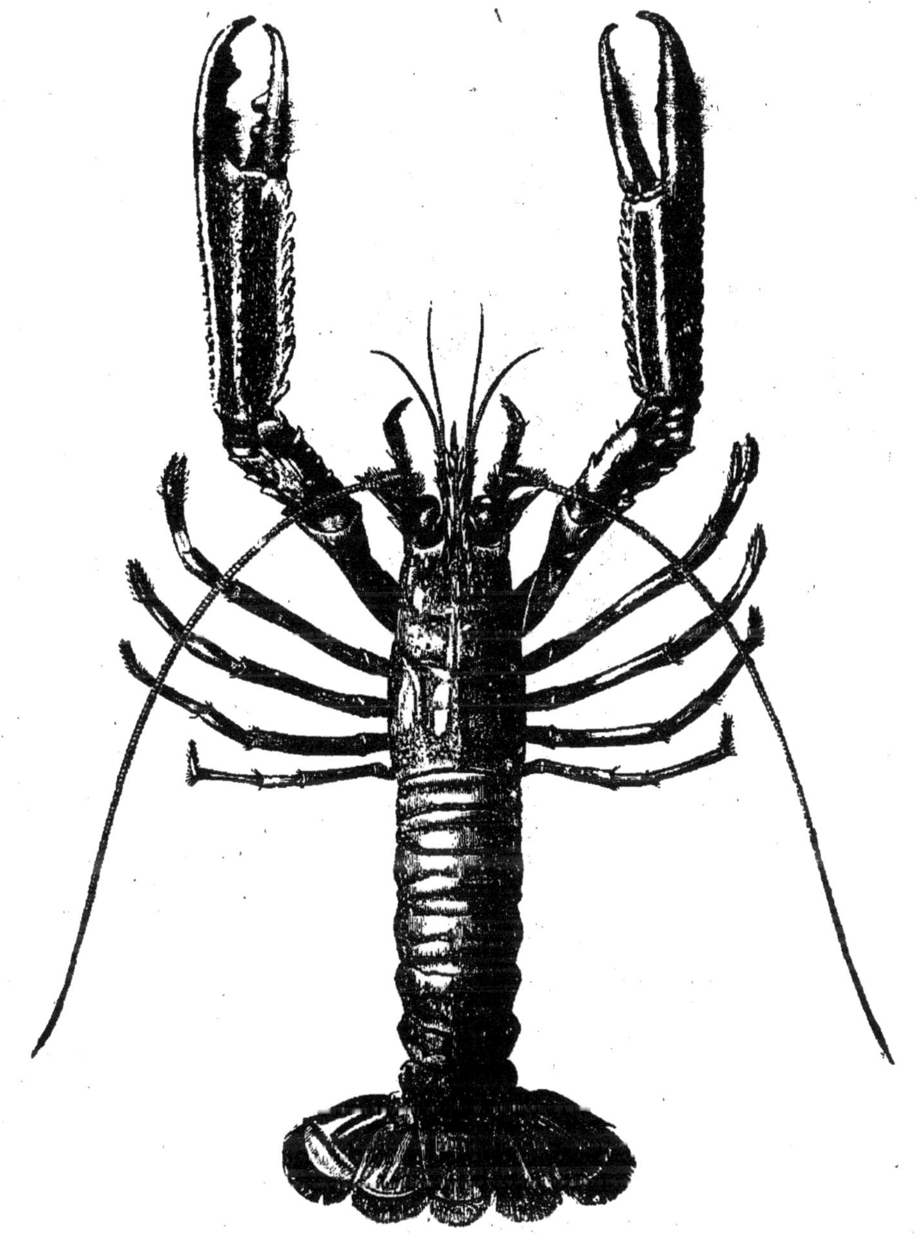

Fig. 69. — *Nephrops norvegicus* (demi-grandeur nature).

nums thoraciques postérieurs sont fort larges, et non comparativement étroits comme dans les genres précédents. Il n'y a, dans aucun des deux sexes, d'appendices au premier somite de l'abdomen. Sous ce rapport, il est curieux d'observer que, contrairement aux *Homarina*, les langoustes sont alliées de plus

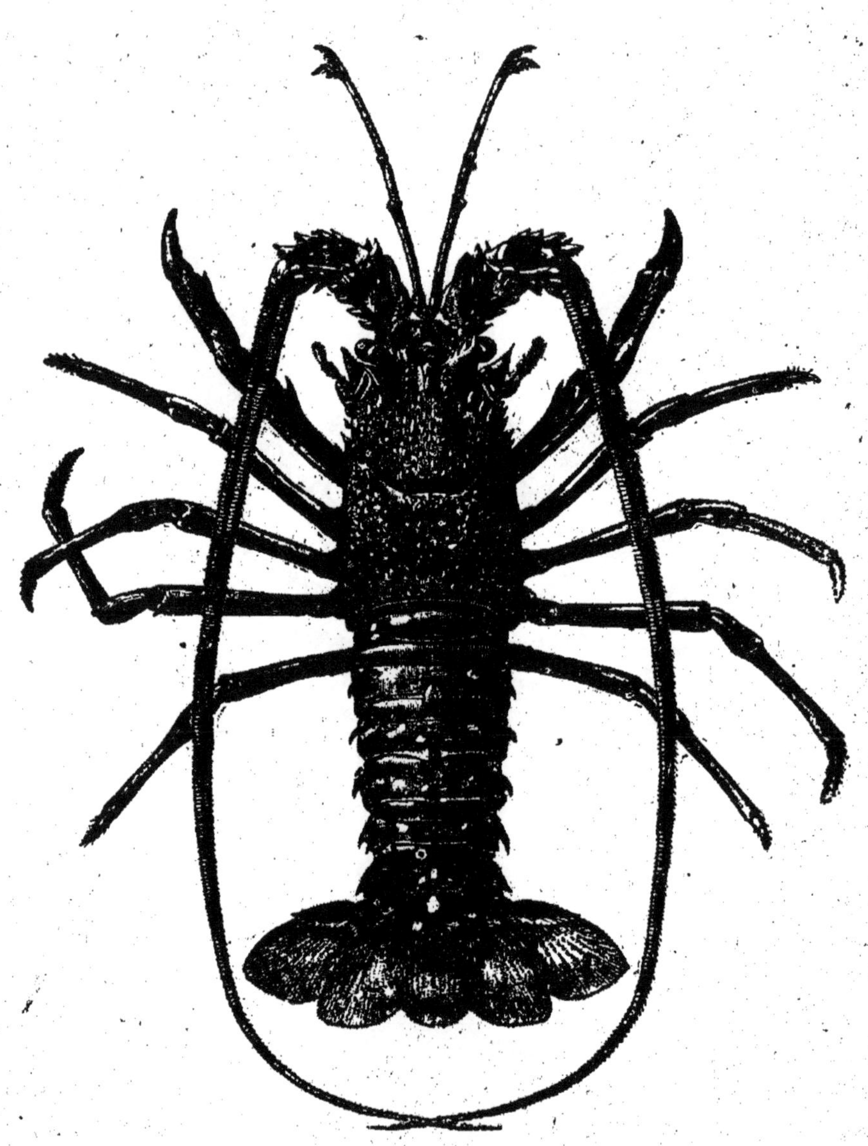

FIG. 70. — *Palinurus vulgaris* (environ 1/4 de grandeur naturelle).

près aux *Parastacidæ* qu'aux *Potamobiidæ*. Les branchies sont semblables à celles des homards, mais atteignent le nombre de vingt et une de chaque côté.

Les langoustes sont conformes aux écrevisses pour leur structure fondamentale ; on peut donc regarder les plans de ces deux animaux comme des modifications d'un plan commun aux deux. Les seuls changements considérables qu'il soit nécessaire, pour cela, d'apporter au plan de la tribu des écrevisses, sont la substitution de terminaisons simples au lieu de terminaisons en pince pour les membres thoraciques moyens, et la suppression des appendices du premier somite abdominal.

Ainsi, non seulement toutes les écrevisses, mais tous les homards et toutes les langoustes, bien que différant par l'apparence, les dimensions et le genre de vie, révèlent au morphologiste des signes impossibles à méconnaître d'une unité fondamentale d'organisation ; chacun de ces animaux est une variation relativement simple sur un thème général, — le plan commun.

Les branchies mêmes, qui varient tellement en nombre chez les différents membres de ces groupes, sont construites sur un principe uniforme, et les différences qu'elles présentent sont aisément compréhensibles comme le résultat de diverses modifications d'un seul et même arrangement primitif.

Chez tous, les branchies sont des *trichobranchies*, c'est-à-dire que chacune d'elles ressemble un peu à un goupillon, et présente une tige garnie de nombreuses séries de filaments branchiaux plus ou moins serrés. Le plus grand nombre de branchies complètes possédées par un quelconque des *Potamobiidæ, Parastacidæ, Homaridæ*, ou *Palinuridæ*, est de vingt et une de chaque côté, et lorsque ce total existe, il est formé par le même nombre de podobranchies, d'arthrobranchies et de pleurobranchies attachées aux somites correspondants. Chez le *Palinurus* et dans le genre *Astacopsis* (qui fait partie des *Parastacidæ*), par exemple, il y a six podobranchies attachées aux membres thoraciques, du second au septième inclusivement ; cinq paires d'arthrobranchies sont attachées à la membrane interarticulaire des membres thoraciques, du troisième au septième inclusivement, et une à celle du second, faisant onze en tout, tandis que quatre pleurobranchies sont fixées aux épimères des quatre somites thoraciques postérieurs. En outre, chez l'*Astacopsis*, l'épipodite du premier appendice thoracique (premier maxillipède) porte des filaments branchiaux, et constitue une sorte de branchie réduite.

Ces faits peuvent être exposés en forme de tableau comme suit :

FORMULE BRANCHIALE DE L'*Astacopsis*.

Somites et leurs appendices.	Podobranchies.	Arthrobranchies Antérieures.	Arthrobranchies Postérieures.	Pleurobranchies.	
VII.	0 (ép. r.)	0	0	0	= 0 (ép. r.)
VIII.	1	1	0	0	= 2
IX.	1	1	1	0	= 3
X.	1	1	1	0	= 3
XI.	1	1	1	1	= 4
XII.	1	1	1	1	= 4
XIII.	1	1	1	1	= 4
XIV.	0	0	0	1	= 1
	6 + ép. r. +	6 +	5 +	4	= 21 + (ép. r.)

Cette « formule branchiale », en tableau, montre d'un coup d'œil non seulement le nombre total de branchies, mais celui de chaque sorte et le nombre de branchies de chaque sorte reliées à chacun des somites. Il indique, de plus, que la podobranchie du premier somite thoracique s'est tellement modifiée, qu'elle n'est plus représentée que par un épipodite avec quelques filaments branchiaux épars sur sa surface.

Chez le *Palinurus*, ces filaments branchiaux font défaut et la formule branchiale devient en conséquence :

FORMULE BRANCHIALE DU *Palinurus*.

Somites et leurs appendices.	Podobranchies.	Arthrobranchies Antérieures.	Arthrobranchies Postérieures.	Pleurobranchies.	
VII.	0 (ép.)	0	0	0	= 0 (ép.)
VIII.	1	1	0	0	= 2
IX.	1	1	1	0	= 3
X.	1	1	1	0	= 3
XI.	1	1	1	1	= 4
XII.	1	1	1	1	= 4
XIII.	1	1	1	1	= 4
XIV.	0	0	0	1	= 1
	6 + ép. +	6 +	5 +	4	= 21 + ép.

Chez le homard, l'arthrobranchie solitaire du huitième somite disparaît, et les branchies sont réduites à vingt de chaque côté.

Chez l'*Astacus*, cette branchie persiste; mais chez l'écrevisse anglaise, la plus antérieure des pleurobranchies a disparu, et il ne reste plus que de simples rudiments des deux suivantes. On a mentionné que d'autres *Astacus* présentent le rudiment de la première pleurobranchie.

FORMULE BRANCHIALE DE L'*Astacus*.

Somites et leurs appendices.	Podobranchies.	Arthrobranchies Antérieures.	Arthrobranchies Postérieures.	Pleurobranchies.	
VII.	0 (ép.)	0	0	0	= 0 (ép.)
VIII.	1	1	0	0	= 2
IX.	1	1	1	0	= 3
X.	1	1	1	0	= 3
XI.	1	1	1	0 ou *r*	= 3 ou 3 + *r*
XII.	1	1	1	*r*	= 3 + *r*
XIII.	1	1	1	*r*	= 3 + *r*
XIV.	0	0	0	1	= 1
	6 + ép. +	6 +	5 +	1 + 2 ou 3 *r*	= 18 + ép. + 2 ou 3 *r*

Chez le *Cambarus*, le nombre de branchies est réduit à dix-sept par disparition de la dernière pleurobranchie; tandis que, dans l'*Astacoïdes*, le processus de réduction est porté si loin qu'il ne reste plus que douze branchies complètes, le reste n'étant représenté que par de simples rudiments, ou disparaissant tout à fait.

FORMULE BRANCHIALE DE L'*Astacoïdes*.

Somites et leurs appendices.	Podobranchies.	Arthrobranchies Antérieures.	Arthrobranchies Postérieures.	Pleurobranchies.	
VII.	0 (ép. r.)	0	0	0	= 0 (ép. r.)
VIII.	1	*r*	0	0	= 1 + *r*
IX.	1	1	0	0	= 2
X.	1	1	*r*	0	= 2 + *r*
XI.	1	1	*r*	0	= 2 + *r*
XII.	1	1	*r*	0	= 2 + *r*
XIII.	1	1	*r*	0	= 2 + *r*
XIV.	0	0	0	1	= 1
	6 + ép. r +	5 + *r* +	0 + 4 *r* +	1	= 12 + ép. r + 5 *r*

Toutes ces formules montrent que les crustacés trichobranchiens qui possèdent moins de vingt et une branchies complètes de chaque côté présentent ordinairement des traces de celles qui manquent, soit sous forme d'épipodites, comme dans le cas des podobranchies, soit sous forme de petits rudiments, dans le cas des arthrobranchies et des pleurobranchies;

Chez le genre marin *Penœus* (fig. 73 et chapitre VI) à forme de crevette, les branchies sont des trichobranchies curieusement modifiées. Le nombre de branchies fonctionnelles est de vingt, comme chez le homard; mais l'étude de leur disposition montre que le total est obtenu d'une manière fort différente.

FORMULE BRANCHIALE DU *Penœus*.

Somites et leurs appendices.		Podobranchies.		Arthrobranchies Antérieures.		Arthrobranchies Postérieures.		Pleurobranchies.		
VII.	...	0 (ép.)	...	1	...	0	...	0	=	1 + ép.
VIII.	...	0 (ép.)	...	1	...	1	...	1	=	3 + ép.
IX.	...	0 (ép.)	...	1	...	1	...	1	=	3 + ép.
X.	...	0 (ép.)	...	1	...	1	...	1	=	3 + ép.
XI.	...	0 (ép.)	...	1	...	1	...	1	=	3 + ép.
XII.	...	0 (ép.)	...	1	...	1	...	1	=	3 + ép.
XIII.	...	0	...	1	...	1	...	1	=	3
XIV.	...	0	...	0	...	0	...	1	=	1
		0 + 6 ép.	+	7	+	6	+	7	=	20 + 6 ép.

Ce cas est très intéressant, car il montre que toutes les podobranchies peuvent perdre leur caractère branchial et se réduire à des épipodites, comme c'est le cas pour la première chez l'écrevisse, le homard, et même la plupart des formes que l'on a à considérer. Et puisque tous les somites, sauf un seul, portent à la fois des arthrobranchies et des pleurobranchies, on arrive à supposer que chaque somite thoracique hypothétiquement complet doit posséder quatre branchies de chaque côté, donnant ainsi pour la

FORMULE BRANCHIALE HYPOTHÉTIQUEMENT COMPLÈTE.

Somites et leurs appendices.		Podobranchies.		Arthrobranchies Antérieures.		Arthrobranchies Postérieures.		Pleurobranchies.		
VII.	...	1	...	1	...	1	...	1	=	4
VIII.	...	1	...	1	...	1	...	1	=	4
IX.	...	1	...	1	...	1	...	1	=	4
X.	...	1	...	1	...	1	...	1	=	4
XI.	...	1	...	1	...	1	...	1	=	4
XII.	...	1	...	1	...	1	...	1	=	4
XIII.	...	1	...	1	...	1	...	1	=	4
XIV.	...	1	...	1	...	1	...	1	=	4
		8	+	8	+	8	+	8	=	32

Partant de cette formule branchiale hypothétiquement complète, nous pouvons regarder toutes les formules réelles comme produites par la suppression plus ou moins complète des branchies les plus antérieures ou les plus postérieures, ou des deux, dans chaque série. Dans le cas des podobranchies elles

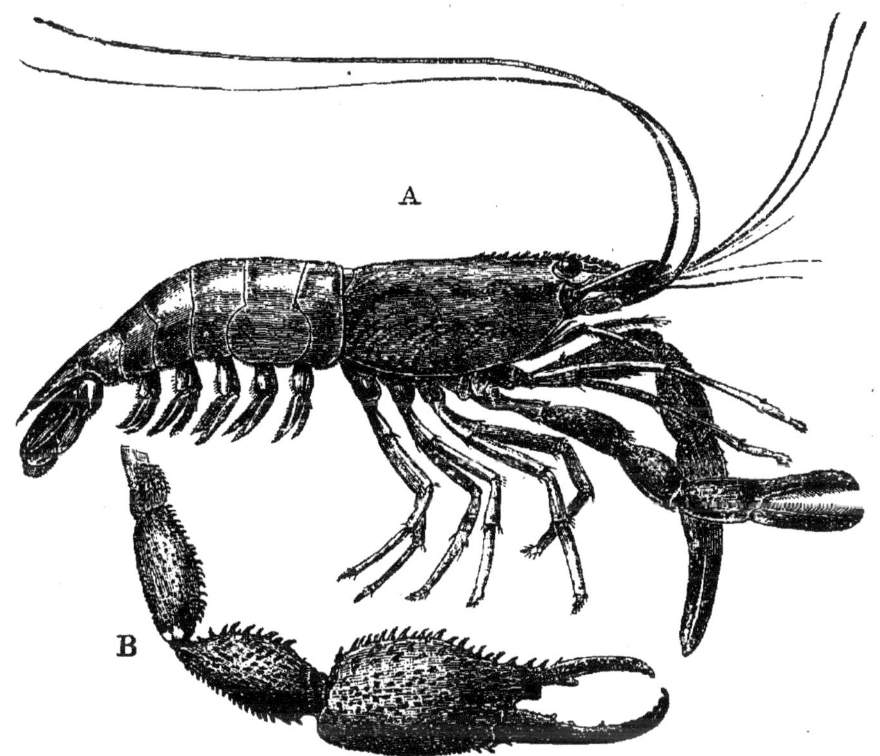

FIG. 71. — *Palæmon jamaïcensis* (environ 5/7 grand. nat.); A, femelle, B, 5e appendice thoracique du mâle.

se convertissent en épipodites; pour les autres branchies, elles deviennent rudimentaires ou disparaissent.

Par son aspect général, un palémon (*Palæmon jamaïcensis*, fig. 71) est très semblable à un homard ou à une écrevisse en miniature. Un examen plus approfondi ne manque pas en effet de révéler une ressemblance fondamentale. Le nombre des somites et de leurs appendices, leur caractère général et leur disposition, sont en effet les mêmes. Mais, chez le palémon, l'abdomen est beaucoup plus gros, proportionnellement au céphalothorax, l'écaille basilaire ou exopodite de l'antenne est beaucoup plus grande, les maxillipèdes externes sont plus longs et diffèrent moins des appendices thoraciques suivants. La première paire de ceux-ci, qui répond à la patte ravisseuse de l'écrevisse, porte une pince, mais est fort grêle. La seconde paire, également munie d'une pince, est beaucoup plus grosse que la première et parfois extrêmement longue et forte (fig. 71, B); les autres membres thoraciques sont terminés par des griffes simples. Les cinq premiers somites abdominaux sont tous pourvus de grandes pattes natatoires qui servent comme rames lorsque l'animal nage tranquillement; et, chez les mâles, la première paire ne diffère que légèrement des autres. Le rostre est très grand et fortement denté.

Aucun de ces points de dissemblance avec l'écrevisse n'a toutefois assez d'importance pour nous préparer aux remarquables changements que l'on observe dans les organes respiratoires. Le nombre total des branchies n'est que huit. Cinq sont de grandes pleurobranchies attachées aux épimères des cinq derniers somites thoraciques, deux sont des arthrobranchies fixées à la membrane interarticulaire du maxillipède externe, et la huitième, qui est la seule podobranchie complète, appartient au second maxillipède. Les podobranchies des premier et troisième maxillipèdes ne sont représentées que par de petits épipodites. La formule branchiale est donc :

Somites et leurs appendices.	Podobranchies.	Arthrobranchies		Pleurobranchies.		
		Antérieures.	Postérieures.			
VII. ...	0 (ép.) ...	0 ...	0 ...	0	=	0 (ép.)
VIII. ...	1 ...	0 ...	0 ...	0	=	1
IX. ...	0 (ép.) ...	1 ...	1 ...	0	=	2 (ép.)
X. ...	0 ...	0 ...	0 ...	1	=	1
XI. ...	0 ...	0 ...	0 ...	1	=	1
XII. ...	0 ...	0 ...	0 ...	1	=	1
XIII. ...	0 ...	0 ...	0 ...	1	=	1
XIV. ...	0 ...	0 ...	0 ...	1	=	1
	1 + 2 ép. +	1 +	1 +	5	=	8 + 2 ép.

Le palémon nous offre en réalité un cas extrême de ce genre de modification du système branchial dont le *Penæus* nous a fourni un exemple moins complet. La série des podobranchies est réduite presque à rien, tandis que les grandes pleurobranchies sont les principaux organes de respiration.

Mais ce n'est point là la seule différence. Les branchies du palémon ne sont point en brosses, mais foliacées. Ce ne sont point des *trichobranchies*, mais des *phyllobranchies;* c'est-à-dire que l'axe central de la branchie, au lieu d'être couvert de nombreuses séries de filaments grêles, porte seulement deux rangs de larges lamelles aplaties (fig. 68, C; C', *l*) qui sont attachées aux côtés opposés de la tige (C', *s*) et diminuent graduellement de dimensions en haut et en bas, à partir du point où la tige est fixée. Ces lamelles sont empilées les unes sur les autres comme les feuillets d'un livre ; et le sang, traversant les nombreux passages dont leur substance est creusée, se met en relation immédiate avec les courants d'eau aérée qui sont chassés entre ces folioles branchiales par un mécanisme respiratoire de même nature que celui de l'écrevisse.

Si différentes que ces phyllobranchies du palémon soient en apparence des trichobranchies des crustacés précédents, elles sont aisément ramenées au même type. En effet, dans le genre *Axius*, qui est allié de près aux homards, chaque tige branchiale porte seulement deux séries de filaments, une de chaque côté ; et si l'on suppose que ces filaments bisériés s'élargissent en folioles, la transition s'effectuera aisément de la trichobranchie à la phyllobranchie.

Le *Crangon* possède aussi des phyllobranchies, et diffère du *Palœmon* principalement par les caractères de ses membres thoraciques, préhensiles et locomoteurs.

Il y a encore d'autres animaux marins très connus, qui dans l'appréciation vulgaire sont toujours associés aux homards et aux écrevisses, bien que la différence de leur aspect général soit infiniment plus grande que dans aucun des cas considérés jusqu'ici. Ce sont les crabes.

Dans toutes les formes que nous avons examinées jusqu'à présent, l'abdomen est aussi long, ou même plus long, que le céphalothorax ; et sa largeur est la même, ou seulement un peu moindre. Le sixième somite a des appendices fort grands, qui forment avec le telson une puissante nageoire caudale ; et le volumineux abdomen est ainsi adapté à remplir un rôle important dans la locomotion.

En outre, la longueur du céphalothorax est beaucoup plus

grande que sa largeur, et il se prolonge en avant en un rostre allongé. Les bases des antennes sont librement mobiles, et pourvues d'un exopodite mobile. En outre, les pédoncules oculaires ne sont point renfermés dans une cavité ou orbite, et les yeux

Fig. 72. — *Cancer pagurus* mâle (1/3 grandeur nature); A, vue dorsale, avec l'abdomen étendu; B, vue antérieure de la « face »; *as*, sternum antennaire; *or*, orbite; *r*, rostre; *1*, pédoncule oculaire; *2*, antennule; *3*, base de l'antenne; *3'*, portion libre de l'antenne.

eux-mêmes apparaissent au-dessus et en avant des antennules. Les maxillipèdes externes sont étroits, et leurs endopodites plus ou moins en forme de patte.

Aucun de ces énoncés ne s'applique aux crabes. Chez ces

animaux, l'abdomen est court, aplati, et échappe facilement à un premier examen; car il est tenu d'ordinaire exactement appliqué contre la face inférieure du céphalothorax. Il ne sert point comme organe de natation, et le sixième somite ne possède aucun appendice quelconque. La largeur du céphalothorax est souvent plus grande que sa longueur, et il n'y a pas de rostre proéminent. A sa place se trouve un prolongement tronqué (fig. 72, B, *r*) qui envoie en bas une partition verticale, et sépare l'une de l'autre deux cavités dans lesquelles se logent les bases renflées des petites antennules (2). La limite externe de chacune de ces cavités est formée par la partie basilaire de l'antenne (3) qui est fermement fixée au bord de la carapace. Il n'y a pas d'écaille exopoditique, et la partie libre de l'antenne (3') est fort petite. La surface cornéenne convexe de l'œil apparaît en dehors de la base de l'antenne, logée dans une sorte d'orbite (*or*) dont le bord interne est formé par la base de l'antenne, tandis que ses limites supérieure et externe sont constituées par la carapace. Ainsi, tandis que, dans toutes les formes précédentes, l'œil est situé le plus près de la ligne médiane, et le plus en avant; que l'antennule est placée en dehors et en arrière, et que l'antenne ne vient qu'ensuite; chez le crabe, l'antennule occupe la place la plus interne; puis vient l'antenne, et l'œil paraît être en dehors et en arrière de toutes deux. Mais il n'y a pas en réalité de changement dans l'insertion du pédoncule oculaire. Car, si l'on enlève l'antennule et l'article basilaire de l'antenne, on verra que la base du pédoncule de l'œil s'attache, comme chez l'écrevisse, tout près de la ligne médiane, sur le côté interne et en avant de l'antennule; mais il est fort long et s'étend en dehors, en arrière de l'antennule et de l'antenne; et sa surface cornéenne, se projetant dans l'orbite, est seule visible.

En outre, les ischiopodites des maxillipèdes externes sont étendus en larges plaques carrées qui se rencontrent sur la ligne médiane, et se referment sur les autres organes masticatoires comme les deux battants d'une porte. En arrière de ces appendices se trouvent deux grandes pattes ravisseuses comme chez l'écrevisse; mais les quatre paires suivantes de membres ambulatoires sont terminées par des griffes simples.

Lorsqu'on étend de force l'abdomen, on voit que sa surface

sternale est molle et membraneuse. Il n'y a pas de pattes natatoires ; mais, chez la femelle, les quatre paires antérieures de membres abdominaux sont représentées par de singuliers appendices qui donnent attache aux œufs ; tandis que, chez le mâle, il y a deux paires d'organes styliformes attachés aux premier et second somites de l'abdomen, et qui correspondent à ceux des écrevisses mâles.

Les portions ventrales des branchiostégites sont brusquement recourbées en dedans, et leurs bords sont si exactement appliqués, sur la plus grande partie de leur longueur, sur les bases des pattes ambulatoires, qu'il ne reste pas de fente branchiale. Toutefois, en avant de la base des pinces, se trouve une ouverture allongée, qui peut être fermée ou ouverte par une sorte de valve reliée avec le maxillipède externe, et qui sert à l'entrée de l'eau dans la cavité branchiale. L'eau employée à la respiration, et tenue en mouvement continu par l'action du scaphognatite, est rejetée par deux ouvertures séparées des précédentes par les maxillipèdes externes, et situées sur les côtés de l'espace carré où sont fixés ces organes.

Il n'y a que neuf branchies de chaque côté ; ce sont des phyllobranchies comme chez le *Palæmon* et le *Crangon*. Sept des branchies sont de forme pyramidale, et pour la plupart de fortes dimensions. Lorsqu'on enlève le branchiostégite, on les voit situées contre sa paroi interne, et leurs pointes convergeant vers le sommet. Les deux postérieures sont des pleurobranchies, les cinq en avant des arthrobranchies, enfin les deux autres sont des podobranchies et appartiennent aux second et troisième maxillipèdes. Chacune est divisée en une portion branchiale et une portion épipoditique, cette dernière ayant la forme d'une longue lame recourbée. La portion branchiale de la podobranchie du second maxillipède est longue, et située horizontalement sous les bases des quatre arthrobranchies antérieures, tandis que la podobranchie du troisième maxillipède est courte et triangulaire, et se loge entre les bases des seconde et troisième arthrobranchies. L'épipodite du troisième maxillipède est très long, et sa base fournit la valve de l'ouverture afférente de la cavité branchiale qui a été mentionnée plus haut. La podobranchie du premier maxillipède n'est représentée que par une longue lame épipoditique recourbée, qui peut balayer la surface externe des branchies, et sert sans doute à les débarrasser des corps étrangers.

FORMULE BRANCHIALE DU *Cancer pagurus*.

Somites et leurs appendices.	Podobranchies.	Arthrobranchies Antérieures.	Arthrobranchies Postérieures.	Pleurobranchies.		
VII.	0 (ép.)	0	0	0	=	0 ép.
VIII.	1	1	0	0	=	2
IX.	1	1	1	0	=	3
X.	0	1	1	0	=	2
XI.	0	0	0	1	=	1
XII.	0	0	0	1	=	1
XIII.	0	0	0	0	=	0
XIV.	0	0	0	0	=	0
	2 + ép. +	3 +	2 +	2	=	9 + ép.

On remarquera que la suppression des branchies a eu lieu ici dans toutes les séries, et à la fois aux extrémités antérieure et supérieure de chacune d'elles. Mais le déficit du nombre total est comblé par un accroissement de dimensions non seulement des pleurobranchies, comme chez les crevettes, mais aussi des arthrobranchies. En même temps, l'appareil est devenu plus spécialisé et plus parfait comme organe respiratoire. L'exact ajustement des bords de la carapace, et la possibilité de fermer les ouvertures d'inhalation et d'exhalation, rendent les crabes beaucoup moins astreints à une continuelle immersion que la plupart de leurs congénères; et quelques-uns d'entre eux vivent habituellement sur la terre ferme et respirent au moyen de l'air atmosphérique qu'ils aspirent et rejettent de leurs cavités branchiales.

Malgré tous ces écarts profonds de la structure et des mœurs de l'écrevisse, un examen attentif montre cependant que le plan de construction du crabe est, sous tous les rapports fondamentaux, le même que celui de cet animal. Le corps est composé du même nombre de somites. Les appendices de la tête et du thorax sont identiques par le nombre, les fonctions, et même le plan général de structure. Mais deux paires d'appendices abdominaux chez la femelle, et quatre chez le mâle, ont disparu. Les exopodites des antennes ont également disparu; et il ne reste même pas d'épipodite pour représenter les podobranchies des cinq paires postérieures de membres thoraciques. Les pédoncules oculaires, excessivement allongés, sont tournés en arrière et en dehors, au-dessus des bases des antennules et des antennes; et les bases de ces dernières se sont unies, en avant d'eux, aux rebords de la carapace. Ainsi, la face extraordinaire ou *métope* (fig. 72, B) du crabe résulte d'une simple modification dans l'arrangement de parties qui, toutes, existent chez l'écrevisse. Le même plan commun sert pour les deux.

Les exemples précédents sont empruntés à quelques-uns de nos *Crustacés*, les plus communs et les plus faciles à se procurer; mais ils suffisent amplement à montrer comment, à elle seule, l'anatomie comparée nous amène forcément à concevoir un plan d'organisation commun à une multitude d'animaux extrêmement différents par leurs formes et par leurs mœurs.

Rien ne serait plus facile, à l'occasion, que d'étendre cette méthode de comparaison à l'ensemble des plusieurs milliers d'animaux à forme de crabe, d'écrevisse ou de crevette qui, ayant leurs yeux placés sur des supports mobiles, ont reçu le nom de *Podophthalmaires* ou *Crustacés* à yeux pédonculés, et de prouver, par des arguments de même force, qu'ils ne sont tous que des modifications du même plan commun. Et ce ne sont pas seulement ces êtres qui nous révèlent la même organisation fondamentale, mais aussi les talitres du bord de la mer, les cloportes terrestres, les daphnies et les cyclopes des étangs, et même des formes plus éloignées encore, comme les anatifes qui se fixent aux bois flottants, et les balanes qui couvrent chaque pouce de rocher sur un grand nombre de points de nos côtes. Bien plus, les araignées et les scorpions, les mille-pieds et les centipèdes, et les innombrables légions du monde des insectes, ne montrent, au milieu d'une infinie diversité de détails, rien qui soit nouveau en principe, pour celui qui s'est rendu maître de la morphologie de l'écrevisse.

Étant donné un corps divisé en somites dont chacun porte une paire d'appendices, et étant donné le pouvoir de modifier ces somites et leurs appendices, en se conformant strictement aux principes suivant lesquels le plan commun des podophthalmaires est modifié chez les membres actuellement existants de cet ordre, on pourrait aisément tirer, d'une seule forme primitive, l'ensemble tout entier des arthropodes qui forment probablement plus des deux tiers du monde animal.

Et ce n'est point là seulement de la spéculation. Comme fait d'observation, bien que les *Arthropodes* ne descendent point

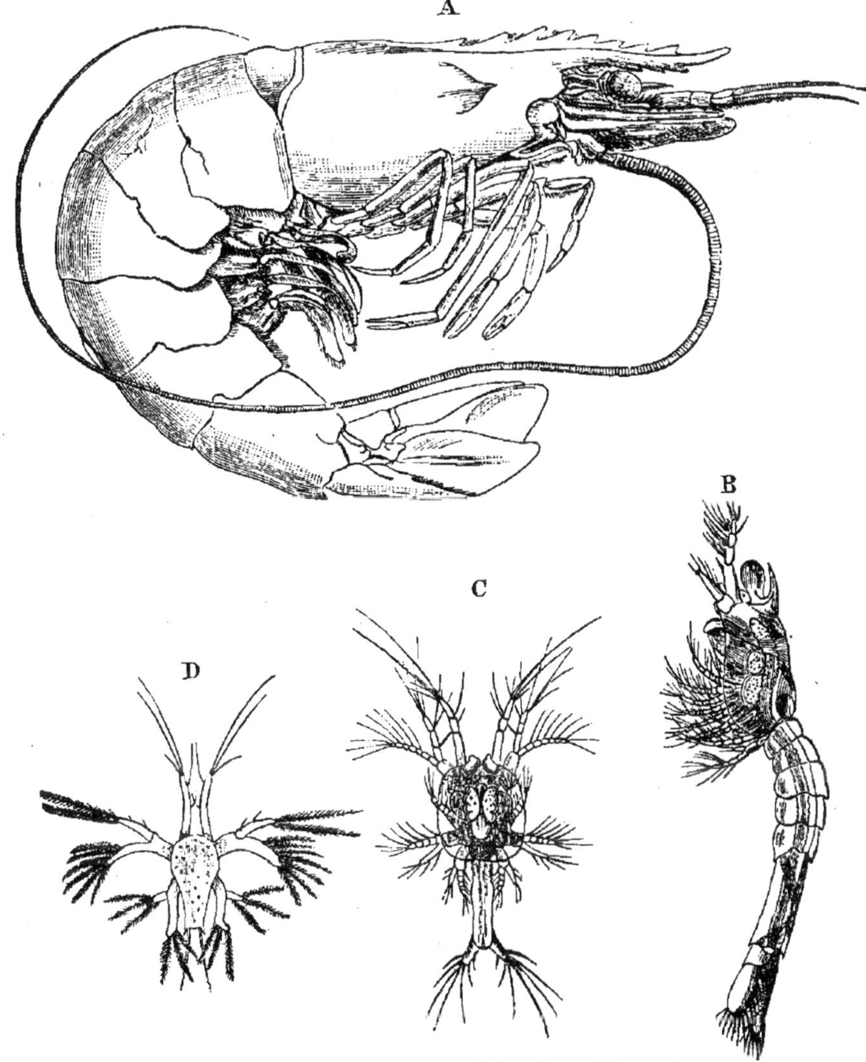

Fig. 73. — *Penœus semisulcatus.* — A, adulte (d'après de Haan, demi-grandeur nature); B, Zoœa, et C, Zoœa moins avancée d'une espèce de *Penœus;* D, Nauplius (B, C et D d'après Fritz Müller).

tous d'une seule forme primitive, dans un certain sens du mot toutefois, dans un autre sens, ils en proviennent. Car on peut, de chacun d'eux, remonter jusqu'à un œuf, et cet œuf donne naissance à un blastoderme d'où se forment les parties de l'embryon, d'une manière tout à fait semblable à celle dont se développe la jeune écrevisse.

Bien plus, dans un grand nombre de *Crustacés,* l'embryon quitte l'œuf sous forme d'un petit corps ovale appelé un *Nauplius* (fig. 73, D), pourvu ordinairement de trois paires d'appendices, jouant le rôle de membres nageurs, et d'un œil médian. Des changements de forme surviennent, accompagnés du dépouillement de la cuticule, en vertu desquels la larve passe à un nouvel état nommé *Zoæa* (C). A cette époque, les trois paires d'appendices locomoteurs du *Nauplius* sont métamorphosés en antennules, antennes et mandibules rudimentaires, tandis que deux paires, ou plus, d'appendices thoraciques antérieurs pourvus d'exopodites, et paraissant ainsi bifurqués, servent à la locomotion. L'abdomen s'est accru et est devenu un trait important de la Zoæa, mais il ne possède pas d'appendices.

Chez quelques *Podophthalmaires,* comme le *Penœus* (fig. 73), le jeune quitte l'œuf sous forme de Nauplius, et le Nauplius devient Zoæa. Les appendices thoraciques postérieurs apparaissent, pourvus chacun d'un épipodite; les yeux pédonculés et les membres abdominaux se développent, et la larve passe à l'état appelé parfois *Mysis* ou *Schizopode.* L'état adulte diffère principalement de celui-ci par la présence de branchies et le caractère rudimentaire des exopodites des cinq derniers membres thoraciques.

Chez la crevette-opossum (*Mysis*), le jeune ne quitte la poche de la mère que lorsqu'il est entièrement développé; et, dans ce cas, l'état de Nauplius est traversé si rapidement, et de si bonne heure, et l'état de l'embryon est alors si imparfait, qu'on ne saurait le reconnaître sans la cuticule qui est développée, puis rejetée.

Chez la grande majorité des *Podophthalmaires,* l'état de Nauplius semble outrepassé sans que le passage par cet état soit aussi clairement évident, et le jeune est mis en liberté à l'état de Zoæa. Chez les homards, qui ont pendant toute leur vie un grand abdomen pourvu de pattes natatoires, la Zoæa passe à l'état adulte après avoir traversé l'état de Mysis ou de Schizopode.

Chez le crabe, le jeune quitte l'œuf à l'état de zoé (fig. 74, A et B), mais cette phase n'est point suivie de celle de schizopode, car les cinq paires postérieures de membres thoraciques sont, semble-t-il, tout d'abord dépourvues d'exopodites. Mais la zoé, après avoir acquis des yeux pédonculés et une série complète de membres thoraciques et abdominaux, et avoir passé à l'état dit de *Mégalope* (fig. 64, C et D), subit une métamorphose plus complète. La carapace s'élargit, la partie antérieure de la tête se modifie de façon à amener la formation de la

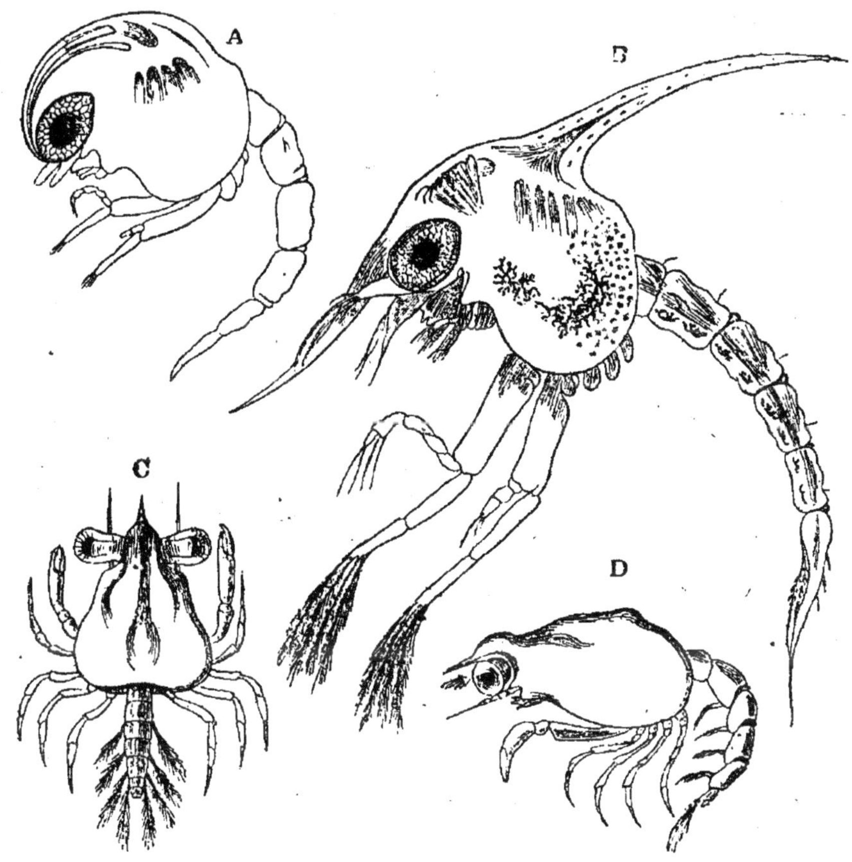

FIG. 74. — *Cancer pagurus*. — A, Zoœa nouvellement éclose ; B, Zoœa plus avancée ; C, vue dorsale, et D, vue latérale de Megalopa (d'après Spence Bate). Les figures A et B sont plus fortement grossies que C et D.

métope caractéristique, et l'abdomen, perdant plus ou moins de ses appendices postérieurs, prend sa place définitive sous le thorax.

A l'état de zoé, les membres thoraciques qui donnent naissance aux maxillipèdes sont pourvus d'exopodites bien développés, et, dans l'état libre de mysis, tous ces membres ont des exopodites. Dans la crevette opossum, ils persistent pendant la vie entière ; chez le *Penœus,* il n'en reste que des rudiments, et chez le homard ils disparaissent tout à fait.

Il n'y a donc pas, chez ces animaux, de difficulté à démontrer cette uniformité embryologique de type de tous les membres, dont le développement de l'écrevisse ne nous avait pas fourni l'évidence. Chez ce dernier crustacé, en effet, il semblerait que le processus de développement a subi son maximum d'abréviation. L'embryon ne présente pas de phase distincte et indépendante de nauplius ou de zoé, et, comme chez le crabe, il n'existe pas de schizopode ou de mysis. Les appendices abdominaux se développent de très bonne heure, et le jeune, nouvellement éclos, qui ressemble à l'état de mégalope du crabe, ne diffère que sur quelques points de l'animal adulte.

Guidés par la morphologie comparée, nous sommes ainsi conduits à admettre que tous les *Arthropodes* sont reliés à l'écrevisse par des degrés d'affinité plus ou moins éloignés. Si nous étudiions avec le même soin la perche et le limaçon d'eau, nous serions amenés à des conclusions analogues. Car la perche est reliée, par des gradations semblables, d'abord avec les autres poissons ; puis, d'une façon plus éloignée, avec les grenouilles et les salamandres, les reptiles, les oiseaux et les mammifères, ou, en d'autres termes, avec tout l'ensemble des *Vertébrés.* Le limnée, en raisonnant sur des données analogues, se relie avec les *Mollusques* dans toutes leurs innombrables espèces de limaçons, de coquillages et de seiches. Et, dans chacun de ces cas, l'étude du développement nous fait remonter jusqu'à un œuf, comme condition primaire de l'animal ; et à la segmentation du vitellus, à la formation d'un blastoderme et à la conversion de ce blastoderme en une gastrula plus ou moins modifiée, comme premières phases de développement. Cela est vrai aussi de tous les vers, les oursins, les étoiles de mer, les méduses, les polypes et les éponges, et c'est seulement dans les formes les plus petites et les plus simples de la vie animale que le germe ou représentant de l'œuf se métamorphose en adulte sans le processus préliminaire de la segmentation.

Même dans la majorité de ces *Protozoaires,* la structure typique de la cellule nucléée est conservée, et l'animal entier est l'équivalent d'une unité histologique de l'un des organismes plus élevés. Un *Amibe* est strictement comparable, morphologiquement parlant, à un des corpuscules du sang de l'écrevisse.

Ainsi donc, aussi vrai que l'on peut représenter toutes les écrevisses comme des modifications du plan commun *Astacus*, il est légitime de représenter tous les animaux multicellulaires comme des modifications de la gastrula; et la gastrula elle-même comme un agrégat de cellules disposées d'une façon particulière; tandis que les *Protozoaires* ne sont que des cellules semblables isolées, ou agrégées différemment.

Il est facile de démontrer que toutes les plantes sont, soit des agrégats de cellules, soit des cellules simples; et, comme il est impossible de tirer quelque ligne de démarcation précise, soit physiologique, soit morphologique, entre les plantes les plus simples et les plus simples protozoaires, il suit de là que toutes les formes de la vie sont morphologiquement reliées les unes aux autres. Et quel que soit le sens dans lequel nous disions que les écrevisses d'Angleterre et de Californie sont alliées entre elles, dans ce même sens, quoique pas au même degré, nous devons admettre que tous les êtres vivants sont alliés entre eux. Étant donné un de ces corps protoplasmiques dont nous ne saurions dire à coup sûr s'ils sont animaux ou plantes, si nous le douons de capacités inhérentes d'automodification, telles que celles que manifestent tous les jours, sous nos yeux, les œufs en cours de développement, nous avons une raison suffisante pour l'existence de n'importe quelle plante, de n'importe quel animal.

C'est là le grand résultat de la morphologie comparée; et il faut bien remarquer que ce résultat n'est point de la spéculation, mais de la généralisation. Les vérités de l'anatomie et de l'embryologie sont les énoncés généralisés de faits d'expérience. La question de savoir si, oui ou non, un animal est plus ou moins semblable à un autre par sa structure et son développement peut se résoudre par l'observation. La doctrine de l'unité d'organisation des plantes et des animaux est simplement une manière d'établir les conclusions tirées de l'expérience. Mais, si c'est une manière juste d'établir ces conclusions, on peut indubitablement concevoir que toutes les plantes et tous les animaux peuvent s'être développés d'une base physique commune de vie, par des processus semblables à ceux que nous voyons tous les jours à l'œuvre dans l'évolution des individus animaux et végétaux.

Toutefois ce que l'on peut concevoir n'est pas du tout nécessairement vrai, et aucune somme d'évidence purement morphologique ne peut suffire à prouver que les formes de la vie sont venues à l'existence d'une manière plutôt que d'une autre.

Il y a un plan commun pour les églises non moins que pour les écrevisses; toutefois les églises ne se sont certainement point toutes développées d'un ancêtre commun, mais ont été bâties séparément. Les différentes sortes d'écrevisses ont-elles été bâties séparément? C'est là un problème que nous ne serons en position d'aborder que lorsque nous aurons considéré une série de faits se rapportant à ces animaux et que nous n'avons pas encore effleurés.

CHAPITRE VI

RÉPARTITION GÉOGRAPHIQUE ET ÉTIOLOGIE DES ÉCREVISSES

Autant que j'ai pu m'en assurer, toutes les écrevisses qui habitent les Iles-Britanniques s'accordent de tout point à la description complète donnée ci-dessus. Elles sont abondantes dans quelques-unes de nos rivières comme l'Isis et autres affluents de la Tamise, et on les a observées dans ceux du Devon[1]; mais elles paraissent absentes de beaucoup d'autres. Je n'ai jamais vu par exemple qu'il en existât dans le Cam ou dans l'Ouse dans l'est, ou dans les rivières du Lancashire et du Cheshire dans l'ouest. Il est encore plus remarquable que, d'après les meilleures informations que j'ai pu obtenir, elles fassent défaut dans la Severn, bien qu'en abondance dans la Tamise et dans le canal de la Severn. Le docteur M' Intosh, qui a donné une attention particulière à la faune de l'Écosse, m'assure que l'écrevisse est inconnue au nord de la Tweed. En Irlande[2], au contraire, elles se trouvent dans beaucoup de localités, mais il plane une certaine obscurité sur la question de savoir si leur diffusion et même leur introduction dans cette île fut ou non effectuée par des moyens artificiels.

Les zoologistes anglais ont toujours appelé notre écrevisse *Astacus fluviatilis*, et, jusqu'à une époque récente, la majorité des naturalistes du continent a compris sous ce nom spécifique une forme correspondante d'*Astacus*.

Ainsi M. Milne-Edwards, dans son ouvrage classique sur les *Crustacés*[3] publié en 1837, fait remarquer sous ce titre

1. Moore, *Magazine of natural history. New series*, III, 1839.
2. Thompson, *Annals and Magazine of natural history*, XI, 1843.
3. *Histoire naturelle des Crustacés.*

d'écrevisse commune, *Astacus fluviatilis* : « Il y a deux variétés de cette écrevisse : dans l'une, le rostre se rétrécit graduellement à partir de sa base, et les épines latérales sont situées tout près de son extrémité ; chez l'autre, les bords latéraux du rostre sont parallèles dans la moitié postérieure, et les épines latérales sont plus fortes et plus éloignées de l'extrémité. »

La « première variété » mentionnée ici est connue en France sous le nom « d'écrevisse à pieds blancs »[1] pour la distinguer de la « seconde variété », nommée « écrevisse à pieds rouges » à cause de la coloration rouge plus ou moins étendue des pinces et des pattes ambulatoires. Cette seconde variété est la plus grosse, atteignant communément 135 millimètres de long, et parfois des dimensions beaucoup plus considérables. Elle est beaucoup plus estimée sur le marché à cause de sa meilleure saveur.

En Allemagne, les deux formes ont longtemps été vulgairement distinguées la première par le nom de *steinkrebs* ou écrevisse de pierre, et la seconde sous celui d'*edelkrebs* ou écrevisse noble.

On remarquera que Milne-Edwards parle de ces deux formes d'écrevisses comme de « variétés » de l'espèce *Astacus fluviatilis* ; mais dès l'année 1803 quelques zoologistes commençaient à regarder « l'écrevisse de pierre » comme une espèce distincte, à laquelle Schrank appliquait le nom d'*Astacus torrentium*, tandis que « l'écrevisse noble » restait en possession de l'ancien nom d'*Astacus fluviatilis*; et depuis, des formes diverses « d'écrevisse de pierre » ont été distinguées en espèces nouvelles, *Astacus saxatilis*, *A. tristis*, *A. pallipes*, *A. fontinalis*, etc. D'autre part, le docteur Gerstfeldt[2], qui a donné à la question une attention spéciale, nie que ce soit autre chose que des variétés d'une même espèce ; mais il soutient que cette espèce et la « seconde variété » de Milne-Edwards sont spécifiquement distinctes l'une de l'autre.

Nous nous trouvons donc en présence de trois opinions sur les écrevisses anglaises et françaises :

1. Carbonnier, *l'Écrevisse*, p. 8.

2. *Ueber die Flusskrebse Europas* (*Mémoires de l'Académie de Saint-Pétersbourg*, 1859).

1. Ce ne sont que des variétés d'une seule espèce, *A. fluviatilis*;

2. Il y a deux espèces, *A. fluviatilis* et *A. torrentium*, et cette dernière comprend plusieurs variétés;

3. Il y a au moins cinq ou six espèces distinctes.

Avant d'adopter l'une ou l'autre de ces vues, il est nécessaire de se faire une idée nette de la signification des termes « espèces » et « variétés ».

Le mot « espèce », en biologie, a deux significations : l'une basée sur des considérations morphologiques, l'autre sur des considérations physiologiques.

Une espèce, dans le sens strictement morphologique du mot, est simplement un assemblage d'individus conformes les uns aux autres, et différant du reste du monde animé par la somme de leurs caractères morphologiques, c'est-à-dire par la structure et le développement des deux sexes. Si la somme de ces caractères dans un groupe est représentée par A et dans un autre par A + n, les deux groupes sont des espèces morphologiques, que n représente une différence importante ou non.

La grande majorité des espèces décrites dans les ouvrages de zoologie systématique ne sont que des espèces morphologiques; c'est-à-dire qu'ayant pris un ou plusieurs spécimens d'une sorte d'animal, on a trouvé que ces spécimens différaient de tous ceux précédemment connus par le ou les caractères n; et cette différence constitue la définition de la nouvelle espèce, et indique tout ce que nous savons réellement sur ses droits à être considérée comme distincte.

Mais, dans la pratique, la formation de groupes spécifiques est plus ou moins modifiée par des considérations basées sur ce que nous savons de la variation. C'est un fait d'observation que jamais la progéniture n'est exactement semblable aux parents, mais présente avec eux des différences petites et inconstantes. De là suit que, lorsqu'on soutient l'identité spécifique d'un groupe d'individus, cela ne veut point dire qu'ils sont tous exactement semblables, mais seulement que leurs différences sont si petites et si inconstantes qu'elles demeurent dans les limites probables de la variation individuelle.

L'observation nous apprend en outre que parfois un membre d'une espèce peut présenter une variation plus ou moins marquée, qui se propage chez toute la descendance de cet individu, en pouvant même s'accentuer. Et de cette manière une *variété* ou *race* est engendrée dans l'espèce, laquelle variété ou race, si l'on ne savait rien de son origine, aurait tous les droits d'être regardée comme une espèce morphologique séparée. Les caractères distinctifs d'une race sont rarement, toutefois, également bien marqués chez tous les membres de la race. Si l'on suppose que l'espèce A développe la race $A + x$, la différence x peut être beaucoup moindre chez quelques individus que chez d'autres; de sorte que, dans une nombreuse série de spécimens, l'intervalle entre $A + x$ et A sera comblé par une série de formes, dans lesquelles x diminue graduellement.

Enfin, c'est un fait d'observation, que la modification des conditions physiques sous lesquelles vit une espèce favorise le développement de variétés et de races.

Il suit de là que si l'on a deux spécimens possédant respectivement les caractères A et $A + n$, bien qu'au premier coup d'œil ils soient d'espèces distinctes, toutefois, si une nombreuse collection montre que l'intervalle entre A et $A + n$ est comblé par des formes de A ayant des traces de n, et des formes de $A + n$ dans lesquelles n devient de moins en moins important, on conclura que A et $A + n$ sont des races d'une seule espèce, et non des espèces séparées. Et cette conclusion sera encore fortifiée si A et $A + n$ occupent des stations différentes dans la même aire géographique.

Même lorsqu'on ne peut découvrir des formes de transition entre A et $A + n$, si n est une différence petite et sans importance de dimension moyenne, de couleur ou d'ornementation, on peut très bien soutenir que A et $A + n$ ne sont que de simples variétés; car l'expérience prouve que de pareilles variations peuvent avoir lieu d'une façon relativement soudaine, ou que les formes intermédiaires peuvent avoir disparu, effaçant ainsi les preuves de la variation.

Il suit de là que les groupes appelés espèces morphologiques sont des arrangements provisoires, exprimant simplement l'état présent de nos connaissances.

Nous appelons *espèces* deux groupes, si nous ne connaissons pas entre eux de forme de transition, et s'il n'y a pas de raison pour croire que les différences qu'ils présentent sont telles qu'elles puissent se produire dans le cours ordinaire de la variation. Mais il est impossible de dire si les progrès des recherches sur les caractères d'un groupe quelconque d'animaux, pourront prouver que ce que l'on a considéré jusque-là comme de simples variétés sont des espèces morphologiques distinctes ou s'ils ne prouveront point, au contraire, que ce qu'on regardait jusqu'alors comme des espèces morphologiques distinctes ne sont que de simples variétés.

Ce qui est arrivé pour l'écrevisse est ceci : les anciens observateurs groupaient toutes les formes connues de l'Europe occidentale dans une seule espèce *Astacus fluviatilis*, en désignant d'une manière plus ou moins distincte l'écrevisse de pierre et l'écrevisse noble comme des races ou variétés de cette espèce.

Les zoologistes plus récents, comparant ensemble les écrevisses d'une manière plus critique, et trouvant que l'écrevisse de pierre est d'ordinaire notablement différente de l'écrevisse noble, conclurent qu'il n'y avait pas de formes transitionnelles et érigèrent la première en espèce distincte, admettant tacitement que les caractères différentiels ne sont point tels qu'ils puissent être produits par variation.

C'est aujourd'hui une question pendante, de savoir si de nouvelles investigations arriveront à détruire l'une ou l'autre de ces suppositions. Si l'on examine avec soin une nombreuse série d'écrevisses à pieds blancs et d'écrevisses à pieds rouges de localités différentes, on trouvera qu'elles présentent de grandes variations dans leurs dimensions et leur couleur, dans la tuberculisation de la carapace et des membres, et dans les dimensions absolues et relatives des pinces.

Les caractères les plus constants de l'écrevisse à pieds blancs sont :

1. La forme atténuée du rostre et le rapprochement de son sommet des épines latérales, la distance entre ces épines étant à peu près égale à celle qui les sépare de la pointe du rostre (fig. 61, A) ;

2. Le développement d'une ou deux épines sur le bord ventral du rostre ;

3. L'affaissement graduel de la partie postérieure de la crête post-orbitaire et l'absence d'épines sur sa surface ;

4. La forte dimension relative de la division postérieure du telson (G).

Au contraire, dans l'écrevisse à pieds rouges :

1. Les côtés des deux tiers postérieurs du rostre sont presque parallèles, et les épines latérales sont séparées de la pointe du rostre par au moins un tiers de sa longueur; et la distance entre elles est beaucoup moindre que leur distance à cette pointe (B) ;

2. Il n'y a pas d'épine développée sur le bord ventral du rostre ;

3. La partie postérieure de la crête post-orbitaire forme une élévation plus ou moins distincte, et parfois épineuse ;

4. La division postérieure du telson est plus petite relativement à la division antérieure (H).

Je puis ajouter que j'ai trouvé trois pleurobranchies rudimentaires chez l'écrevisse à pieds rouges, et jamais plus de deux chez celle à pieds blancs.

Pour s'assurer s'il n'existe pas d'écrevisse chez laquelle les caractères signalés ici se trouvent à un degré intermédiaire entre les deux types définis, il serait nécessaire d'examiner de nombreux exemplaires de chaque sorte d'écrevisse de toutes les parties des aires qu'elles habitent respectivement. Ceci a été fait dans une certaine mesure, mais point d'une manière complète; et je pense que tout ce que l'on peut dire sûrement aujourd'hui, c'est que l'existence de formes intermédiaires n'est point prouvée. Mais quelle que soit la constance que présentent les différences entre les deux sortes d'écrevisses, on ne saurait douter de leur peu de valeur, et croire qu'elles soient trop importantes pour avoir été produites par variation, si l'on en juge par analogie.

Au point de vue morphologique, il est réellement impossible de décider la question si l'écrevisse à pieds blancs et celle à pieds rouges doivent être regardées comme espèces ou comme variétés. Mais comme il sera commode pour ce qui suit d'avoir des noms distincts pour les deux sortes, je parlerai d'elles comme *Astacus torrentium* et *Astacus nobilis*[1].

1. Conformément au strict usage zoologique, les noms devraient être écrits *A. fluviatilis* (var. *torrentium*) et *A. fluviatilis* (var. *nobilis*), si l'on suppose que les écrevisses à pieds blancs et à pieds rouges sont des variétés; et *A. tor-*

Dans le sens physiologique, une espèce signifie d'abord un groupe animal dont les membres sont capables de contracter une union parfaitement fertile les uns avec les autres, mais non avec les membres d'un autre groupe quelconque; il signifie secondement tous les descendants d'un ancêtre ou d'ancêtres primitifs supposés produits d'une autre façon que par génération ordinaire.

Même en admettant que les écrevisses ont un ancêtre non engendré, il est clair qu'il n'y a pas moyen de savoir si l'écrevisse à pieds blancs et celle à pieds rouges descendent du même ancêtre ou d'ancêtres différents, de sorte que le second sens du mot « espèce » nous intéresse à peine. Quant à ce qui est du premier sens, il n'y a pas de preuve que les deux sortes d'écrevisses que nous considérons soient capables d'union fertile, ou demeurent au contraire stériles. On dit toutefois que l'on ne rencontre pas d'hybrides, ou métis, dans les eaux habitées par les deux sortes, et que la saison des amours commence plus tôt pour l'écrevisse à pieds blancs que pour celle à pieds rouges.

M. Carbonnier, qui pratique sur une large échelle la culture des écrevisses, donne, dans l'ouvrage déjà cité, quelques faits intéressants sur cette question. Il dit que dans les ruisseaux de France il y a deux sortes distinctes d'écrevisses : celle à pieds rouges et celle à pieds blancs, et que cette dernière habite les courants les plus rapides. Dans une pièce de terre convertie en ferme à écrevisses, et où l'écrevisse à pieds blancs existait naturellement en grande abondance, on introduisit dans le cours de cinq années 300,000 écrevisses à pieds rouges; toutefois, au bout de ce temps, on ne pouvait voir de formes intermédiaires; et les pieds rouges montraient une supériorité de taille très marquée sur les pieds blancs. M. Carbonnier dit, en effet, qu'elles étaient près de deux fois aussi grosses [1].

rentium et *A. nobilis*, en supposant que ce sont là des espèces; mais comme je ne désire ni préjuger la question d'espèce, ni m'encombrer de longues dénominations, j'ai pris un troisième parti.

1. En France et en Allemagne, les écrevisses (apparemment, toutefois, seulement l'*A. nobilis*) sont infestées de parasites appartenant au genre *Branchiobdella*. Ce sont des petits animaux vermiformes, aplatis, ressemblant un peu à de petites sangsues, et de 9 à 12 millimètres de long, qui s'attachent à la face inférieure de l'abdomen (*B. parasitica*) ou aux branchies (*B. astaci*) et vivent du sang et

Somme toute, les faits connus jusqu'ici paraissent faire pencher plutôt en faveur de la conclusion que l'*A. torrentium* et l'*A. nobilis* sont des espèces distinctes, en ce sens que l'on n'a pu s'assurer positivement de l'existence de formes de transition, et que peut-être les deux sortes ne s'allient pas entre elles.

Ainsi que je l'ai déjà fait remarquer, les très nombreux spécimens d'écrevisses anglaises et irlandaises qui ont passé entre mes mains ont tous présenté les caractères de l'*Astacus torrentium* avec laquelle s'accorde aussi, dans toute son étendue, la description donnée dans des ouvrages d'une autorité reconnue [1]. La même forme se trouve dans beaucoup de parties de la France, jusqu'aux Pyrénées au sud, et à l'est jusqu'en Alsace et en Suisse. Grâce à l'obligeance du Dr Bolivar, de Madrid, qui m'a envoyé un certain nombre d'écrevisses des environs de cette ville, j'ai récemment [2] pu m'assurer que la péninsule espagnole renferme des écrevisses absolument semblables à celles d'Angleterre, sauf que l'épine subrostrale est moins développée. Je ne doute point, en outre, que le Dr Heller [3] ait raison d'identifier l'écrevisse anglaise avec une forme qu'il décrit sous le nom d'*A. saxatilis*. Il dit qu'elle est spécialement abondante dans le sud de l'Europe, et qu'elle se trouve en Grèce, en Dalmatie, dans les îles de Cherso et Veglia, à Trieste, dans le lac de Garde et à Gênes. L'*Astacus torrentium* paraît, en outre, être fort répandue dans l'Allemagne du Nord. La limite orientale de cette écrevisse est

des œufs de l'écrevisse. Une description complète de ce parasite, accompagnée de renvoi à la littérature du sujet, a été donnée par Dormer (*Ueber die Gattung Branchiobdella. — Zeitschrift für Wissensch. Zoologie*, XV, 1865). D'après Gay, un parasite semblable se trouve sur l'écrevisse chilienne. Je n'en ai jamais rencontré sur l'écrevisse anglaise. Le homard a un parasite quelque peu semblable (*Histriobdella*). Girard donne, dans le mémoire cité à la bibliographie, un curieux récit de la manière dont les petits mollusques lamellibranches *Cyclas fontinalis* pincent entre leurs valves les extrémités des pattes ambulatoires des écrevisses qui habitent les mêmes eaux qu'eux, de manière que les écrevisses ressemblent à des chats dont les pattes sont garnies de coquilles de noix. Les extrémités pincées des membres sont érodées et mutilées.

1. Voyez Bell, *British Stalk, eyed Crustacea*, p. 237.

2. Depuis l'impression de ce qui est dit sur la présence d'écrevisses en Espagne.

3. *Die Crustacen des Südlichen Europas*, 1863.

incertaine ; mais, d'après Kessler[1], elle ne se rencontre pas dans l'empire russe.

L'*Astacus torrentium* semble particulièrement affectionner les courants rapides des hauteurs et les étangs bourbeux qu'ils alimentent.

L'*Astacus nobilis* est indigène en France, en Allemagne et dans la péninsule italienne ; on dit qu'on la trouve à Nice et à Barcelone ; mais je ne sache pas qu'elle existe ailleurs en Espagne. Sa limite sud-est paraît être le lac de Zirknitz, en Carniole, non loin des fameuses grottes d'Adelsberg. Elle est inconnue en Dalmatie, en Turquie et en Grèce. Dans l'empire russe, d'après Kessler, elle habite principalement le bassin de la Baltique. Sa limite nord est entre Christianstadt, dans le golfe de Bothnie (62° 16′ N.), et Serdobol, à l'extrémité nord du lac Ladoga. « A l'est du lac Ladoga, on la trouve dans l'Uslanka, tributaire du Swir. Elle semble être la seule écrevisse qui vive dans les eaux qui coulent, du sud, dans le golfe de Bothnie et dans la Baltique, sauf dans les torrents et les lacs que l'on a reliés artificiellement au Volga, et dans lesquels elle est, en partie, remplacée par l'*A. leptodactylus.* » Elle habite encore les lacs de Beresai et de Bologoe aussi bien que les affluents de la Msta et du Wolchow, et on la rencontre dans les affluents du Dnieper jusqu'à Mohilew. L'*Astacus nobilis* se trouve aussi en Danemark et dans la Suède méridionale ; mais elle semble avoir été introduite artificiellement dans ce dernier pays. On dit que l'on peut rencontrer cette écrevisse sur la côte de Livonie, dans les eaux de la Baltique qui sont, il faut se le rappeler, beaucoup moins salées que l'eau de mer ordinaire.

On remarquera que, tandis que deux formes, l'*A. torrentium* et l'*A. nobilis*, sont mêlées sur une grande partie de l'Europe centrale, l'*A. torrentium* s'étend plus au nord-ouest, au sud-ouest et au sud-est, occupant seule l'Angleterre et apparemment la plus grande partie de l'Espagne et de la Grèce. D'autre part, dans le nord et l'est de l'Europe centrale, c'est l'*A. nobilis* qui paraît exister seule.

Plus à l'est apparaît une nouvelle forme, l'*Astacus leptodacty-*

1. *Die Russischen Flusskrebse* (*Bulletin de la Société impériale des naturalistes de Moscou,* 1874).

lus (fig. 75). Il ne semble pas que l'*A. leptodactylus* existe dans les eaux supérieures du Danube; mais, dans le bas Danube et la Theiss, c'est elle qui domine si elle n'est pas seule. Elle s'étend

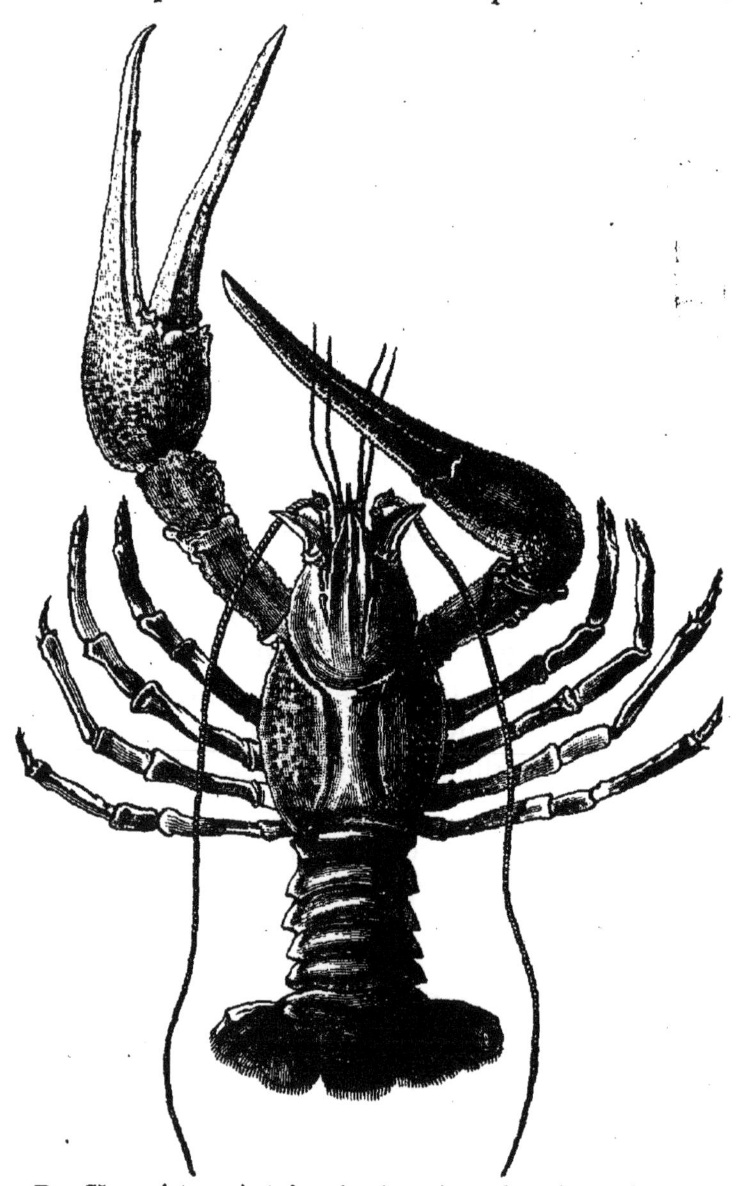

FIG. 75. — *Astacus leptodactylus* (d'après Ratke, 1/3 grand. nat.).

de là dans toutes les rivières qui se rendent aux mers Noire, d'Azov et Caspienne, depuis la Bessarabie et la Podolie à l'ouest, jusqu'aux monts Ourals à l'est. L'habitat naturel de cette écrevisse paraît être, en réalité, le bassin ponto-caspien, sauf la partie de la mer Noire située au sud du Caucase d'un côté, et des bouches du Danube de l'autre[1].

C'est une circonstance remarquable que cette écrevisse, non seulement prospère dans les eaux saumâtres des estuaires des affluents de la mer Noire et de la mer d'Azov, mais qu'on la trouve même dans les eaux plus salées de la partie sud de la mer Caspienne, où elle vit à des profondeurs considérables.

Au nord, on rencontre l'*Astacus leptodactylus* dans les rivières qui se jettent dans la mer Blanche, ainsi que dans un grand nombre de torrents et de lacs autour du golfe de Finlande. Mais elle a probablement été introduite dans ces torrents par les canaux construits pour relier le bassin du Volga avec les affluents de la Baltique ou de la mer Blanche. Dans ces derniers, l'envahissante *A. leptodactylus* chasse partout l'*A. nobilis*, et l'emporte sur elle dans la lutte pour l'existence, apparemment en vertu de sa multiplication plus rapide[2].

Dans la mer Caspienne et dans les eaux saumâtres des estuaires du Dniester et du Bug se trouve une écrevisse un peu différente, qui a été nommée *Astacus pachypus*; une autre forme, alliée de près (*A. angulosus*), se rencontre dans les torrents des montagnes de la Crimée et du versant nord du Caucase; une troisième, *A. colchicus*, a récemment été découverte dans le Rion, ou Phase des anciens, qui se jette à l'extrémité orientale de la mer Noire.

Quant à la question de savoir si ces écrevisses pontocaspiennes sont spécifiquement distinctes les unes des autres, et si la forme la plus répandue, *A. leptodactylus*, est distincte de l'*A. nobilis*, on retrouve là les mêmes difficultés que dans le cas des écrevisses de l'Europe occidentale. Gerstfeld, qui a eu l'occasion d'examiner de nombreuses séries de spécimens, conclut que les écrevisses pontocaspiennes et l'*A. nobilis* ne sont toutes que des variétés d'une seule espèce. Kessler, au contraire, tandis qu'il admet que l'*A. angulosus* est, et que l'*A. pachypus* peut être, une variété de l'*A. leptodactylus*, affirme que cette dernière est spécifiquement distincte de l'*A. nobilis*.

1. Ceci est basé sur l'autorité de Kessler et de Gerstfeldt, dans leurs mémoires déjà cités.

2. Kessler a donné une intéressante discussion de cette question (*Die Russischen Flusskrebse* (*l. c.*), p. 369-70).

Les exemplaires bien caractérisés d'*A. leptodactylus* diffèrent indubitablement beaucoup de l'*A. nobilis.*

1. Les bords du rostre sont prolongés en cinq ou six épines aiguës, au lieu d'être lisses ou légèrement dentés comme chez l'*A. nobilis.*

2. La partie antérieure du rostre n'a point une quille médiane épineuse et dentée, comme cela se voit d'ordinaire, bien que pas toujours, chez l'*A. nobilis.*

3. L'extrémité postérieure de la crête post-orbitaire est encore plus distincte et plus épineuse que chez l'*A. nobilis.*

4. Les pleurons abdominaux de l'*A. leptodactylus* sont plus étroits, à côtés plus égaux, et de forme triangulaire.

5. Les pinces des pattes ravisseuses, spécialement chez les mâles, sont plus allongées; et les griffes, tant mobile que fixe, sont plus grêles et ont leurs bords opposés plus droits et moins tuberculés.

Mais, sous tous ces rapports, les divers spécimens d'*A. nobilis* varient dans le sens de l'*A. leptodactylus*, et *vice versa*, et si l'*A. angulosus* et l'*A. pachypus* sont des variétés de l'*A. leptodactylus*, je ne puis voir pourquoi l'on mettrait en doute, au point de vue morphologique, la conclusion de Gerstfeldt, que l'*A. nobilis* n'est qu'une autre variété de la même forme. Kessler affirme toutefois que, dans les localités où l'*A. leptodactylus* et l'*A. nobilis* vivent en compagnie, on ne trouve pas de formes intermédiaires; ce qui doit faire présumer qu'elles ne s'allient pas entre elles.

On ne connaît pas d'écrevisses habitant les rivières du versant nord de l'Asie, comme l'Obi, l'Yénisséi et la Léna. On n'en connaît pas dans la mer d'Aral, ni dans les grandes rivières, l'Oxus et l'Iaxartes, qui alimentent ce grand lac[1], non plus que dans les lacs Balkach et Baïkal. Si des explorations futures vérifiaient ce fait négatif, il serait fort remarquable; car on trouve deux espèces[2] au moins d'écrevisses dans le bassin de la grande rivière Amour, qui draîne une surface considérable du nord-est

1. Il serait hasardé toutefois d'avancer qu'il n'en existe pas, surtout dans l'Oxus qui tombait autrefois dans la mer Caspienne.

2. *A. dauricus* et *A. Schrenckii.*

de l'Asie et se jette dans le golfe de Tartarie, à peu près à la latitude d'York.

Le Japon possède une espèce (*A. japonicus*) et peut-être plus; mais on n'a encore signalé d'écrevisse dans aucune partie de l'Asie orientale, au sud de la région de l'Amour. Il n'y en a certainement aucune dans l'Hindoustan; et l'on n'en connaît pas en Perse, en Arabie ou en Syrie. Dans l'Asie Mineure, la seule localité citée est le Rion. Enfin on n'a pas encore découvert d'écrevisse sur le continent africain[1].

Ainsi, sur l'ancien continent, les écrevisses sont restreintes à une zone dont les limites coïncident avec certaines grandes lignes géographiques : à l'ouest, la Méditerranée avec sa continuation la mer Noire, puis la chaîne du Caucase, suivie par les grands plateaux asiatiques jusqu'à la Corée à l'est. Au nord, bien qu'il n'y ait pas une limite physique semblable, les écrevisses semblent entièrement exclues des bassins des rivières sibériennes; tandis qu'à l'est et à l'ouest elles s'étendent, malgré la barrière des mers, pour atteindre les Iles-Britanniques et le Japon.

Traversant le Pacifique, nous trouvons dans la Colombie anglaise, l'Orégon et la Californie, une demi-douzaine de sortes d'écrevisses[2], différentes de celles de l'ancien monde, mais appartenant encore au genre *Astacus*. Au delà des montagnes Rocheuses, depuis les grands lacs jusqu'au Guatemala, les écrevisses abondent; on en a décrit jusqu'à trente-deux espèces différentes; mais elles appartiennent toutes au genre *Cambarus* (fig. 63). Des espèces de ce genre se trouvent aussi à Cuba[3], mais pas que l'on sache, à présent, dans les autres îles des Indes occidentales. Le Dr Hagen a décrit un curieux exemple de dimorphisme chez les *Cambarus* mâles; et un *Cambarus* aveugle se trouve, avec d'autres animaux également aveugles, dans les grottes souterraines du Kentucky.

Toutes les écrevisses de l'hémisphère nord appartiennent

1. Quoi que puisse être le soi-disant *Astacus capensis*, de la colonie du Cap, ce n'est certainement point une écrevisse.

2. Le docteur Hagen (*Monograph of the North American Astacidæ*) énumère six espèces : *A. Gambelii*, *A. klaymathensis*, *A. leeniseulus*, *A. nigrescens*, *A. oreganus*, et *A. Trowbridgii*.

3. Von Martens, *Cambarus cubensis* (*Archiv für Naturgeschichte*, XXXVIII).

aux *Potamobiidæ*, et l'on ne connaît pas de membre de cette

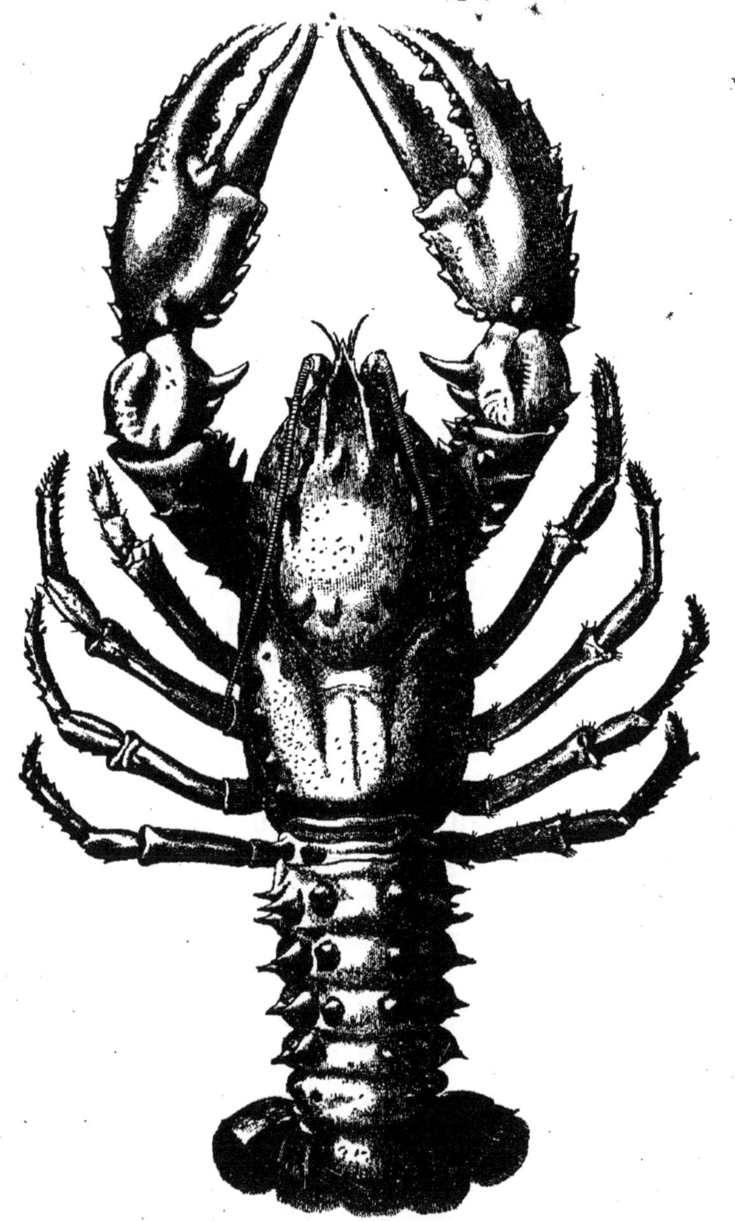

Fig. 76. — Écrevisse australienne (1/3 grand. nat.) 1.

famille au sud de l'équateur. Les écrevisses de l'hémisphère

1. La nomenclature des écrevisses australiennes demande une revision complète. Je n'assigne donc, quant à présent, aucun nom à cette écrevisse. Elle est probablement identique à l'*A. nobilis* de Dana et à l'*A. armatus* de Von Martens.

sud appartiennent toutes, en effet, à la division des *Parastacidæ*, et, sous le rapport du nombre et de la variété des formes, comme sous celui des dimensions atteintes, le quartier général des *Parastacidæ* est le continent australien. Quelques écrevisses d'Australie (fig. 76) atteignent un pied et plus de longueur, et sont aussi grosses que des homards ayant atteint toute leur taille. Le genre *Engœus* de Tasmanie comprend de petites écrevisses qui, ainsi que quelques *Cambarus*, vivent ordinairement à terre, dans des sillons qu'elles creusent dans le sol.

La Nouvelle-Zélande a un genre particulier d'écrevisse, *Paranephrops*, dont une espèce se trouve aux îles Fidji ; mais on n'en connaît pas ailleurs en Polynésie.

Le Dr Von Martens a pu avoir deux sortes d'écrevisses du sud du Brésil et les a décrites sous les noms d'*A. pilimanus* et *A. brasiliensis*[1]. J'ai montré qu'elles appartiennent à un genre particulier, *Parastacus*. On se procura la première à Porto Alegre, situé par 30° de latitude sud, près de la bouche du Jacuhy, à l'extrémité nord de la grande Laguna do Patos, qui communique avec la mer par un étroit passage. On en eut aussi à Santa Cruz, dans le bassin supérieur du Rio Pardo, affluent du Jacuhy, « en les retirant des trous qu'elles s'étaient creusés dans la terre ». La dernière (*A. brasilensis*, fig. 64) fut obtenue à Porto Alegre, et plus à l'intérieur, dans la région des forêts vierges de Rodersburg, où elle vit dans des torrents peu profonds.

Outre celles-ci, on n'a encore trouvé d'écrevisses dans aucune des grandes rivières à l'est des Andes, comme l'Orénoque, l'Amazone où Agassiz les rechercha d'une manière spéciale, ou le Rio de la Plata. Mais, pour l'ouest, un *Astacus chilensis* est décrit dans l'*Histoire naturelle des crustacés* (vol. II, p. 333). Il y est dit que cette écrevisse « habite les côtes du Chili », mais il faut sans doute entendre par là les eaux douces de la côte chilienne.

Enfin Madagascar a un genre et une espèce d'écrevisse qui lui est particulière (*Astacoïdes madagascariensis*, fig. 65).

En comparant les résultats obtenus par l'étude de la distribution géographique des écrevisses avec ceux qu'a fournis

1. *Südbrasilische Süss- und Brackwasser Crustaceen, nach den Sammlungen des Dr Reinh. Hensel* (Archiv. für Naturgeschichte, XXXV, 1869).

l'examen de leurs caractères morphologiques, on découvre ce fait important, qu'il existe entre les deux une concordance générale. La large ceinture équatoriale de la surface terrestre

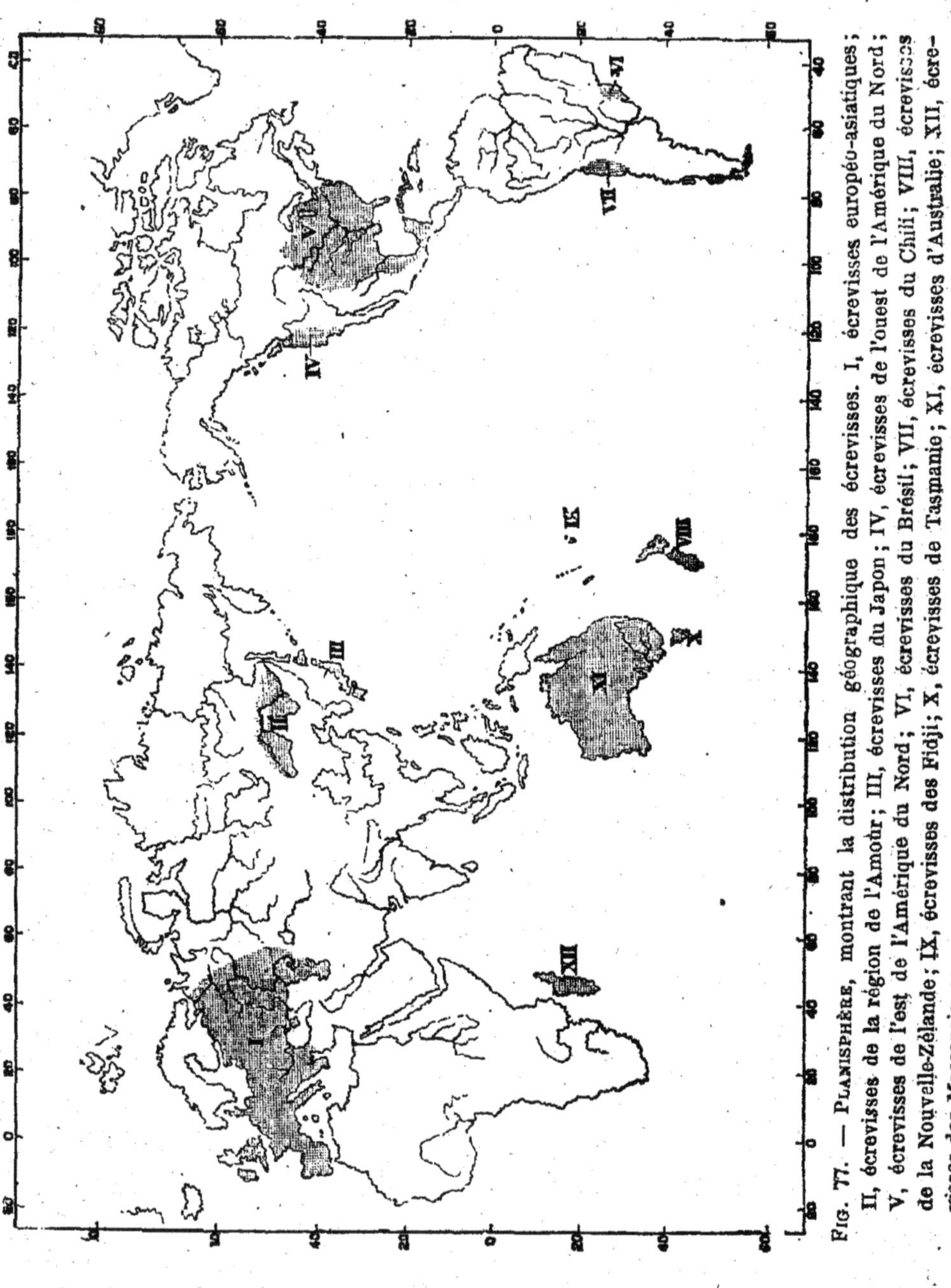

Fig. 77. — Planisphère, montrant la distribution géographique des écrevisses. I, écrevisses européo-asiatiques; II, écrevisses de la région de l'Amour; III, écrevisses du Japon; IV, écrevisses de l'ouest de l'Amérique du Nord; V, écrevisses de l'est de l'Amérique du Nord; VI, écrevisses du Brésil; VII, écrevisses du Chili; VIII, écrevisses de la Nouvelle-Zélande; IX, écrevisses des Fidji; X, écrevisses de Tasmanie; XI, écrevisses d'Australie; XII, écrevisses des Mascareignes.

qui sépare les écrevisses de l'hémisphère nord de celles de l'hémisphère sud est une sorte de représentation géographique des grandes différences morphologiques qui séparent les *Pota-*

mobiidæ des *Parastacidæ*. Chaque groupe occupe une aire définie de la surface terrestre; et les deux sont séparés par une large bande de terre que n'habitent pas d'écrevisses.

Une correspondance semblable se remarque, quoique d'une manière moins distincte, si l'on considère la distribution des genres et des espèces de chaque groupe. Ainsi, parmi les *Potamobiidæ*, les *Astacus torrentium* et *nobilis* appartiennent essentiellement aux versants nord, ouest et sud des plateaux de l'Europe centrale, dont les eaux descendent respectivement à la Baltique et aux mers du Nord, à l'Atlantique et à la Méditerranée (fig. 77, I). Les *A. leptodactylus pachypus*, *angulosus* et *colchicus* appartiennent au versant pontocaspien, dont les rivières s'écoulent dans la mer Noire et la Caspienne (I), tandis que les *A. dauricus* et *Schrenckii* sont restreints au bassin éloigné de l'Amour, qui verse ses eaux dans le Pacifique (II). Les *Astacus* des rivières de l'ouest de l'Amérique du Nord, qui vont au Pacifique (IV) et les *Cambarus* du versant oriental ou atlantique (V) sont séparés par les grandes barrières naturelles des montagnes Rocheuses. Enfin, pour ce qui est des *Parastacidæ*, les régions géographiques largement séparées de la Nouvelle-Zélande (VIII), de l'Australie (IX), de Madagascar (XII) et de l'Amérique du Sud (VI et VII) sont habitées par des groupes génériquement distincts.

Mais, si nous y regardons de plus près, nous verrons que le parallèle entre les faits géographiques et morphologiques ne saurait être établi d'une façon absolument stricte.

L'*Astacus torrentium*, ainsi que nous l'avons vu, habite à la fois les Iles-Britanniques et l'Europe continentale; il y a cependant toute raison de supposer que vingt milles d'eau de mer offrent une insurmontable barrière au passage des écrevisses d'un pays à l'autre. Car, bien que certaines écrevisses vivent dans les eaux saumâtres, on n'a pas de preuve qu'aucune des espèces existantes puisse se maintenir dans la mer. Nous retrouvons un fait de même nature à l'autre extrémité du vieux continent, les écrevisses du Japon et celle de la région de l'Amour étant alliées de fort près, bien qu'on ne soit pas sûr qu'une espèce identique habite les deux rives de la mer du Japon.

Une autre circonstance est encore plus remarquable. Les écrevisses de l'Ouest américain ne diffèrent guère plus des écrevisses pontocaspiennes que celles-ci de l'*Astacus torrentium*. On pourrait s'attendre d'abord à trouver les écrevisses de l'Amour et celles du Japon, qui sont intermédiaires pour leur position géographique, intermédiaires aussi, au point de vue morphologique, entre les formes pontocaspiennes et celles de l'Ouest américain. Mais ce n'est point le cas. Le système branchial des *Astacus* amouriens semble être le même que dans le reste du genre; mais, chez les mâles, le troisième article (ischiopodite) de la seconde et de la troisième patte ambulatoire est pourvu d'un prolongement conique recourbé en crochet, tandis que, chez les femelles, le bord postérieur de l'avant-dernier sternum thoracique s'élève en une proéminence transversale,

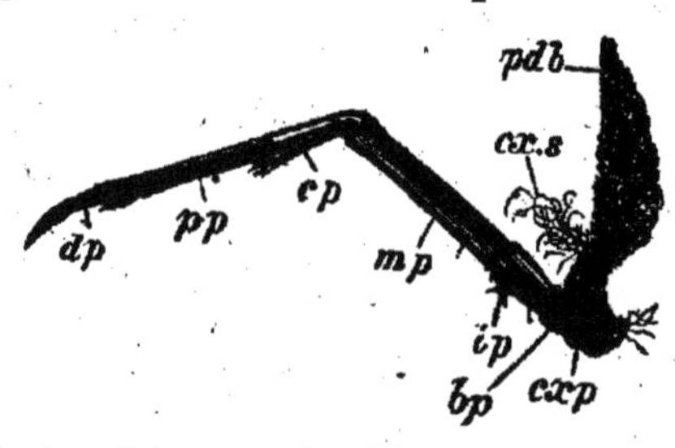

Fig. 78. — *Cambarus* (Guatemala), avant-dernière patte; *cxp*, coxopodite; *cxs*, soies du coxopodite; *pdb*, podobranchie; *bp*, basipodite; *ip*, ischiopodite; *mp*, méropodite; *cp*, carpopodite; *pp*, propodite; *dp*, dactylopodite.

sur la face postérieure de laquelle se trouve une fossette ou dépression[1].

Par ces deux caractères, mais surtout par le premier, les *Astacus* de l'Amour et du Japon s'écartent à la fois des *Astacus* pontocaspiens et de ceux de l'Ouest américain; tandis qu'ils se rapprochent des *Cambarus* de l'est de l'Amérique du Nord.

Chez ces écrevisses, en effet, l'une, ou les deux mêmes paires de pattes sont pourvues, chez le mâle, de prolongements semblables, en crochet; tandis que, chez les femelles, la modification de l'avant-dernier sternum thoracique est portée encore plus loin, et donne naissance à la curieuse disposition décrite par le docteur Hagen sous le nom d'« anneau ventral ».

Chez tous les *Cambarus*, les pleurobranchies paraissent être entièrement supprimées, et la dernière podobranchie n'a pas de

1. Kessler, *loc. cit.*

lame; tandis que l'aréole est, d'ordinaire, extrêmement étroite. On ne donne pas les dimensions proportionnelles de l'aréole chez les écrevisses de la région amourienne; chez les japonaises, elle est à peu près le même que chez les *Astacus* occidentaux, si l'on en juge d'après la figure donnée par de Haan. Elle est, d'autre part, distinctement plus petite chez les écrevisses ouest-américaines qui, sous ce rapport, se rapprochent peut-être davantage des *Cambarus*. On ne connaît malheureusement rien sur les branchies des écrevisses amouriennes. D'après de Haan, celles de l'espèce japonaise ressemblent à celles des *Astacus* d'Occident, comme le font certainement celles des *Astacus* ouest-américains.

Quant aux *Parastacidæ*, les écrevisses d'Australie, de Madagascar et de l'Amérique du Sud se ressemblent entre elles par la remarquable longueur et l'aplatissement de leur épistome. Mais le genre de Madagascar se sépare des autres par son rostre tronqué d'une façon particulière (voy. fig. 65) et par l'extrême modification, décrite ailleurs, de son système branchial.

Les *Pharanephrops* de la Nouvelle-Zélande et des Fidjis, avec leur épistome large et court, leur long rostre et leurs grandes écailles antennaires, diffèrent beaucoup plus des formes australiennes que l'on ne pourrait s'y attendre d'après leur position géographique. La somme de ressemblances entre les espèces de la Nouvelle-Zélande et des Fidjis est, d'autre part, très remarquable, si l'on considère le large espace de mer qui les sépare.

Si l'on compare la distribution des écrevisses avec celle des animaux terrestres en général, les différences sont au moins aussi remarquables que les ressemblances.

Comme ressemblances, on remarque que l'aire occupée par les *Potamobiidæ* correspond à peu près avec les divisions palæarctique et néarctique des grandes provinces arctogéales de distribution, indiquées par les mammifères et les oiseaux; tandis que des groupes distincts d'écrevisses occupent une portion plus ou moins grande des autres provinces primaires de répartition géographique des mammifères et oiseaux, savoir : les provinces austro-colombienne, australienne et novo-zélandienne. Enfin les écrevisses particulières à Madagascar répondent aux caractères spéciaux du reste de la faune de cette île.

Mais les écrevisses nord-américaines s'étendent beaucoup plus au sud que les limites générales de la faune néarctique; tandis que l'absence d'un groupe quelconque d'écrevisses en Afrique, ou dans le reste de l'ancien monde au sud du grand plateau asiatique, forme un contraste marqué avec la ressemblance générale que présente la faune du nord de l'Afrique et de l'Inde avec le reste de l'Arctogée. De plus, il n'existe point entre les écrevisses de la Nouvelle-Zélande, de l'Australie et de l'Amérique du Sud une différence aussi vaste que celle qui sépare les mammifères et les oiseaux de ces régions.

On peut donc conclure que les conditions qui ont déterminé la distribution des écrevisses ont été fort différentes de celles qui ont gouverné celle des mammifères et des oiseaux. Mais si nous comparons à cette distribution des écrevisses, non plus celle des animaux terrestres en général, mais seulement celle des poissons d'eau douce, de très curieux points de rapprochement se manifestent. Les *Salmonidæ* ou poissons du genre des saumons et des truites, dont quelques-uns sont exclusivement marins, beaucoup à la fois marins et d'eau douce, tandis que les autres sont confinés dans les eaux douces, sont répartis dans l'hémisphère boréal d'une manière qui rappelle la distribution des écrevisses potamobines[1], bien qu'ils ne s'étendent pas aussi loin vers le sud, dans le nouveau monde; et au contraire un peu plus dans l'ancien monde, par exemple jusqu'en Algérie, dans le nord de l'Asie Mineure et l'Arménie. A l'exception du seul genre *Retropinna* qui habite la Nouvelle-Zélande, on ne rencontre pas de véritable salmonide au sud de l'équateur; mais, ainsi que le docteur Günther l'a remarqué, deux groupes de poissons d'eau douce, les *Haplochitonidæ* et les *Galaxidæ*, qui sont à peu près aux *Salmonidæ* ce que les *Parastacidæ* sont aux *Potamobiidæ*, prennent la place des *Salmonidæ* dans les eaux douces de la Nouvelle-Zélande, de l'Australie et de l'Amérique du Sud. Il y a deux espèces d'*Haplochiton* dans la Terre-de-Feu; et, du genre allié de près *Prototroctes*, on trouve une espèce dans

1. D'après le docteur Günther, l'étendue qu'ils occupent est également limitée au sud par les plateaux asiatiques; mais ils abondent dans les rivières soit de l'ancien, soit du nouveau monde, qui se jettent dans la mer Arctique; et bien que ceux du versant ouest des montagnes Rocheuses diffèrent des formes est-américaines, il y a cependant des espèces communes à la fois aux côtes américaines et aux côtes asiatiques du Pacifique nord.

l'Australie méridionale et une autre en Nouvelle-Zélande. Enfin la même espèce de *Galaxidæ*, le *Galaxias attenuatus*, se rencontre dans les torrents de la Nouvelle-Zélande, de la Tasmanie, des Falklands et du Pérou.

Ainsi ces poissons évitent l'Afrique Sud, comme le font les écrevisses; mais je ne sache pas qu'aucun membre de ce groupe se trouve à Madagascar et complète ainsi l'analogie.

La conservation à l'état fossile des parties molles des animaux dépend de conditions favorables qui se présentent rarement; et dans le cas des *Crustacés* on ne peut espérer rencontrer souvent en bon état de conservation des parties dures aussi petites que les membres abdominaux. Mais il serait fort difficile, sans avoir recours à l'appareil branchial et aux appendices abdominaux, de dire si un crustacé donné appartient au groupe des Astacines ou au groupe, allié de près, des Homarines. Sans doute, si les fossiles qui les accompagnaient indiquaient que le dépôt où se trouvent les restes a été formé par des eaux douces, il y aurait une très forte présomption en faveur des astacines; mais, si les dépôts étaient marins, il pourrait être fort difficile de résoudre le problème de savoir si le crustacé en question était une astacine marine ou une véritable homarine.

Des restes incontestables d'écrevisses n'ont été jusqu'ici découverts que dans des dépôts d'eau douce de la dernière époque tertiaire. Dans l'Idaho (États-Unis), le professeur Cope[1] a trouvé, associées aux *Mastodon mirificus* et *Equus excelsus*, plusieurs espèces qu'il considère comme distinctes des écrevisses américaines actuellement existantes; on ne voit pas si ce sont des *Cambarus* ou des *Astacus*. Mais, dans la craie inférieure d'Ochtrup, en Westphalie, et par conséquent dans un dépôt marin, Von der Marck et Schlüter[2] ont découvert un seul exemplaire, un peu imparfait, d'un crustacé qu'ils appellent *Astacus politus* et qui, chose assez singulière, présente le telson divisé que l'on ne trouve que dans le genre *Astacus*. Il est bien à

1. *On three extinct* Astaci *from the freshwater Tertiary of Idaho.* (*Proc. of the American philosoph. Soc.*, 1869-70).

2. *Neue Fische und Krebse aus der Kreide von Westphalen, Palæontographica*, Bd XV, s. 302; taf. XLIV, fig. 4 et 5.

désirer que l'on en sache davantage sur cet intéressant fossile. Pour le moment, il apporte une très forte présomption en faveur de l'existence d'un potamobine marin, dès la première partie de l'époque crétacée.

Tels sont les faits les plus importants de morphologie, de physiologie et de répartition géographique qui forment à présent le total de nos connaissances sur la biologie des écrevisses. L'imperfection de ces connaissances, surtout en ce qui regarde les relations entre la morphologie et la répartition, devient un inconvénient sérieux lorsque nous abordons le problème final de la biologie, qui est de découvrir pourquoi existent des animaux doués d'une pareille organisation et de pouvoirs aussi actifs, et pourquoi ils sont si localisés.

Il semblerait difficile, en cherchant à résoudre ce problème, d'imaginer plus de deux hypothèses fondamentales. Ou bien nous devons chercher l'origine de l'écrevisse dans des conditions étrangères au cours ordinaire des opérations naturelles, dans ce que l'on appelle communément Création ; ou bien nous devons la rechercher dans les conditions que présente la marche ordinaire de la nature ; et alors l'hypothèse revêt quelque forme de la doctrine de l'Évolution. Il y a deux formes de cette dernière hypothèse ; car on peut supposer, d'une part, que les écrevisses sont arrivées à l'existence indépendamment de toute autre forme de la matière vivante, ce qui est l'hypothèse de la génération spontanée ou équivoque, ou abiogénésie : on peut supposer, d'autre part, que les écrevisses résultent de la modification de quelque autre forme de la matière vivante, et cette dernière hypothèse est connue sous le nom de *transformisme*.

Je ne pense pas qu'il soit possible d'émettre, sur l'origine des écrevisses, une hypothèse qui ne puisse se ramener à l'une ou à l'autre de celles-ci, ou à l'une de leurs combinaisons.

Pour ce qui est de l'hypothèse de la création, il y a peu de chose à en dire. A un point de vue scientifique, adopter cette spéculation, c'est admettre que le problème ne comporte pas de solution. Bien plus, vraie ou fausse, la proposition qu'une chose donnée a été créée n'est pas susceptible de preuve. Par la nature même du fait, son évidence directe ne peut s'obtenir. La seule évidence indirecte est celle qui tend à prouver que les agents naturels sont impuissants à causer l'existence de la chose en question. Mais cette évidence-là est hors de notre portée. Le plus que l'on puisse prouver, en tout cas, est qu'aucune cause naturelle connue n'est capable de produire un effet donné ; et c'est évidemment une erreur grossière que de confondre la démonstration de notre propre ignorance avec une preuve de l'impuissance des causes naturelles. Toutefois, outre le manque de valeur scientifique de l'hypothèse de la création, ce serait perdre son temps que discuter une opinion que personne ne soutient. Et si je ne me trompe grandement, personne aujourd'hui, parmi ceux qui sont assez instruits pour donner quelque valeur à leur opinion, n'a l'idée de soutenir que les diverses espèces d'écrevisses ont été fabriquées à l'aide de matière inorganique, ou amenées du néant à l'existence par un *fiat* créateur.

Notre seul refuge semble donc être l'hypothèse de l'évolution. Et pour ce qui est de la doctrine de l'abiogénésie, nous pouvons aussi, par une économie bien entendue de travail, remettre sa discussion à l'époque où l'on nous apportera la moindre preuve qu'une écrevisse peut se développer de matière non vivante sous l'influence des agents naturels.

L'hypothèse transformiste demeure donc seule en possession du champ de bataille ; et la seule chose profitable est de chercher jusqu'où les faits sont susceptibles d'interprétation, en supposant que toutes les sortes existantes d'écrevisses soient le produit de la métamorphose d'autres formes vivantes, et que les phénomènes biologiques qu'elles présentent soient les résultats de l'action, durant les âges écoulés, de deux séries de facteurs : un processus de modification à la fois morphologique et physiologique, et un processus de changement dans les conditions de la surface terrestre.

Si nous laissons de côté, comme indigne d'être considérée sérieusement, la supposition que l'*Astacus torrentium* d'Angleterre ait été originairement créée à part de l'*Astacus torrentium* du continent, il faut ou que cette écrevisse ait traversé la mer par une migration volontaire ou involontaire, ou que l'*Astacus torrentium* ait existé avant le Pas-de-Calais, et se soit répandu en Angleterre pendant que ces îles faisaient encore partie du continent. Dans ce cas, l'isolement actuel des écrevisses anglaises, séparées des membres de la même espèce qui habitent le continent, doit être attribué à ces changements dans la géographie physique de l'Europe occidentale qui, on en a mainte preuve, ont séparé les îles anglaises du continent européen.

Il n'y a aucune preuve que notre écrevisse ait été intentionnellement introduite par l'homme dans la Grande-Bretagne; et, d'après le genre de vie de l'écrevisse et la manière dont les œufs sont portés par la mère durant le développement, le transport par les oiseaux ou les bois flottants semble être hors de question. En outre, bien que l'*Astacus nobilis* s'aventure, dit-on, dans les eaux saumâtres du golfe de Finlande, et que l'*Astacus leptodactylus* établisse sa résidence, ainsi que nous l'avons vu, dans les eaux plus ou moins salées de la mer Caspienne, il n'y a pas de raison pour croire que l'*Astacus torrentium* soit capable de vivre dans l'eau de mer et encore moins de traverser les nombreux milles de mer qui séparent l'Angleterre, même du point le plus rapproché du continent. En réalité, l'existence de la même sorte d'écrevisse sur les deux rives de la Manche semble être seulement un cas particulier de cette vérité générale, que la faune des Iles-Britanniques est identique à une partie de celle du continent; et, comme nos renards, nos blaireaux et nos taupes n'ont certainement pas traversé la mer à la nage et n'ont point été importés par l'homme, mais existaient en Angleterre pendant que celle-ci était réunie à l'Europe occidentale, et n'ont été isolés que par l'invasion subséquente de la mer, nous pouvons, en toute confiance, expliquer ainsi la présence de l'*Astacus torrentium*.

Si l'on tient compte de la présence de l'*Astacus nobilis* sur une si grande partie de l'espace occupé par l'*Astacus torrentium*, de son absence des Iles-Britanniques et de la Grèce, et de l'affinité plus intime qui existe entre l'*Astacus nobilis* et l'*A. leptodactylus* qu'entre l'*A. nobilis* et l'*A. torrentium*, il semble probable que l'*A. torrentium* était l'habitante primitive de toute l'Europe occidentale, sauf le bassin pontocaspien, et que l'*A. nobilis* est un rejeton envahisseur de la forme pontocaspienne, ou *leptodactylus*, qui s'est frayé une route vers les rivières occidentales, pendant le cours des nombreux changements de niveau que l'Europe centrale a subis; de même que l'*A. leptodactylus* passe actuellement dans les rivières des provinces baltiques de la Russie.

L'étude des phénomènes glaciaires de l'Europe centrale a

conduit Sartorius von Walterhauser à conclure[1] qu'aux temps où les glaciers des Alpes avaient beaucoup plus d'extension qu'aujourd'hui, une vaste nappe d'eau douce s'étendait de la vallée du Danube à celle du Rhône, autour des escarpements septentrionaux de la chaîne alpine, et reliait la tête du Danube à celle du Rhin, du Rhône et des rivières de l'Italie du Nord. Comme le Danube débouche dans la mer Noire et que celle-ci était autrefois reliée à la mer Aralo-Caspienne, un passage facile aurait été ainsi ouvert aux écrevisses pour passer du bassin aralo-caspien dans l'Europe occidentale. Si elles se sont répandues par cette route, l'*Astacus torrentium* peut représenter le premier flot de l'émigration vers l'ouest, tandis que l'*A. nobilis* répond à un second, et que l'*A. leptodactylus*, avec ses variétés, demeure comme l'ancien représentant des écrevisses aralo-caspiennes. Ces animaux offriraient ainsi un curieux parallèle avec les grands courants vers l'ouest, ibérien, arien et mongolique, qui se sont manifestés chez les hommes.

Si nous supposons ainsi que les écrevisses euro-asiatiques de l'ouest ne sont que des variétés de la souche aralo-caspienne primitive, leur limitation au sud par la Méditerranée et par les grands plateaux asiatiques devient facilement compréhensible.

Les conditions climatériques si rigoureuses du nord de la Sibérie suffisent à expliquer (si elle est réelle) l'absence d'écrevisses dans l'Obi, l'Yénissei, la Léna et le grand lac Baïkal, situé à plus de 400 mètres d'altitude, et complètement gelé de novembre à mai. En outre, on ne saurait guère douter qu'à une époque relativement récente, toute cette région, depuis la Baltique jusqu'aux bouches de la Léna, ait été submergée par les eaux de l'océan Arctique, s'étendant, vers le sud, jusqu'à la mer Aralo-Caspienne, et par une extension, vers l'ouest, du golfe de Finlande.

Les grands lacs et les mers intérieures qui s'étendent à intervalles divers depuis le lac Baïkal, à l'est, jusqu'au Wener, en Suède, à l'ouest, ne sont que des flaques d'eau isolées en partie par le soulèvement de l'ancien fond marin, en partie par

1. *Untersuchungen über die Klimate der Gegenwart und der Vorwelt. — Naturkundige Verhandelingen van de Hollandsche Maatschappij der Vetenschappen te Haarlem*, 1865.

l'évaporation, et souvent changées en lacs d'eau douce par les rivières qui s'y jettent. Mais la population de ces nappes d'eau était originairement la même que celle de l'océan du Nord; et quelques espèces marines de crustacés, de mollusques et de poissons, sans compter les veaux marins, restent dans leur sein comme des témoignages vivants du grand changement qui s'est produit. Le même processus qui, nous le verrons, isola les *Mysis* des mers arctiques dans les lacs de la Suède et de la Finlande, a enfermé avec eux d'autres crustacés marins, habitants du Nord, comme des espèces de *Gammarus* et d'*Idothea*. Et l'on voit exactement la même espèce de *Gammarus* emprisonnée, avec les phoques de la mer Arctique, dans les eaux du lac Baïkal.

La répartition des écrevisses américaines s'accorde également bien avec l'hypothèse de l'origine septentrionale de la souche dont elles se sont développées. Même dans les conditions géographiques actuelles, un affluent du Mississipi, la rivière de Saint-Pierre, communique directement, pendant les pluies, avec la rivière Rouge qui s'écoule dans le lac Winnipeg, le plus au sud de la longue série de lacs et de courants anastamosés qui occupe la ligne basse et plate de partage des eaux entre les versants sud et nord du continent nord-américain. Mais le plus septentrional de tous ces bassins, le grand lac de l'Esclave, se déverse par le Mackenzie dans l'océan Arctique, et fournit ainsi une route par où les écrevisses ont pu, venant du Nord, se répandre sur toute la partie du continent nord-américain située à l'est des montagnes Rocheuses.

La chaîne qui porte le nom de montagnes Rocheuses est, en réalité, un immense plateau dont les bords sont frangés de deux lignes principales d'élévations montagneuses. Le plateau lui-même occupe la place d'une grande dépression, dirigée du sud au nord, et qui, à l'époque crétacée, était occupée par la mer, et communiquait probablement avec l'océan par ses deux extrémités nord et sud. Cette dépression se combla graduellement durant cette période et depuis, et le plateau contient aujourd'hui une épaisseur immense de dépôts de tous les âges, depuis le crétacé jusqu'au pliocène, les premiers marins, les derniers formés dans des eaux de moins en moins salées. Pendant l'époque tertiaire, diverses portions de cette surface ont été occupées par de vastes lacs, dont les plus au nord avaient sans doute des affluents se rendant à l'océan du Nord. Les fossiles de l'Idaho prouvent que l'écrevisse existait dans le voisinage des montagnes Rocheuses pendant la dernière portion de la période tertiaire. Il n'y a donc pas de difficulté à comprendre leur présence dans les rivières qui se sont aujourd'hui frayé une route vers l'océan Pacifique.

La similitude des écrevisses amourienne et japonaise est un fait du même ordre que l'identité de l'écrevisse anglaise et de l'*Astacus torrentium* du continent européen. On doit donc l'expliquer d'une façon analogue ; car on ne saurait guère douter que le continent asiatique s'étendît autrefois beaucoup plus loin vers l'est, et comprît ainsi les îles actuelles du Japon. Toutefois, même avec ce changement dans les conditions géographiques, il n'est point aisé de voir comment les écrevisses ont pénétré dans les eaux douces de la région amouro-japonaise. Les plateaux asiatiques envoient, en effet, vers le nord-est, un prolongement qui se termine, au nord, par la chaîne des Stanovoï, et ferme à l'ouest le bassin de l'Amour ; tandis que ce fleuve débouche dans la mer d'Okhotsk, et que l'océan Pacifique baigne les rives de l'archipel japonais.

Mais il y a de nombreuses raisons pour croire que, dans la dernière moitié de la période tertiaire, l'Asie orientale se reliait à l'Amérique du Nord, et que la chaîne des Kouriles et la ligne des Aléoutiennes indiquent la position d'une vaste étendue de terres submergées. Dans ce cas, la mer d'Okhotsk et celle de Behring occuperaient la place d'eaux intérieures placées autrefois à l'embouchure de l'Amour, et en communication directe avec l'océan du Nord ; exactement comme aujourd'hui la mer Noire relie le bassin du Danube avec la Méditerranée d'abord, et secondairement avec l'Atlantique, et comme elle donnait autrefois accès, depuis le sud, à la vaste surface aujourd'hui drainée par le Volga. Lorsque la mer Noire communiquait avec le lac aralo-caspien et que celui-ci s'ouvrait au nord dans la mer Arctique, une chaîne de grandes eaux intérieures devait ceindre la frontière orientale de l'Europe, comme cela aurait lieu de nos jours pour la frontière orientale de l'Asie, si la côte actuelle venait à se soulever.

En supposant toutefois que les formes ancestrales des *Potamobiidæ*, aient eu accès par le nord dans les bassins fluviaux où on les rencontre aujourd'hui, l'hypothèse qu'une grande masse d'eau douce occupa, à un moment donné, une grande partie de la région qui est actuellement la Sibérie et l'océan Arctique, cette hypothèse, dis-je, serait à peine soutenable, et en réalité absolument inutile à notre objet actuel.

La grande majorité des crustacés à yeux pédonculés est et a toujours été formée par des animaux exclusivement marins. Les écrevisses, les *Atyidæ* et les crabes fluviatiles (*Thelphusidæ*) sont les seuls groupes considérables ordinairement confinés dans les eaux douces. Mais, même dans un genre, comme le genre *Penœus*, dont la plupart des espèces sont exclusivement marines, quelques-unes, comme le *Penœus brasiliensis*, remontent les rivières sur de longues distances. Il est en outre des cas dans lesquels on ne saurait douter que les descendants de crustacés marins se soient graduellement accoutumés aux conditions que leur offraient les eaux douces, et se soient en même temps plus ou moins modifiés de façon à ne plus être absolument identiques aux autres descendants des mêmes ancêtres qui ont continué à vivre dans la mer[1].

Dans plusieurs des lacs de la Norwège, de la Suède et de la Finlande, et dans le lac Ladoga, dans l'Europe boréale ; dans le lac Supérieur et le Michigan, dans l'Amérique du Nord ; un petit crustacé, *Mysis relicta*, se trouve en telle abondance qu'il forme une grande partie de la nourriture des poissons d'eau douce qui habitent ces lacs. Et cette *Mysis relicta* se distingue à peine de la *Mysis oculata* qui habite les mers arctiques, et n'est certainement qu'une légère variété de cette espèce.

Pour ce qui est des lacs de Norwège et de Suède, on a, indépendamment de cela, la preuve qu'ils communiquaient autrefois avec la Baltique et qu'ils étaient en réalité des fjords, ou bras de la mer. La communication de ces fjords avec la mer ayant été graduellement coupée, les animaux marins qu'ils renfermaient furent emprisonnés ; et comme l'eau de mer se changea graduellement en eau douce par le drainage des terres

1. Voyez, sur cet intéressant sujet, Martens, *On the occurence of marine animal forms in fresh water*. (*Annals of natural history*, 1858 ; Loven, *Ueber einige in Wetter und Wenersee gefundene Crustaceen.*) (*Halle Zeitschrift für die gesammten Wissenschaften*, XIX, 1862). G. O. Sars, *Histoire naturelle des crustacés d'eau douce de Norwège*, 1867.

environnantes, il ne survécut que les êtres capables de supporter ce changement de conditions. Parmi eux fut la *Mysis oculata*, qui subit en même temps une légère variation, et se transforma en *Mysis relicta*. Savoir si la même explication s'applique aux lacs Supérieur et Michigan, ou si la *Mysis oculata* n'aurait point passé dans ces nappes d'eau douce, par des canaux, aujourd'hui comblés, qui les mettaient en communication avec l'océan Arctique, c'est une question secondaire. Il reste toujours ce fait que la *Mysis relicta* est un animal primitivement marin, qui s'est complètement adapté à la vie dans les eaux douces.

Plusieurs espèces de *Palœmon* abondent dans nos mers. D'autres, également marins, se trouvent sur les côtes de l'Amérique du Nord, dans la Méditerranée, l'Atlantique du Sud et l'océan Indien ; et, dans le Pacifique, descendent au sud jusqu'à la Nouvelle-Zélande. Mais des espèces de ce même genre *Palœmon* se rencontrent, vivant absolument dans les eaux douces, dans le lac Érié, l'Ohio, les rivières de la Floride, du golfe du Mexique, des Antilles et de l'est de l'Amérique du Sud, jusqu'au Brésil, et peut-être plus loin au sud; on en trouve encore dans les cours d'eau du Chili et de Costa-Rica, sur la côte ouest de l'Amérique du Sud ; dans le Nil Supérieur, dans l'Afrique occidentale, au Natal, à Johanna, à Maurice et à Bourbon ; dans le Gange, aux Moluques, aux Philippines, et probablement ailleurs.

Beaucoup de ces palémons fluviatiles diffèrent des espèces marines, non seulement par leurs grandes dimensions (quelques-uns atteignent un pied de long, ou même plus), mais, d'une façon encore plus remarquable, par le grand développement de la cinquième paire d'appendices thoraciques. Ceux-ci sont toujours plus gros que les appendices grêles de la quatrième paire (qui correspondent aux pattes ravisseuses des écrevisses) et, surtout chez les mâles, ils sont très longs et très forts, et terminés par de grandes pinces qui ne sont pas sans ressemblance avec celles de l'écrevisse. Aussi ces palémons fluviatiles (connus en beaucoup d'endroits sous le nom de *Cammarons*) sont-ils assez fréquemment confondus avec les véritables écrevisses, bien que la présence de trois paires seulement de pattes ordinaires en arrière des pinces suffise à les distinguer de n'importe laquelle des *Astacidæ*.

Des espèces de ces palémons à grosses pinces vivent dans les eaux saumâtres des lagunes du golfe du Mexique; mais je ne sache pas que l'on ait encore rencontré aucune d'elles dans la mer proprement dite. Le *Palœmon lacustris* (*Anchistia migratoria*, Heller) abonde dans les fossés d'eau douce et les canaux

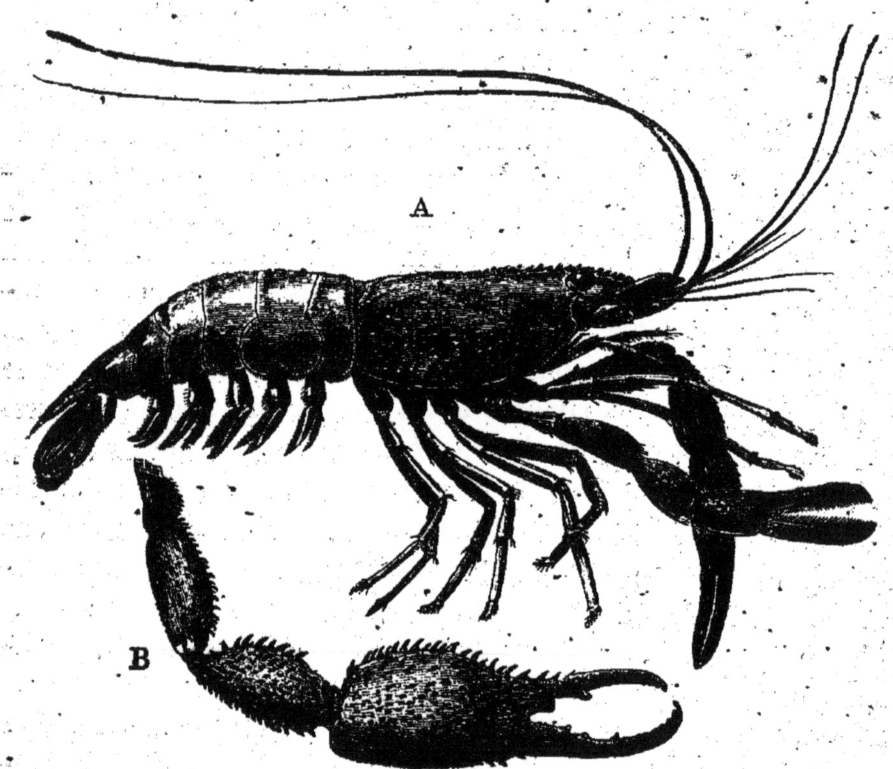

Fig. 79. — *Palœmon jamaïcensis* (environ 5/7 de grand. nat.); A, femelle, B, 5e appendice thoracique du mâle.

entre Padoue et Venise, et dans le lac de Garde, aussi bien que dans les ruisseaux de la Dalmatie; mais sa présence dans l'Adriatique ou la Méditerranée paraît douteuse, bien qu'elle ait été affirmée. L'espèce du Nil, bien que très semblable à quelques-unes de la Méditerranée, ne paraît être identique à aucune actuellement connue [1].

Dans tous ces cas, il semble raisonnable d'appliquer l'ana-

1. Heller, *Die Crustaceen des südlichen Europas*, p. 259. Klunzinger, *Ueber eine Susswasser crustacee im Nil*, avec des notes par von Martens et von Siebold (*Zeitschrift für Wissenschaftliche Zoologie*, 1866).

logie avec ce que nous avons constaté pour la *Mysis relicta*, et de supposer que les palémons fluviatiles ne sont que le résultat de modifications, d'adaptations d'espèces qui, ainsi que leurs congénères, étaient primitivement marines.

Mais si les palémons marins, actuellement existants, venaient à s'éteindre, à succomber dans la lutte pour l'existence, nous aurions, répandues sur la surface de la terre dans des bassins fluviatiles isolés, des espèces plus ou moins distinctes de palémons fluviatiles[1]; et les aires habitées par elles pourraient ensuite s'agrandir ou diminuer infiniment, par des changements dans l'élévation du pays ou d'autres modifications dans la géographie physique. Et certes, dans ces conditions, les palémons d'eau douce pourraient se modifier tellement que, même si les descendants de leurs ancêtres persistaient dans la mer sans changements dans leurs mœurs et leur organisation, la parenté des deux types pourrait n'être plus manifeste.

Ces considérations me semblent indiquer la direction dans laquelle nous devons chercher une explication rationnelle de l'origine des écrevisses et de leur répartition actuelle.

Je ne doute point qu'elles dérivent d'ancêtres qui vivaient absolument dans la mer comme la grande majorité des *Mysidæ* et beaucoup de palémons le font actuellement ; et que, parmi ces écrevisses ancestrales, il s'en trouva qui, ainsi que la *Mysis oculata* ou le *Penœus brasiliensis*, s'adaptèrent promptement aux conditions que présentent les eaux douces, remontèrent les rivières, et prirent possession de certains lacs. Ces animaux, plus ou moins modifiés, ont donné naissance aux écrevisses d'aujourd'hui ; tandis que la souche primitive semblerait disparue. Du moins ne connaît-on actuellement aucun crustacé marin offrant les caractères des *Astacidæ*.

Comme on a trouvé des écrevisses dans les derniers dépôts tertiaires de l'Amérique du Nord, nous ne risquons guère de nous tromper en faisant remonter l'existence de ces écrevisses marines au moins jusqu'à l'époque miocène. Je suis porté à croire que, pendant la première époque tertiaire et la dernière

1. Cela semble réellement être le cas pour les genres *Atya* et *Cardina*, si largement répandus, compagnons des palémons fluviatiles et alliés à eux. Je ne sache pas que l'on connaisse aucune espèce réellement marine de ces genres.

mésozoïque, ces crustacés non seulement avaient une répartition ausssi vaste que celle des *Palœmons* et des *Penœus* actuels, mais étaient différenciés en deux groupes, dont l'un, présentant les caractères généraux des *Potamobiidæ*, habitait l'hémisphère nord; et l'autre, offrant ceux des *Parastacidæ*, vivait dans l'hémisphère sud.

La forme potamobine ancestrale présentait probablement les particularités des *Potamobiidæ* à un degré moins marqué qu'aucune espèce actuellement existante. Probablement les quatre pleurobranchies étaient également bien développées, les lames des podobranchies plus petites et moins distinctes de la tige, les premiers et seconds appendices abdominaux moins spécialisés, le telson divisé moins distinctement. Ce type moins spécialement potamobine doit s'être rapproché de la forme commune qui a donné naissance aux *Homarus* et aux *Nephrops*. Et il est à remarquer que ceux-ci également sont exclusivement confinés dans l'hémisphère nord.

La grande dissémination et l'affinité étroite des genres *Astacus* et *Cambarus* me semble exiger la supposition qu'ils sont dérivés de quelque forme potamobine déjà spécialisée; et j'ai déjà mentionné les raisons qui me font incliner à croire que ce potamobine ancestral existait dans la mer située, au nord du continent miocène, dans l'hémisphère boréal.

Chez les écrevisses marines primitives du sud de l'Équateur, l'appareil branchial semble avoir subi des modifications moindres; tandis que la suppression des premiers appendices abdominaux chez les deux sexes a son analogue chez les *Palinuridæ*, dont le quartier général se trouve dans l'hémisphère austral. Que ces animaux aient dû remonter les rivières de la Nouvelle-Zélande, de l'Australie, de Madagascar et de l'Amérique du Sud, et devenir les *Parastacidæ* d'eau douce, c'est là une supposition justifiée par l'analogie avec les palémons d'eau douce. Il reste à voir si des *Parastacidæ* marins vivent encore dans le Pacifique et l'Atlantique sud, ou s'ils se sont complètement éteints.

Spéculer sur les causes d'un effet produit par la coopération de plusieurs facteurs, alors qu'il faut deviner la nature de chacun de ces facteurs en raisonnant d'après leurs effets, c'est s'exposer grandement à tomber dans l'erreur. Et ces chances d'erreur augmentent encore lorsque, ainsi que dans le cas présent, l'effet en question se compose d'une multitude de phénomènes d'organisation et de répartition géographique, sur lesquels il reste encore beaucoup de choses à apprendre. Aussi la discussion précédente doit-elle être regardée plutôt comme un exemple du mode d'argumentation par lequel on établira quelque jour une théorie complètement satisfaisante de l'étiologie des écrevisses, que comme un raisonnement suffisant pour édifier actuellement une pareille théorie. Il faut admettre qu'elle ne rend point compte de tous les faits positifs constatés, et qu'elle demande d'autres éléments pour fournir une explication, même plausible, de divers faits négatifs.

Le fait positif qui présente une difficulté est la ressemblance plus intime qui existe entre les écrevisses amouro-japonaises et les *Cambarus* est-américains qu'entre ceux-ci et les *Astacus* de l'Amérique occidentale, et la ressemblance également plus intime entre ces derniers et les écrevisses pontocaspiennes qu'entre ces deux types et la forme amouro-japonaise. Si le contraire avait lieu, et si les écrevisses ouest-américaines et amouro-japonaises occupaient la place les unes des autres, le fait serait assez facile à comprendre. On pourrait alors supposer que la souche potamobine primitive s'est différenciée en une forme astacoïde à l'ouest, en une forme cambaroïde à l'est[1]. Cette dernière aurait remonté les rivières américaines, et l'autre les rivières asiatiques. Mais, en l'état de la question, je ne vois aucune explication plausible, sans recourir à la supposition d'une communication ancienne, plus directe, entre l'embouchure de l'Amour et les rivières de l'Amérique du Nord, supposition que l'on ne peut appuyer aujourd'hui d'aucune preuve définie.

Le fait négatif le plus important dont il faudrait rendre compte est l'absence d'écrevisses dans les rivières d'une grande moitié des terres continentales et d'un grand nombre d'îles. Les différences de conditions climatériques sont évidemment impuissantes à expliquer l'absence d'écrevisses à la Jamaïque, lorsqu'elles existent à Cuba ; leur absence de la côte de Mozam-

1. Exactement comme l'on voit de nos jours, dans l'océan Arctique, une forme américaine et une forme asiatique d'*Idothea*.

bique, de Johanna et de Maurice, lorsqu'on les trouve à Madagascar; enfin leur absence du Nil, lorsqu'elles habitent le Guatémala.

J'avoue que je n'entrevois pas pour le moment une explication parfaitement satisfaisante de l'absence des écrevisses en si grand nombre de points où l'on pourrait, *à priori*, s'attendre à les rencontrer; et je ne puis qu'indiquer les directions dans lesquelles on pourrait chercher une explication.

La première est l'existence, à l'époque où les souches potamobine et parastacine commencèrent à prendre possession des rivières, d'obstacles physiques dont quelques-uns ont aujourd'hui cessé d'exister; et la seconde, la probabilité que, dans beaucoup de rivières accessibles aux écrevisses, la place était déjà occupée par des compétiteurs plus puissants.

Si les ancêtres potamobines tirent leur origine des écrevisses primitives qui habitaient les mers situées au nord du continent miocène, leur limitation actuelle au sud, dans l'ancien monde, est aussi aisément intelligible que leur extension vers le sud par les bassins fluviaux de l'Amérique du Nord jusqu'au Guatémala, mais pas au delà. Car le soulèvement des plateaux euro-asiatiques avait commencé dans la période miocène, tandis que l'isthme de Panama était encore coupé par la mer.

Quant à l'hémisphère austral, l'absence d'écrevisses à Maurice et dans les îles de l'océan Indien, bien qu'elles se trouvent à Madagascar, peut être due à ce que ces premières îles sont d'origine volcanique comparativement récente, tandis que Madagascar est le reste d'une très ancienne surface continentale, dont la plus ancienne population indigène descend, suivant toute probabilité, en ligne directe de celle qui l'occupait au début de l'époque tertiaire. Si les crustacés parastacines habitaient à cette époque l'hémisphère austral et se sont éteints depuis en tant qu'animaux marins, on peut comprendre leur conservation dans les eaux douces de l'Australie, de la Nouvelle-Zélande et des plus anciennes parties de l'Amérique du Sud. La difficulté que présente l'absence d'écrevisses dans l'Afrique australe[1] subsiste encore,

1. Mais il faut se souvenir que nous avons encore tout à apprendre sur la faune des grands lacs intérieurs et des systèmes fluviatiles de l'Afrique australe.

et tout ce qu'on peut en dire, c'est qu'elle est de même nature que celles que l'on rencontre en comparant la faune de l'Afrique du Sud, en général, avec celle de Madagascar. La population de cette dernière région a un aspect plus ancien que celle de la première; et il se peut que l'Afrique australe, sous sa forme actuelle, soit de date beaucoup plus récente que Madagascar.

Quant au second point en considération, il faut remarquer que, dans les régions tempérées du monde, les écrevisses sont de beaucoup les plus gros et les plus forts habitants des eaux douces, les vertébrés exceptés; et que, tandis que les grenouilles et leurs analogues deviennent facilement leur proie, elles peuvent devenir des compétiteurs et des ennemis formidables même pour les poissons, les reptiles et les petits mammifères aquatiques. Dans les climats chauds, toutefois, non seulement les grands palémons, dont nous avons parlé, mais les *Atyæ* et les crabes fluviatiles (*Telphusa*) luttent pour la possession des eaux douces; et il n'est pas improbable qu'ils puissent, dans quelques circonstances, l'emporter sur les écrevisses, de façon à chasser cette dernière du territoire déjà occupé, comme l'*Astacus leptodactylus* chasse en ce moment des rivières russes l'*Astacus nobilis*, ou à les empêcher d'entrer dans les rivières occupées déjà par ces rivaux.

Il est, à ce sujet, digne de remarque que l'aire occupée par les crabes fluviatiles est, à très peu près, la même que la zone d'où les écrevisses sont exclues, ou ne se rencontrent qu'en petit nombre. C'est-à-dire qu'on les trouve dans les portions les plus chaudes de la partie orientale des deux Amériques, dans les Indes occidentales, l'Afrique, Madagascar, l'Italie du Sud, la Turquie et la Grèce, l'Hindoustan, la Birmanie, la Chine, le Japon et les îles Sandwich. Les palémons fluviatiles, à grosses pinces, se trouvent dans les mêmes régions de l'Amérique sur les deux côtes est et ouest, en Afrique, dans le sud de l'Asie, aux Moluques et aux Philippines; tandis que les *Atyidæ* non seulement couvrent la même surface, mais atteignent le Japon, s'étendent même en Polynésie jusqu'aux îles Sandwich au nord et à la Nouvelle-Zélande au sud, et se rencontrent aussi sur les deux rives de la Méditerranée, et qu'une forme aveugle (*Troglocaris Schmidtii*) des grottes d'Adelsberg représente le *Cambarus* aveugle des cavernes du Kentucky.

L'hypothèse que l'on a tenté d'exposer dans les pages précédentes, touchant l'origine des écrevisses, nécessite la supposition que des crustacés marins du type astacine existaient pendant le dépôt des formations tertiaires moyennes, lorsque les grands continents commencèrent à prendre leur forme actuelle. Il ne saurait y avoir de doute que c'était bien le cas, puisque des restes abondants de crustacés de ce type se trouvent déjà, bien avant, dans les roches mésozoïques. Ils prouvent l'existence de crustacés anciens, dont les écrevisses peuvent avoir dérivé, à cette période de l'histoire du globe où la conformation de la terre et de la mer leur permettait de pénétrer dans les régions où nous les rencontrons aujourd'hui.

Les matériaux recueillis jusqu'ici sont trop peu de chose pour nous permettre de retracer dans tous ses détails la généalogie des écrevisses. Ce que l'on en connaît toutefois est parfaitement clair, et en concordance parfaite avec les exigences de la doctrine de l'évolution.

On a fait mention de l'affinité étroite qui existe entre les écrevisses et les homards, — les *Astacines* et les *Homarines* ; — et il se trouve heureusement que ces deux groupes que l'on peut comprendre sous le nom commun d'*astacomorphes* se distinguent aisément de tous les autres *podophthalmaires* par des particularités de l'exosquelette qui se voient aisément sur les fossiles bien conservés. Chez tous, comme chez l'écrevisse, il y a deux grosses pattes ravisseuses, suivies de deux paires de pattes ambulatoires armées de pinces, tandis que les deux paires suivantes sont terminées par des griffes simples. L'exopodite du dernier appendice abdominal est divisé en deux portions par une suture transversale. Les pleurons du second somite abdominal sont plus grands que les autres, et recouvrent ceux du premier somite, qui sont fort petits. Tout crustacé fossile qui présente l'ensemble de ces caractères est à coup sûr un astacomorphe.

Les astacines se distinguent en outre des homarines par la mobilité du dernier somite thoracique et les caractères des premiers et seconds appendices abdominaux, lorsqu'ils existent ; ou par leur absence totale. Mais il est si difficile de constater quelqu'un de ces caractères chez les fossiles, que nous ne connaissons rien, que je sache, sur leur compte, dans aucun astacomorphe fossile. Il peut donc être impossible de dire à quelle division appartient une forme donnée, à moins que les ressemblances qu'elle présente avec des types connus ne soient assez complètes et assez intimes pour dissiper tous les doutes.

On peut, pour l'objet que nous avons en vue, grouper ainsi les terrains fossilifères : 1. Récent et Quaternaire; 2. Tertiaire récent (Pliocène et Miocène); 3. Tertiaire ancien (Éocène); 4. Crétacé (Craie, Sables verts et Gault); 5. Wealdien; 6. Jurassique (du Purbeck à l'Oolithe inférieure); 7. Lias; 8. Trias; 9. Permien; 10. Carbonifère; 11. Dévonien; 12. Silurien; 13. Cambrien.

Les plus anciens membres connus du groupe des décapodes podophthalmaires, auquel appartiennent les astacomorphes, se rencontrent dans la formation carbonifère. C'est le genre *Anthrapalæmon*, petit crustacé fort curieux, dont il n'y a rien de plus à dire pour le moment, car il ne semble pas avoir d'affinités spéciales avec les astacomorphes. Dans les formations plus récentes, jusqu'au sommet du trias, les crustacés podophthalmaires sont fort rares; et l'on ne connaît pas d'astacomorphes parmi eux, à moins que le genre triasique *Pemphia* ne fasse exception. Les spécimens de *Pemphia* que j'ai examinés ne sont point assez complets pour me permettre d'exprimer une opinion sur leur compte.

La situation change quand nous atteignons le lias moyen. Celui-ci fournit, en effet, plusieurs formes d'un genre *Eryma* (fig. 80 B) qui se présente aussi dans les couches subséquentes, presque jusqu'au sommet de la série jurassique, et qui offre tant de variations qu'on y a reconnu près de quarante espèces différentes. L'*Eryma* est sous tous les rapports un astacomorphe; et, pour ce qu'on en peut voir, il ne diffère des genres actuellement existants que dans des proportions semblables à celles où ceux-ci diffèrent les uns des autres. Il est donc tout à fait certain que des crustacés astacomorphes ont existé dès la plus ancienne partie de la période mésozoïque; et toute hésitation à admettre cette singulière persistance de type de la part des écrevisses disparaît aussitôt, si l'on considère que, en même temps que l'*Eryma*, des crustacés à forme de salicoque, génériquement identiques avec les *Penæus* actuels, prospéraient dans les mers, et laissaient leurs débris dans la boue des anciens fonds.

L'*Eryma* est le seul crustacé pouvant être, avec certitude, assigné aux astacomorphes, que l'on trouve dans les assises intermédiaires entre le lias moyen et les couches lithographiques, situées au sommet de la série jurassique. On ne connaît pas d'as-

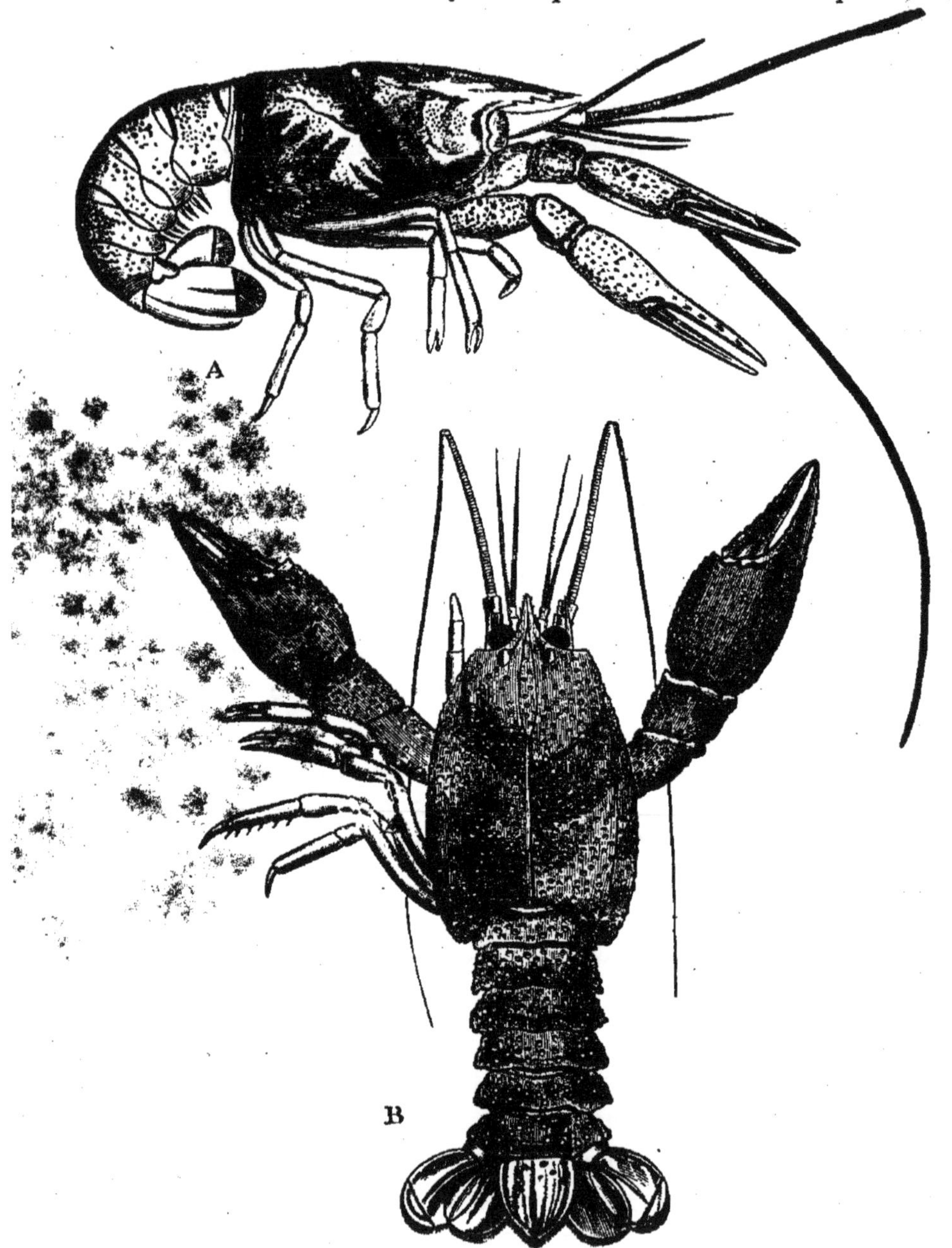

Fig. 80. — A, *Pseudastacus pustulosus* (gr. nat.); B, *Eryma modestiformis* (× 2). Les deux figures d'après Oppel.

tacomorphes dans les lits d'eau douce du Weald; et, bien qu'il ne faille pas attacher un très grand poids à un fait négatif de cette nature, c'est, jusqu'ici, un fait évident que les astacomorphes ne s'étaient pas encore pliés à la vie dans les eaux douces. Des astacomorphes, connus sous les noms génériques de *Hoploparia* et *Enoploclytia*, se rencontrent cependant en abondance dans les dépôts marins de l'époque crétacée.

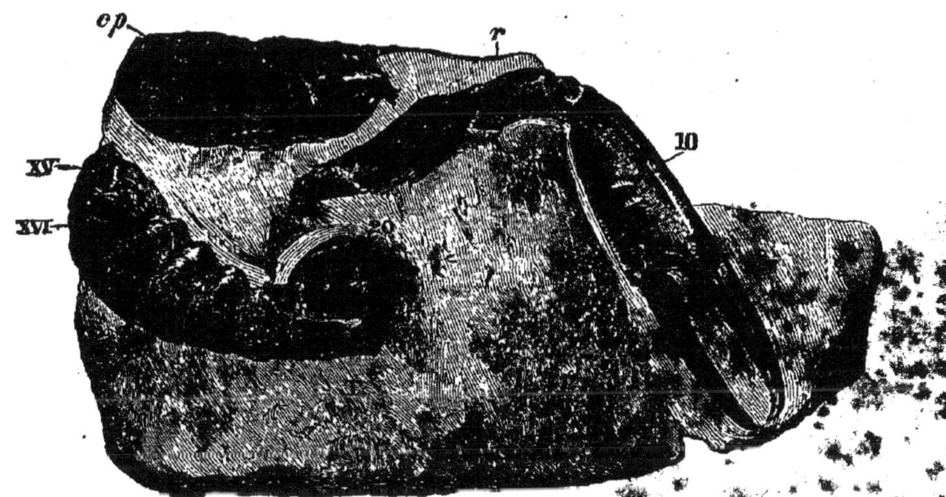

Fig. 81. — *Hoploparia longimana* (2/3 de grand. nat.); *cp*, carapace; *r*, rostre; T, telson; XV, XVI, 1er et 2e somites abdominaux; 10, pince; 20, dernier appendice abdominal.

Les différences entre ces deux genres, et entre eux et l'*Eryma*, sont tout à fait insignifiantes à un point de vue morphologique un peu large. Elles me paraissent être de moindre importance que celles qui existent entre les divers genres d'écrevisses actuelles.

L'*Hoploparia* se trouve dans l'argile de Londres. Elle s'étend donc au delà des limites de l'époque mésozoïque, jusque dans le tertiaire ancien. Mais si l'on compare ce genre avec les *Homarus* et *Nephrops* actuels, on trouve qu'il ressemble en partie aux uns, en partie aux autres. Ainsi la série réelle de formes qui se sont succédé depuis l'époque liasique jusqu'à nos jours est telle qu'elle devrait avoir existé si le homard commun et le homard de Norwège étaient les descendants des crustacés *Erymoïdes* qui habitaient les mers à l'époque du lias.

Côte à côte avec l'*Eryma*, on trouve dans les couches lithographiques un genre *Pseudastacus* (fig. 80, A) qui, ainsi que son nom l'indique, présente une ressemblance extraordinairement étroite avec les écrevisses de nos jours. On peut dire qu'il n'en diffère par aucun point d'importance, sauf que nous ne connaissons rien des appendices abdominaux du mâle. Il diffère au contraire de l'*Eryma* par quelques traits, comme la structure de la carapace, à peu près comme les écrevisses existantes diffèrent des *Nephrops*. Ainsi, pendant la dernière partie de l'époque jurassique, le type astacine était déjà distinct du type homarine; et, puisque l'*Eryma* commence au moins dès le lias moyen, il est possible que le *Pseudastacus* remonte aussi loin, et qu'il faille chercher dans le trias la forme protastacine commune. Le *Pseudastacus* se trouve dans les roches crétacées marines du Liban; mais on ne l'a pas encore retrouvé dans les formations tertiaires.

Je suis porté à croire que le *Pseudastacus* est comparable à une forme comme l'*Astacus nigrescens*, plutôt qu'à l'une des *Parastacidæ;* et je doute de l'existence de ce dernier groupe, à une époque quelconque, sous les latitudes boréales.

Dans la craie de Westphalie (dépôt également marin), on a découvert un spécimen unique d'un autre astacomorphe qui présente un intérêt spécial, étant un véritable *Astacus* (*A. politus;* Von der Mark et Schlüter) pourvu du telson caractéristique, divisé transversalement, que l'on trouve dans la majorité des *Potamobiidæ.*

Si nous arrangeons en forme de tableau les résultats auxquels est arrivée maintenant l'enquête paléontologique, la signification de la succession, dans le temps, des types astacomorphes devient aussitôt apparente.

FORMES SUCCESSIVES DU TYPE ASTACOMORPHE

1. Formations récentes.		*Potamobiidæ.*	*Homarina.*		*Penæus.*
2. Tertiaire récent.	*Astacus* (Idaho).				
3. Tertiaire ancien.			*Hoploparia.*		
4. Crétacé.	*Astacus.*	*Pseudastacus.*	*Enoploclytia.*	*Hoploparia.*	
5. Wealdien (Eau douce).					
6. Jurassique.		*Pseudastacus.*	*Eryma.*		*Penæus.*
7. Liasique.			*Eryma.*		*Penæus.*
8. Triasique.					
9. Permien.					
10. Carbonifère.		*Anthrapalæmon.*			
11. Dévonien.					
12. Silurien.					
13. Cambrien.					

Si un crustacé astacomorphe, ayant des caractères intermédiaires entre ceux de l'*Eryma* et ceux du *Pseudastacus*, avait existé à l'époque triasique, ou plus tôt; si ses descendants avaient divergé graduellement en formes pseudastacine et érymoïde; si celles-ci avaient pris à leur tour les caractères des astacines et des homarines, et abouti finalement aux *Potamobiidæ* et aux *Homarina* actuels, les formes fossiles qu'elles auraient laissées dans le cours de leur évolution seraient fort semblables à ce que nous voyons en réalité. Jusqu'à la fin de l'époque mésozoïque, les seuls *Potamobiidæ* connus sont des animaux marins; et nous avons déjà vu que les faits de répartition géographique suggèrent l'hypothèse qu'il dût en être ainsi, au moins jusqu'à cette époque.

Ainsi donc, pour ce qui est de l'étiologie des écrevisses, tous les faits connus sont en harmonie avec les exigences de l'hypothèse qui les suppose évoluées graduellement d'un type astacomorphe primitif, pendant le cours de l'époque mésozoïque et des périodes suivantes de l'histoire de la terre.

Et il est bon de réfléchir que la seule autre alternative qui nous reste, c'est d'admettre que ces nombreuses formes successives et coexistantes d'animaux insignifiants, dont les différences demandent, pour être reconnues, une étude attentive, ont été fabriquées séparément et indépendamment, et placées ainsi dans les localités où nous les trouvons. Quel que soit le nuage de paroles sous lequel on puisse masquer la question, telle est bien la nature réelle du dilemme posé, non seulement par l'écrevisse, mais par tout animal et par toute plante, depuis l'homme jusqu'à l'animalcule le plus infime, depuis le hêtre aux vastes rameaux et le pin majestueux jusqu'au *Micrococcus*, situé à la limite extrême que peuvent atteindre nos microscopes.

BIBLIOGRAPHIE

La liste ci-jointe indique les principaux livres et mémoires qui peuvent, outre ceux mentionnés dans le texte et dans l'appendice, être consultés avec avantage par ceux qui désirent étudier d'une manière plus approfondie la biologie des écrevisses.

I. — HISTOIRE NATURELLE.

ROESEL VON ROSENHOF. — Der Monatlich-herausgegeben Insekten Belustigung. 1755.

CARBONNIER. — L'Écrevisse, Paris, 1869.

BRANDT et RATZEBURG. — Medizinische Zoologie. Bd. II, pp. 58-70.

BELL. — British Stalk-eyed Crustacea, 1853.

SOUBEIRAN. — Sur l'histoire naturelle et l'éducation des écrevisses. Comptes rendus, LX, 1865.

CHANTRAN. — Observations sur l'histoire naturelle des écrevisses. Comptes rendus, LXXI, 1870.

— Sur la fécondation des écrevisses. *Ibid.*, LXXIV, 1872.

— Expériences sur la régénération des yeux chez les écrevisses. *Ibid.*, LXXVII, 1873.

— Observations sur la formation des pierres chez les écrevisses. *Ibid.*, LXXVIII, 1874.

— Sur le mécanisme de la dissolution intrastomacale des concrétions gastriques des écrevisses. *Ibid.*, LXXVIII, 1874.

STEFFENBERG. — Bijdrag til kanne domen om flodkraftens natural historia, 1872. Abstract in Zoological Record, IX.

VALLOT. — Sur l'Écrevisse fluviatile et sur son parasite l'Astacobdelle branchiale. Comptes rendus Académie des sciences, Dijon. Mémoires, 1843-44. Dijon, 1845.

PUTNAM. — On some of the habits of the Blind Crayfish. Proceedings Boston Society of Nat. History, XVIII.

HELLER. — Ueber einen Flusskrebs-albino. Verhand. der Z. Bot. Gesellschaft, Wien. Bd. 7, 1857, and Bd. 8, 1858.

LEREBOULLET. — Sur les variétés rouge et bleue de l'écrevisse fluviatile. Comptes rendus, XXXIII, 1857.

GIRARD. — Quelques remarques sur l'Astacus fluviatilis. Ann. Soc. entom. France, t. VII. 1859.

II. — ANATOMIE ET PHYSIOLOGIE.

Brandt et Ratzeburg. — *Op. cit.*

Milne-Edwards. — Histoire naturelle des crustacés. 1834.

Rolleston. — Forms of Animal Life. 1870.

Huxley. — Manual of the Anatomy of Vertebrated Animals. 1877.

Huxley et Martin. — Elementary Biology. 1875.

Suckow. — Anatomisch-Physiologische Untersuchungen. 1818.

Krohn. — Verdauungsorgane des Krebses. Gefässsystem des Flusskrebses. Isis, 1834.

Von Baer. — Ueber die sogenannte Erneuerung des Magens der Krebse und die Bedeutung der Krebssteine. Müller's Archiv, 1835.

Oesterlen. — Ueber den Magen des Flusskrebses. Müller's Archiv, 1840.

T.-J. Parker. — On the Stomach of the Freshwater Crayfish. Journal of Anatomy and Physiology, 1876.

Bartsch. — Die Ernährungs- und Verdauungsorgane des *Astacus leptodactylus*. Budapester Naturhistor. Hefte II. 1878.

Deszo. — Ueber das Herz des Flusskrebses und des Hummers. Zoologischer Anzeiger, I. 1878.

Lereboullet. — Note sur une respiration anale observée chez plusieurs crustacés. Mémoire de la Société d'histoire naturelle de Strasbourg, IV. 1850.

Wassiliew. — Ueber die Niere des Flusskrebses. Zoologischer Anzeiger, I, 1878.

Lemoine. — Recherches pour servir à l'histoire des systèmes nerveux, musculaire et glandulaire de l'écrevisse. Annales des sciences naturelles, sé., IV, t. XV. 1861.

Dietl. — Die Organization des Arthropoden Gehirns. Zeitschrift für Wis. Zoologie, XXVII. 1876.

Krieger. — Ueber das centrale Nervensystem des Flusskrebses. Zoologischer Anzeiger. I, 1878.

Leydig. — Das Auge der Gliederthiere. 1864.

Max Schulze. — Die Zusammengesetzten Augen der Krebse und Insekten. 1868.

Berger. — Untersuchungen über den Bau des Gehirns und der Retina der Arthropoden. 1878.

Grenacher. — Untersuchungen über das Sehorgan der Arthropoden. 1879.

O. Schmidt. — Die Form der Krystalkegel im Arthropoden Auge. Zeitschrift für Wiss. Zoologie, XXX. 1878.

Farre. — On the organ of hearing in the Crustacea. Phil. Trans. 1843.

Leydig. — Ueber Geruchs- und Gehörorgane der Krebse und Insekten. Müller's Archiv. 1860.

Hensen. — Studien über das Gehörorgan der Decapoden. Zeitschrift für Wissenschaftliche Zoologie, XIII. 1863.

Grobben. — Beiträge zur Kenntniss der männlichen Geschlechtsorgane der Dekapoden. 1878.

Brocchi. — Recherches sur les organes génitaux mâles des crustacés décapodes. Annales des sciences naturelles, sé. VI. ii.

Leydig. — Zur feineren Bau der Arthropoden. Müller's Archiv. 1855.
— Handbuch der Histologie. 1857.

Haeckel. — Ueber die Gewebe des Flusskrebses. Müller's Archiv. 1857.

Braun. — Ueber die histologischen Vorgänge bei der Häutung von Astacus fluviatilis. Würzburg Arbeiten, II.

Baur. — Ueber den Bau der Chitinsehne am Kiefer des Flusskrebses und ihr Verhalten beim Schalenwechsel. Reichert und Du Bois Archiv. 1860.

Coste. — Faits pour servir à l'histoire de la fécondation chez les crustacés. Comptes rendus, XLVI. 1858.

Lereboullet. — Recherches sur le mode de fixation des œufs aux fausses pattes abdominales dans les écrevisses. Annales des sciences naturelles, sé. IV, t. XIV. 1860.

III. — DÉVELOPPEMENT.

Rathke. — Ueber die Bildung und Entwickelung des Flusskrebses. 1829.

Lereboullet. — Recherches d'embryologie comparée sur le développement du brochet, de la perche et de l'écrevisse. 1862.

Bobretsky. — A Memoir in Russian, of which an abstract is given in Hofmann and Schwalbe, Jahresbericht für 1873 (1875).

Reichenbach. — Die Embryonanlage und erste Entwickelung des Flusskrebses. Zeitschrift für Wiss. Zoologie. 1877.

IV. — TAXONOMIE ET RÉPARTITION GÉOGRAPHIQUE DES ÉCREVISSES.

A. *En général.*

Milne-Edwards. — *Op. cit.*

Erichson. — Uebersicht der Arten der Gattung *Astacus*. Wiegmann's Archiv für Naturgeschichte, XII. 1846.

Dana. — Crustacea of the United States Exploring Expedition. 1852.

De Saussure. — Note carcinologique sur la famille des thalassinides et sur celle des Astacides. Rev. et Magasin de zoologie, IX.

Huxley. — On the Classification and the Distribution of the Crayfishes. Proceedings of the Zoological Society. 1878.

B. *Europe et Asie.*

Rathke. — Zur Fauna der Krym. 1836.

Gerstfeldt et Kessler. — Cités dans le texte.

De Haan. — Fauna Japonica. 1850.

Lereboullet. — Description de deux nouvelles espèces d'écrevisses (*A. longicornis*, *A. pallipes*). Mémoire de la Société des sciences naturelles de Strasbourg, V. 1858.

Heller. — Crustaceen des südlichen Europa. 18 [illegible]

Kessler. — Ein neuer russischer Flusskrebs, *Astacus colchicus.* Bulletin de la Société impériale des naturalistes de Moscou, L. 1876.

C. *Amérique.*

Stimpson. — Crustacea and Echinodermata of the Pacific shores of North America. Journal of Boston Society of Natural History. VI. 1857-8.

De Saussure. — Mémoire sur divers crustacés nouveaux des Antilles et du Mexique. Mémoire de la Société de physique de Genève, t. XIV. 1857.

Von Martens. — Südbrasilische Süss- und Brackwasser Crustaceen (*A. pilimanus, A. brasiliensis*). Wiegmann's Archiv, XXXV. 1869.

— Ueber cubansche Crustaceen. *Ibid.*, XXXVIII.

Hagen. — Monograph of the Forth American *Astacidæ.* 1870.

D. *Madagascar.*

Audouin et Milne-Edwards. — Sur une espèce nouvelle du genre écrevisse (*Astacus*). Écrevisse de Madagascar (*A. Madagascariensis*). Mémoire du Muséum d'histoire naturelle, t. II. 1841.

E. *Australie.*

Von Martens. — On a new Species of *Astacus.* Annals and Mag. of Natural History. 1866.

Heller. — Reise der « Novara ». Zoologischer Theil. Bd. II. 1865.

F. *Nouvelle-Zélande.*

Miers. — Notes on the Genera *Astacoïdes* and *Paranephrops.* Transactions of the New Zealand Institute, IX. 1876.

— *Paranephrops.* Zoology of « Erebus » and « Terror », 1874. Catalogue of New Zealand Crustacea. 1876.

— Annals of Natural History, 1876.

Wood-Mason. — On the mode in which the Young of the New Zealand *Astacidæ* attach themselves to the Mother. Ann. and Mag. Natural History. 1876.

G. *Astacomorphes fossiles.*

Oppel. — Palæontologische Mittheilungen. 1862.

Bell. — British Fossil Crustacea. Palæontographical Society.

P. Van Beneden. — Sur la découverte d'un homard fossile dans l'argile de Rupelmonde. Bulletin de l'Académie royale de Belgique, XXXIII. 1872.

Von der Marck et Schlüter. — Neue Fische und Krebse von der Kreide von Westphalen. Palæontologica, XV. 1865.

Cope. — On three extinct *Astaci* from the freshwater tertiary of Idaho. Proceedings of the American Philosophical Society, XI. 1869-70.

TABLE DES GRAVURES

TABLE DES MATIÈRES

CHAPITRE V

CHAPITRE VI

Coulommiers. — Imp. PAUL BRODARD. — 346.95.

www.ingramcontent.com/pod-product-compliance
Ingram Content Group UK Ltd.
Pitfield, Milton Keynes, MK11 3LW, UK
UKHW020112200726
13856UKWH00002B/509